George Adams

Versuch über die Elektrizität

durch Experimente

George Adams

Versuch über die Elektrizität
durch Experimente

ISBN/EAN: 9783743622715

Hergestellt in Europa, USA, Kanada, Australien, Japan

Cover: Foto ©berggeist007 / pixelio.de

Weitere Bücher finden Sie auf **www.hansebooks.com**

Versuch

über die

Elektricität,

worinn

Theorie und Ausübung

dieser Wissenschaft

durch

eine Menge methodisch geordneter

Experimente

erläutert wird,

nebst einem

Versuch über den Magnet

von

George Adams

königl. großbritannisch. Mechanikus.

Aus dem Englischen, mit sechs Kupfertafeln.

WIEN,

gedruckt bey Johann Thomas Edlen v. Trattnern

kaiserl. königl. Hofbuchdruckern und Buchhändlern.

1786.

Vorrede.

Schon die Aufschrift dieses Versuchs zeigt, daß man hier kein vollkommen ausgeführtes System der Elektricität zu erwarten habe. Eine ganz vollständige Abhandlung über die Theorie und Praxis der Elektricität würde ein weitläuftigeres Werk und mehr Zeit erfordern, als ich darauf zu verwenden im Stande bin.

Man ist jetzt allgemein über den Nutzen und die Wichtigkeit der Lehre von der Elektricität einverstanden; und man kann mit Grund vermuthen, daß man in den künftigen Zeitaltern diese Lehre als die Quelle ansehen werde, von welcher die ersten Grundsätze der Naturkunde abfließen; ihre wissentschaftliche Würde ist daher eben so groß, als ihr Nutzen für die Menschheit.

Ich habe es nicht unternommen, die Geschichte dieser Lehre von ihrem ersten rohen Anfange

)(2

fange an zu beschreiben, und dem menschlichen
Verstande auf den mannichfaltigen und unregel=
mäßigen Wegen nachzugehen, auf welchen er den
Gesetzen und der Quelle der Elektricität nachge=
forschet hat. Dies hat unstreitig D. Priestley
mit vieler Vortreflichkeit ausgeführet. Unsere
Kenntnisse sind noch so eingeschränkt, und die
Geheimnisse der Natur so tief verborgen, daß es
schwer zu bestimmen bleibt, ob die angenom=
mene Theorie in der Wahrheit gegründet und
der Natur gemäß sey, oder ob uns die Physiker
der künftigen Zeit als bloße Kinder ansehen
werden, die sich mit unvollkommenen Meinun=
gen und schlecht überdachten Hypothesen befrie=
diget haben.

Wenn man viele Dinge zusammenmischt,
welche wenig oder gar keine Verbindung mit
einander haben, so entsteht daraus natürlich Ver=
wirrung. Ich habe mich daher in diesem Ver=
suche bestrebt, die wesentlichen Theile der Elek=
tricität methodisch und kurz zusammenzufassen
und zu ordnen, um dadurch ihre Anwendung
leicht, angenehm und dem angehenden Prakti=
ker faßlich zu machen, und durch Zusammen=
stellung aller Versuche, welche zu einerley Fa=

che

che gehören, wechselseitige Erläuterung des einen durch den andern zu bewirken, damit man hierdurch die Stärke oder Schwäche der daraus hergeleiteten Theorien desto besser beurtheilen könne. Und obgleich die Beschaffenheit und die engen Grenzen meines Plans keinen Reichthum an Bemerkungen und keine umständliche Anführung aller Kleinigkeiten zuließen, so wird doch, wie ich hoffe, wenig Brauchbares und Wichtiges ganz übergangen worden seyn.

Da ich mich nicht gern eines Plagiats beschuldiget sehen möchte, so bekenne ich mit Vergnügen die Unterstützung, welche mir verschiedene über meinen Gegenstand ausgearbeitete Schriften gewährt haben. Mit uneingeschränkter Freyheit habe ich aus diesen Schriften ausgewählt, was ich zu meiner Absicht dienliches darinn gefunden habe. Besonders habe ich Herrn Banks für die Gefälligkeit zu danken, mit welcher er mir die Memoires de l'Academie de Berlin vom Jahr 1780 zum Gebrauch bey meiner Arbeit überlassen hat.

Die häufigen Abhaltungen und Störungen, denen ich, als Handelsmann, unterworfen bin, wer-

werden mich hoffentlich entschuldigen, wenn meine
Leser einige Fehler entdecken sollten, die sie selbst
gütigst verbessern werden.

Es sey mir noch erlaubt, bey dieser Gelegenheit dem Publikum bekannt zu machen, daß
ich jetzt mit einem Werke beschäftiget bin, in
welchem ich die mechanischen Theile der mathe-
matischen und physikalischen Wissenschaften beschreiben, und den mannigfaltigen Gebrauch der
Instrumente mit ihren neuesten Verbesserungen erklären will: welches, wie ich hoffe, die Erler-
nung der Wissenschaft erleichtern, und ihren Fortgang befördern soll. Ich werde bey diesem Werke
weder Mühe noch Kosten scheuen.

Innhalt.

Innhalt.

Erstes Kapitel.
Von der Elektricität überhaupt. Seite 1

Zweytes Kapitel.
Von der Elektrisirmaschine, nebst Anweisungen zu ihrem Gebrauch. — 14

)(4   10. Vers.

Innhalt:

Drittes Kapitel.

Die Eigenschaften des elektrischen Anziehens und Zurückstoßens, durch Versuche mit leichten Körpern erläutert.

Vier=

Innhalt.

Viertes Kapitel.

Das Anziehen und Zurückstoßen in Absicht auf die entgegengesetzten Elektricitäten. S. 39

Fünftes Kapitel.

Vom elektrischen Funken. 50

Sechstes Kapitel.

Von elektrisirten Spitzen.

)(5 • 73. 74.

Innhalt.

Innhalt.

Achtes Kapitel.

Von der elektrischen Batterie.   87

Innhalt.

Neuntes Kapitel.

Ueber den Einfluß zugespitzter Ableiter an den
Gebäuden. 103

Zehn-

Innhalt

Seis

Innhalt.

Dreyzehntes Kapitel.

Von der Verbreitung und Zertheilung der flüßigen Materien durch die Elektricität.   178

Vier-

Innhalt.

Innhalt

Versuch über den Magnetismus,

worinn die Eigenschaften des Magnets durch viele merkwürdige Versuche erläutert werden.

Versuch

über die

Elektricität.

Erstes Kapitel
Von der Elektricität überhaupt.

Es muß jedem Forscher nach Wahrheit auffallend und befremdend scheinen, daß die Elektricität, diese jetzt allgemein anerkannte Haupttriebfeder bey Hervorbringung der Naturbegebenheiten, so lange Zeit in Dunkel gehüllt und unbekannt geblieben ist; denn kaum wußten die Alten etwas von ihrem Daseyn. Zwar waren ihnen die besondern Eigenschaften derjenigen Körper, welche wir jetzt *idioelektrische* (corpora *per se* electrica) nennen, nicht gänzlich unbekannt; allein ihre Kenntnisse davon waren sehr unbedeutend, und der Weg, auf welchem sie dazu gelangten, höchst eingeschränkt. Daher gewann dieses Fach der Naturlehre sehr wenigen Fortgang, bis endlich der glückliche Zeitpunkt erschien, seit welchem sich die Naturforscher von den Fesseln der Hypothesen losgerissen und von der Ungewißheit nichtiger Muthmaßungen befreyet haben.

Erst damals ward das Daseyn dieser so feinen und in den meisten Fällen unsichtbaren Kraft erwiesen; man entdeckte viele ihrer Eigenschaften, und fand, daß ihre Wirksamkeit allgemein, und ihr Einfluß uneingeschränkt sey.

Adams Vers. b. Elektr.   A   Die

Die Elektricität hat das besondere Glück gehabt, die Aufmerksamkeit eines vortreflichen philosophischen Geschichtschreibers auf sich zu ziehen, der den Fortgang der Entdeckungen in diesem Fach auf eine sehr angenehme Art beschrieben, die verschiedenen zu Erklärung der elektrischen Erscheinungen erfundenen Theorien angezeigt, dem Publikum viele wichtige von ihm selbst erdachte Versuche mitgetheilt, und das, was in diesem weiten Felde noch zu untersuchen übrig bleibt, richtig angegeben hat *).

Uber seit der Erscheinung der Priestleyischen Geschichte der Elektricität ist dennoch der elektrische Apparatus aufs neue beträchtlich vermehrt, und eine Menge neuer Versuche angestellt worden. Diese Vermehrungen zu beschreiben, und diese Versuche so zu ordnen, daß daraus die Verbindung zwischen ihnen und der angenommenen Theorie der Elektricität erhelle, dies war eine meiner vornehmsten Absichten bey der Ausarbeitung der gegenwärtigen Schrift. Auch wünschte ich, meinen Bekannten ein Werk in die Hände zu geben, wodurch sie sich in Stand setzen könnten, die elektrischen Maschinen und Geräthschaften, die ich ihnen empfehle, mit Leichtigkeit und gutem Erfolg zu gebrauchen.

Da die Lehre von der Elektricität, als Wissenschaft betrachtet, noch in ihrer ersten Kindheit ist, so lassen sich ihre Definitionen und Grundsätze freylich nicht mit geometrischer Strenge abfassen. Ich werde daher alle positive und entscheidende Aussprüche, so viel möglich, vermeiden. Vielmehr wünschte ich meine Leser zu eigner Untersuchung und Vergleichung der Versuche, und zu eigner Herleitung der Folgerungen aus denselben, zu ermuntern.

I. Ver-

*) Der Verfasser redet von des D. Priestley History of electricity, wovon die deutsche Uebersetzung unter dem Titel: Geschichte und gegenwärtiger Zustand der Elektricität, aus dem Englischen von D. J. G. Krünitz, Berlin und Stralsund 1772. 4. bekannt ist. A. d. U.

1. Versuch.

Man reibe eine trockne Glasröhre mit trocknem Seidenzeuge, und bringe leichte Körper, z. B. Pflaumfedern, Kork= oder Holundermarkkügelchen gegen dieselbe, so werden diese Körper von der Röhre zuerst angezogen, und hernach zurückgestoßen werden.

2. Versuch.

Man reibe eine trockne Stange Siegellak, so wird auch diese leichte Körper, die man dagegen hält, zuerst anziehen, und hernach zurückstoßen.

Bey beyden vorstehenden Versuchen hat das Reiben eine Kraft in Wirksamkeit gesetzt, welche leichte Körper anzieht und zurückstößt; diese Kraft heißt **Elektricität.**

Man nimmt insgemein an, es sey durch alle Körper eine gewisse natürliche Menge oder ein natürliches Maaß von elektrischer Materie verbreitet, und in diesem natürlichen Zustande wirkt diese Materie nicht auf unsere Sinne; wenn aber durch natürliche oder künstliche Mittel dieses Gleichgewicht gestöret, und in den Körper mehr oder weniger gebracht wird, als das natürliche Maaß beträgt, so entstehen Wirkungen, die wir **elektrische** nennen, und man sagt, der Körper sey **elektrisirt.**

Von einem Körper, der durch Reiben vermögend gemacht worden ist, elektrische Erscheinungen hervorzubringen, sagt man, seine Elektricität sey **erreget,** oder er sey **ursprünglich elektrisiret** (*excited*):

Bernstein, Seide, Harz, trocknes Holz und viele andere Substanzen ziehen, gerieben, leichte Körper an und stoßen sie wieder zurück; sie heißen **elektrische, ursprünglich elektrische Körper** (*idio - electrica, per se electrica.*) Substanzen, deren Reiben dieses Anziehen und Zurückstoßen nicht bewirkt, z. B. Metalle, Wasser ꝛc. heißen **nicht=elektrische Körper** (*anelectrica.*)

Ist

Iſt die geriebene Glasröhre oder Siegellackſtange in gutem Stande, ſo ſtrömen freywillig Lichtbüſchel aus ihr, welche ein ſehr ſchönes Schauſpiel darſtellen; auch hört man bey Annäherung eines nicht ⸱ elektriſchen Körpers ein kniſterndes Geräuſch.

3. Verſuch.

Man lege einen metallenen Cylinder auf ſeidene Schnüre, oder ſetze ihn auf Glas, und bringe einen geriebenen elektriſchen Körper gegen ihn, ſo werden alle Theile des metallenen Cylinders leichte Körper eben ſo ſtark anziehen und zurückſtoſſen, als der geriebene elektriſche Körper ſelbſt.

4. Verſuch.

Man hänge eine trockene Glasſtange an ſeidene Schnüre, oder ſtelle ſie auf Glas, und bringe einen geriebenen elektriſchen Körper dagegen, ſo wird ſich an dem Glasſtabe kein Anziehen und Zurückſtoſſen zeigen; weil die Elektricität nicht durch das Glas hindurchgehen kann.

Metalliſche und andere Körper, welche der Elektricität den Durchgang verſtatten, werden **Leiter** oder **Conduktoren** genannt. Subſtanzen, durch welche die Elektricität nicht bringen kan, heiſſen **Nicht ⸱ Leiter**.

Ein Körper, welcher mit lauter Nicht ⸱ Leitern umgeben iſt, heißt **iſolirt**.

Hätte man dieſes Vermögen gewiſſer Körper, dem Durchgange der Elektricität durch ihre Subſtanz und Zwiſchenräume zu widerſtehen, nicht entdeckt, ſo würden die wichtigſten und ſonderbarſten Wirkungen der Elektricität unbekannt geblieben ſeyn. Faſt auf allen Seiten dieſes Werks wird man Beweiſe von der Wahrheit dieſes Satzes antreffen.

Wir ſehen aus dem 3ten und 4ten Verſuche, daß man iſolirten leitenden Subſtanzen die elektriſche Kraft durch geriebene elektriſche Körper mittheilen kan, und daß ſie alsdann leichte Körpergen eben ſo, wie die elektriſchen

selbſt,

selbst, anziehen und zurückstoßen. Nur findet sich hiebey der Unterschied, daß ein Leiter, dem man die Elektricität mitgetheilt hat, wenn er von einem andern mit der Erde verbundenen Leiter berührt wird, diese Elektricität auf einmal ganz abgiebt, da hingegen ein elektrischer Körper unter eben den Umständen seine Elektricität nur zum Theil verliert.

5. Versuch.

Man elektrisire, mit geriebenen Glas oder Siegellak, zwo isolirte Korkkugeln, welche an 6 Zoll langen Fäden hängen, so werden die Kugeln aus einander gehen, und sich zurückstoßen.

6. Versuch.

Man elektrisire die eine Kugel mit Glas, die andere mit Siegellak, so werden sie beyde einander anziehen.

Diese beyden so merklich verschiedenen und entgegengesetzten Wirkungen der anziehenden und zurückstoßenden Kraft der Elektricität, sind erst in der neuesten Periode der Geschichte dieser Wissenschaft entdeckt worden.

Die durch Reiben des Glases erregte Elektricität wird die positive, die durch Reiben des Siegellaks hervorgebrachte hingegen die negative genannt. Man glaubte anfänglich, der Unterschied komme von dem elektrischen Körper her, und beyde Arten der Elektricität seyen wesentlich verschieden; jetzt aber weiß man, daß sich alle beyde sowohl durchs Reiben des Glases als des Siegellaks hervorbringen lassen.

Die Entdeckung dieser unterschiedenen Kennzeichen zwoer Arten von elektrischen Körpern, veranlaßte die Naturforscher, die elektrischen Eigenschaften der meisten Körper durch die Erfahrung zu untersuchen, um zu bestimmen, welche Körper eine positive und welche eine negative Elektricität hätten. Dadurch ist die Anzahl der bekannten elektrischen Körper, welche sonst sehr gering war, nun

mehr

mehr auſſerordentlich angewachſen, wie folgende aus Prieſtley's Geſchichte der Elektricität und Cavallo's voll-
ſtändiger Abhandlung der Lehre von der
Elektricität *) genommene Tabelle·zeigen wird.

Verzeichniß der leitenden Subſtanzen.

1. Steinartige Subſtanzen.

Steinartige Körper überhaupt leiten ſehr gut, wenn
ſie gleich trocken und warm ſind.

Kalkſtein und friſch gebrannter Kalk ſind beydes ſchlech-
te Leiter.

Marmor leitet weit beſſer, als Sandſtein; auch hat
man unter den verſchiedenen Proben von Marmor, welche
man verſucht hat, ſehr wenig Unterſchied gefunden.

Ein großes Stück von weißem Spath, halbdurch-
ſichtig und ein wenig ins Blaue fallend, leitete kaum im
geringſten: man konnte aus dem erſten Leiter der Maſchine, während daß es an denſelben gehalten wurde, noch
immer ſehr ſtarke Funken ziehen.

Ein halb durchſichtiges Stück Achat nimmt den elektriſchen Funken in ſeine Subſtanz auf; doch geht derſelbe,
wenn er den Finger erreichen kann, auf ¼ Zoll weit über
die Oberfläche dieſes Steins. Auch kan man dadurch eine
Batterie, wiewohl ſehr langſam, entladen.

Ein Stück Schiefer, dergleichen man gewöhnlich zu
Schreibtafeln gebraucht, iſt ein weit beſſerer Leiter als
Sandſtein, welcher nur ſchwach leitet.

Probirſtein leitet ſehr gut.

Gyps-

*) Von Cavallo's Compleat Treatiſe on Electricity, London,
1778. 8. iſt die deutſche Ueberſetzung unter oben angegebenem Titel
Leipzig 1779. 8. heraus gekommen und 1783 mit einigen Zuſätzen
vermehrt, wieder aufgelegt worden. A. d. H.

Gypsstein und französischer Alabaster leiten sehr gut; nur erhält der letztere einen stärkern Funken, weil er eine glättere Oberfläche hat.

Schottischer Asbest, so wie er aus seinem Lager kömmt, leitet nicht. Wenn man ihn an den Conduktor der Maschine hält, so kan man während der Zeit bey sehr mäßigem Elektrisiren noch immer Funken von einem halben Zoll aus dem Conduktor ziehen.

Spanische Kreide leitet eben so stark, als Marmor.

Egyptischer Granit leitet weit besser, als Sandstein.

2. Salzige Substanzen.

Vitriolöl leitet sehr gut.

Die metallischen Salze leiten überhaupt besser, als die Mittelsalze.

Kupfer- und Eisenvitriol leiten sehr gut, ob sie gleich den Schlag nicht durchlassen.

Vitriolisirter Weinstein giebt einen schwachen Funken.

Salpeter leitet nicht so gut, als Salmiak. Wenn der elektrische Schlag über seine Oberfläche geht, so zerschlägt er sich mit beträchtlicher Gewalt nach allen Richtungen in sehr viele Stücken.

Der flüchtige Salmiak giebt einen schwachen Funken.

Steinsalz leitet, doch nicht völlig so gut, als Alaun; der darauf schlagende Funken ist sehr roth.

Salmiak übertrift an leitender Kraft das Steinsalz und den Alaun, nimmt aber nicht den geringsten Funken an. Er scheint also aus einer unzählbaren Menge der feinsten Spitzen zu bestehen.

Die selenitischen Salze leiten nur wenig.

Beym Alaun ist der elektrische Schlag mit einem besondern Laut, wie das Zischen einer Rackette, begleitet.

3. Brennbare Körper.

Ein Stück Kies von dunkler Farbe nimmt aus dem ersten Leiter der Maschine bis auf eine beträchtliche Weite

Fun-

Funken an, etwa so, wie die schlechtern Stücken der Kohle.

Ein anderes Stück Kies, welches ein Theil einer regelmäßig gestalteten Kugel gewesen ist, und einen metallischen Glanz hat, leitet nicht völlig so gut, doch weit besser, als irgend eine andere steinartige Substanz. Es hält das Mittel zwischen Stein und Metall.

Wasserbley im Bleystift leitet den Schlag eben so gut, als Metall und Kohle. Ein kleines Bleystiftklümpgen zieht aus dem ersten Leiter einen eben so vollkommenen und starken Funken, als ein messingener Knopf.

4. Metalle und Minern.

Eine mexikanische Goldstufe leitet so gut, daß man kaum einen Unterschied zwischen ihr und dem Golde selbst finden kann.

Eine Silberstufe aus Potosi leitet sehr gut, ob sie gleich mit eingesprengten Kies vermischt ist.

Zwo Stufen Kupfererz, die eine so reichhaltig, als man nur irgend eine kennt, die andere nur halb so kupferhaltig, zeigen kaum den geringsten Unterschied in ihrer leitenden Kraft.

Blutstein ist ein sehr guter Leiter.

Schwarzer Sand von den afrikanischen Küsten, der sehr eisenhaltig ist, und zum Theil vom Magnet eben so stark, als Stahlfeile, angezogen wird, leitet zwar die Elektricität, aber nicht den Schlag. Sondert man mit dem Magnet alles das ab, was derselbe leicht anzieht, so leitet dieses den Schlag sehr gut; alles übrige leitet fast gar nicht.

Auch diejenigen Minern, in welchen die Metalle mit Schwefel oder Arsenik vererzet sind, z. B. Bley- und Zinnerze, oder Zinnober, als das Quecksilbererz, sind etwas schlechtere Leiter, als Gold und Silberstufen.

Mineralien, welche nichts weiter als metallische Erde enthalten, leiten wenig besser, als andere Steine.

Bley, Eisen, Zinn, Messing, Kupfer, Silber und Gold sind die besten Leiter.

5. Flüßige Materien.

Alle Säfte des thierischen Körpers.

Alle flüßige Materien, Luft und Oele ausgenommen.

Die Ausflüsse brennender Körper.

Schnee, Rauch, Dämpfe des heißen Wassers, das Vakuum unter der Glocke der Luftpumpe, Kohlen ꝛc.

Elektrische Körper.

Bernstein, Glas, Pech und Schwefel; alle Edelgesteine, als Diamanten, Rubinen, Granaten, Topasen, Hyacinthen, Chrysolithen, Smaragden, Saphyre, Amethyste, Opale und besonders die Turmalins: alle Harze und harzige Kompositionen, Wachs, Seide, Baumwolle; alle trockne thierische Substanzen, z. B. Federn, Wolle, Haare ꝛc. Papier, Zucker, Luft, Oel, Chocolat, metallische Kalke, trockne Vegetabilien u. s. w.

Der innere wesentliche Unterschied zwischen elektrischen und nicht-elektrischen Körpern gehört zu den noch unentdeckten Geheimnissen der Natur. Nur soviel ist ausgemacht, daß das leitende Vermögen der Körper einigermaßen von der Wärme abhängt, oder durch dieselbe verändert wird. Glas, Harz und viele andere elektrische Körper werden durch die Hitze in Leiter verwandelt; da hingegen die Kälte, wenn nur keine Feuchtigkeit dabey ist, alle elektrische Substanzen noch stärker elektrisch macht.

Herr Achard in Berlin hat in Rozier's *Journal de physique* eine sehr lehrreiche Abhandlung hierüber mitgetheilt, worinn er durch Versuche erweiset: 1) daß gewisse Umstände einen Körper, der vorher ein Nicht-Leiter war

war, zu einem Leiter machen können. 2) Daß diese Umstände nichts anders sind, als die Grade der Hitze, welchen dieser Körper ausgesetzt wird. Er bemüht sich, zu
zeigen, daß die vornehmsten Veränderungen, welche bey
Verstärkung der Hitze in den Körpern vorgehen, in Ver-
größerung der Zwischenräume und in Verstärkung der
Geschwindigkeit derer im Körper enthaltenen und auf ihn
wirkenden Feuertheilchen bestehen. Hierauf beweiset er,
daß der letztere Umstand nichts zu Veränderung der elektrischen Eigenschaften beytrage, und schließt also, der
Eulerischen Hypothese gemäß, daß der Hauptunterschied
zwischen Leitern und Nicht-Leitern in der Größe der
Zwischenräume zwischen den Bestandtheilen der Körper
bestehe.

In einer andern wichtigen Abhandlung, welche sich
in den Schriften der Berliner Akademie vom Jahre 1779
befindet, zeigt Herr Achard die Aehnlichkeit zwischen der
Erregung und den Wirkungen der Elektricität und der
Wärme; ingleichen zwischen der leitenden Eigenschaft der
Körper und ihrer Empfänglichkeit für die Hitze. Er be-
schreibt zugleich ein neues Werkzeug, wodurch man die
Menge von elektrischer Materie bestimmen kann, welche
von Körpern verschiedener Art, unter übrigens gleichen
Umständen, fortgeleitet wird. Mit Hülfe dieses Instruments läßt sich mit großer Genauigkeit die Menge von
Elektricität bestimmen, welche ein Körper in einer gegebnen Zeit verliert, wenn er einen andern nicht elektrisirten
Körper berühret. Noch hat er den Erfolg seiner damit
angestellten Versuche nicht bekannt gemacht; doch behauptet er immer bemerkt zu haben, daß diejenigen Körper,
welche den jedesmaligen Grad der Wärme schwer annehmen und lang behalten, auch die Elektricität schwer annehmen und verlieren. Die Beschreibung des erwähnten
Instruments wird man weiter unten in diesem Versuche
finden.

Ver-

Verzeichniß

elektrischer Substanzen und der verschiedenen Elektricitäten, welche sie beym Reiben erhalten.

Katzenhaar	positiv	Jede Substanz, mit welcher man bisher den Versuch angestellet hat.
Glattes Glas	positiv	Jede Substanz, mit der man es bisher versucht hat, das Katzenhaar ausgenommen.
Mattgeschliffenes Glas	positiv	Trockner Wachstaffet, Schwefel, Metalle.
	negativ	Wollenzeug, Federkiel, Holz, Papier, Siegellak, weißes Wachs, die Hand.
Turmalin	positiv	Bernstein, Luft. *)
	negativ	Diamant, die Hand.
Hasenfell	positiv	Metalle, Seide, Magnetstein, Leder, die Hand, Papier, gedörrtes Holz.
	negativ	Andere feinere Felle.
Weiße Seide	positiv	Schwarze Seide, Metalle, schwarz Tuch.
	negativ	Papier, die Hand, Haare, Wieselfell.

Schwarze

---

*) D. h. wenn man mit Blasebälgen darauf bläset. Durch dieses Mittel läßt sich in vielen Körpern die Elektricität erregen; bey einigen noch besser, wenn die darauf geblasene Luft warm ist, ob man gleich allemal nur eine sehr schwache Elektricität erhält.

Schwarze Seide
  positiv [Siegellak.
  negativ [Hasen - Wiesel - und Iltisfelle, Magnetstein, Messing, Silber, Eisen, die Hand.

Siegellak .
  positiv [Metalle.
  negativ [Hasen - Wiesel - und Iltisfelle, die Hand, Leder, wollen Zeug, Papier.

Gedörrtes Holz
  positiv [Seide.
  negativ [Flanell.

Viele dem Anscheine nach ganz unbedeutende Umstände machen Aenderungen in diesen entgegengesetzten Elektricitäten. Man hat behauptet, daß beym Reiben zwoer gleichartigen Substanzen diejenige die **negative** Elektricität erhalte, welche am stärksten gerieben, oder am meisten erwärmt wird. Dieses trifft zwar in vielen Fällen, besonders in Absicht auf seidne Bänder, wirklich zu. Dennoch aber sagt Herr **Bergmann**, ein schwarzes Band werde nie positiv, wenn nicht das andere, an dem es gerieben wird, ebenfalls schwarz sey. Bey Glasstücken ist die Wirkung gerade die entgegengesetzte; denn wenn sie beyde gleich groß sind, so wird das Stück A, welches über das andere unbewegliche B geführt wird, negativ; B hingegen wird positiv, ob es gleich die stärkste Reibung leidet. Erwärmung am Feuer thut eben die Wirkung, wie stärkeres Reiben. Ist ein Stück Glas dicker, als das andere, so wird das dickere positiv, das dünnere negativ. Gefärbtes Glas wird, auch erwärmt, negativ, wenn es an gemeinem weißen Glase gerieben wird. Reibt man blaues Glas an grünem, so wird das blaue stark positiv ꝛc. Man s. **Bergmanns** Abhandlung in den Schriften der königl. schwedischen Akademie der Wissenschaft vom Jahre 1765.

Wenn

Wenn man Haar und Glas an einander reibt, so scheinen die dadurch erzeugten Elektricitäten einander das Gleichgewicht zu halten, und sind also nach der verschiedenen Art des Reibens und nach der Beschaffenheit des Haares verschieden.

Reibt man Haare eines lebenden Thieres, oder frisch abgeschnittene Haare mit einer Glasröhre der Länge nach, so werden sie positiv, und das Glas, welches hier die stärkste Reibung leidet, wird negativ. Wird aber die Glasröhre queer über den Rücken des Thieres, oder über ein frisches Fell gezogen, so wird das Glas positiv. Altes trocknes Haar, an Glas oder an frischem Haare gerieben, wird allezeit negativ; wenn man es aber ein wenig mit Talg bestreicht, so thut es eben die Wirkung, wie frisches Haar. Man s. Wilke in den Abh. der königl. schwed. Akad. vom Jahre 1769.

Die elektrischen Körper sind in Absicht auf die Leichtigkeit, mit welcher sich ihre Elektricität erregen läßt, ingleichen in Absicht auf die Stärke und Dauer ihrer Elektricität sehr von einander verschieden.

Die Seide scheint in Rücksicht auf ihre lang anhaltende und starke anziehende und zurückstoßende Kraft den Vorzug vor allen andern elektrischen Körpern zu verdienen.

Das Glas hat den Vortheil, daß es das elektrische Licht und das Anziehen und Zurückstoßen in einem sehr schnellen Fortgange und stark zeiget, aber ohne lang anhaltende Dauer.

Die negativen elektrischen Körper, z. B. Bernstein, Gummilak, Schwefel, Harz und alle harzige Substanzen zeigen die elektrischen Erscheinungen am längsten und anhaltendsten. Bey günstigen Umständen ist eine einzige Erregung auf viele Wochen hinreichend. Eben diese

Körper

Körper sind auch darum merkwürdig, weil sie den Leitern, die mit ihnen in Berührung kommen, eine sehr starke elektrische Kraft mittheilen, und auch diese Mittheilung eine beträchtliche Zeit lang fortsetzen.

Zweytes Kapitel.

Von den Elektrisirmaschinen, nebst Anweisungen zu ihrem Gebrauch.

Sobald man die Eigenschaften der Elektricität nur einigermaßen entwickelt hatte, so bestrebten sich Naturforscher und Künstler, eine Menge Maschinen zu Erregung und Anhäufung dieser außerordentlichen Kraft anzugeben und zu verfertigen. Seitdem aber die Kenntnisse der Elektricität zugenommen haben, und die Grenzen dieser Wissenschaft erweitert worden sind, hat man diese Maschinen größtentheils wieder auf die Seite gelegt. Ich will daher nur diejenige Elektrisirmaschine beschreiben, welche jetzt allgemein im Gebrauch ist. Ihre Einrichtung ist höchst einfach, und sehr wohl geschickt, die elektrische Materie nicht allein in großer Menge zu erregen, sondern auch in einem starken und anhaltenden Strome in den ersten Leiter überzuführen.

Taf. I. Fig. 1 und 2. stellen zwo nach dieser allgemein beliebten Einrichtung gearbeitete Maschinen vor. Beyde werden auf einerley Art aufgestellet und gebraucht; sie sind bloß in Absicht auf den Mechanismus unterschieden, durch welchen der Cylinder in Bewegung gesetzt wird.

In Fig. 2. wird der Cylinder vermittelst zweyer Räder a b, c d umgedrehet, welche durch eine Schnur verbunden sind, von der man bey e und f einen Theil sehen kann; in Fig. 1. hingegen wird er durch eine bloße Kurbel bewegt

bewegt, welche Einrichtung einfacher ist, und nicht so leicht
in Unordnung geräth. Dennoch ziehen viele praktische
Liebhaber der Elektricität eine Maschine mit mehrern verbundenen Rädern vor. Sie sagen, der Operator werde
dadurch nicht so sehr, als durch das Umdrehen der bloßen
Kurbel, ermüdet; und eine mäßige Verstärkung der Geschwindigkeit des Cylinders vermehre die Bewegung der
elektrischen Materie, und bringe in eben derselben Zeit
eine größere Menge Materie hervor, daher sie das Küssen
nicht so leicht einschlucken könne.

Da beyde Maschinen, Taf. I. Fig. 1 und 2. einander so ähnlich sind, so kann ich bey ihrer Beschreibung für
beyde einerley Buchstaben gebrauchen.

A B C ist das Fußbret der Maschine, auf welchem
die beyden Stützen D und E, die den gläsernen Cylinder
F G H I tragen, fest aufstehen. Die Axe, an welcher
der Cylinder gedrehet wird, ist in zwo Hauben befestigt,
welche bisweilen von Messing, bisweilen von Holz, gemacht werden; an jedes Ende des Cylinders ist eine von
diesen Hauben angekittet, die man in den Figuren bey
K siehet. Die in der Haube K befestigte Axe geht durch
die Stütze D; ans Ende dieser Axe ist entweder, wie in
Fig. 1. eine bloße Kurbel, oder wie in Fig. 2., ein Wür-
tel angepaßt. Die Axe der andern Haube läuft in einem
kleinen Zapfenloche im obern Theile der Stütze E. O P
ist eine Glassäule, welche das Küssen trägt; T, eine
messingene Schraube am Fuße dieser Säule, dient den
Druck des Küssens gegen den Cylinder zu reguliren; g h i
ein Stück Seidenzeug, welches von dem untern Rande
des Küssens aus, und über den Cylinder so weit hinweggeht, daß es fast an den Collector, oder an die einsaugenden Spitzen des ersten Leiters anstößt. Oben an der
Glassäule O P befindet sich ein hölzerner Arm, welcher
einen mit dem Küssen verbundenen Conduktor, oder den
sogenannten negativen Conduktor trägt. In beyden Figuren wird derselbe hart am Küssen anliegend und mit
dem

dem Glascylinder parallel laufend vorgestellt. In Fig. 1.
ist er etwas zu weit vorwärts und der Kurbel zu nahe ge-
rückt, damit man bey R S etwas davon zu sehen bekomme;
In Fig. 2. sieht man bloß das Ende R S.

YZ, Fig. 1 und 2, ist der positive erste Leiter, oder
derjenige, welcher die Electricität unmittelbar aus dem
Cylinder erhält, L M die Glassäule, welche ihn trägt und
isolirt, und V X der hölzerne Fuß dieser Glassäule. In
Fig 1 ist dieser Conductor mit dem Glascylinder parallel
gestellt; Fig. 2 aber steht er gegen den Cylinder rechtwinklicht; man kann ihm nach Befinden der Umstände, und
so, wie es dem Operator am bequemsten fällt, entweder
die eine, oder die andere Stellung geben.

Soll der negative Conductor ebenfalls rechtwinklicht
gegen den Cylinder, und mit dem Conductor Y Z, Fig.
2, parallel stehen, so muß er auf ein isolirendes Stativ
befestiget, und durch einen unter dem Cylinder hindurch-
gehenden Drath mit dem Küssen verbunden werden.

7. Versuch.

Man drehe die Maschine, und verbinde das Küssen
durch eine Kette mit dem Fußboden des Zimmers, so
werden die Körper, welche mit dem positiven Conductor
verbunden sind, positiv elektrisirt werden.

Verbindet man hingegen den positiven Conductor durch
eine Kette mit der Erde, und nimmt die Kette vom Küssen
hinweg, so werden die Körper, welche mit dem negativen
Conductor verbunden sind, negativ elektrisiret.

Die vornehmsten Theile einer Elektrisirmaschine sind
folgende:

1) Der elektrische Körper, hier der Glascylinder.

2) Die mechanische Vorrichtung, durch welche der
Cylinder bewegt wird.

3) Das Küssen nebst Zubehör.

4) Die zween ersten Leiter.

Ehe

Ehe man die Elektrisirmaschine drehet, untersuche
man vorher diejenigen Theile, welche durch das Reiben
oder durch Schmuz und Sand zwischen den reibenden Fläs-
chen beschädigt werden könnten, besonders die Axen, welche in den hölzernen Stützen D und E umlaufen, und die
Zapfen des großen Rades c d Fig. 2. Wenn man das
Küssen wegnimmt, so muß der Cylinder vollkommen frey
umlaufen. Hört man beym Umdrehen desselben ein Kra-
ßen oder ein anderes unangenehmes Geräusch, so suche
man die Stelle, von der es herkömmt, wische sie rein ab,
und streiche etwas sehr weniges Unschlitt darüber. Eben
so untersuche man die Axe des großen Rads c d Fig. 2.
Gelegentlich lasse man einen Tropfen Oel auf die Axe des
Cylinders fallen, untersuche die Schrauben an Gestell und
Cylinder, und ziehe sie fester an, wenn sie locker sind.

Den Glascylinder wische man sorgfältig ab, um ihn
von der Feuchtigkeit zu befreyen, welche das Glas aus
der Luft an sich nimmt; insbesondere sorge man dafür,
daß an den Enden des Cylinders nichts feuchtes bleibe.
Jede daselbst zurückbleibende Nässe leitet die Elektricität
aus dem Cylinder in die Stützen ec.

Man sorge, daß kein Staub, keine Fäden oder Fasern auf dem Cylinder, dem Gestell, den Leitern und den
isolirenden Säulen bleiben; sie würden die elektrische Materie nach und nach zerstreuen, und die Wirkung der Maschine schwächen.

Man reibe den Cylinder zuerst mit einem reinen dichten, trocknen, warmen leinenen Tuche, oder mit Wasch-
leder, und dann mit einem trocknen, warmen und weichen Stück Seidenzeug; eben so verfahre man mit allen
gläsernen isolirenden Säulen der Maschine und des übrigen Apparats: doch müssen diese Säulen, weil sie überfirnißt sind, gelinder als der Cylinder gerieben werden.

Bisweilen setzt man auch ein heißes Eisen auf den
Fuß des Conductors, um die Feuchtigkeit abzudämpfen,
welche den Versuchen hinderlich seyn könnte.

Adams Vers. d. Elek.   B   Wenn

Wenn man gute und wirksame Mittel ausfindig machen will, durch eine Elektrisirmaschine die Elektricität
stark zu erregen, so muß man sich nothwendig Begriffe
von dem Mechanismus machen, durch welchen der Cylinder die elektrische Materie aus dem Küssen und den damit verbundenen Körpern ausziehet. Ich will daher die
Muthmaßungen beyfügen, nach welchen ich selbst gear-
beitet habe. Sie haben mich in Stand gesetzt, mit den
Maschinen, welche durch meine Hände gegangen sind,
allezeit eine sehr starke Elektricität zu erregen.

Ich halte dafür, daß da, wo das Küssen genau an
den Cylinder anschließt, der Wiederstand der Luft geschwächt werde, oder eine Art von Vacuum entstehe. Vermöge der Gesetze aller elastischen flüßigen Materien bringt
die elektrische Materie dahin ein, wo sie den wenigsten
Widerstand findet; in dem Augenblicke also, da der Cylinder das Küssen verläßt, strömt elektrische Materie in
Menge aus. Je vollkommner nun die Berührung ist,
und je schneller sie aufgehoben wird, desto größer ist die
Menge der aus dem Küssen ausgehenden Materie. Da
aber die elektrische Materie in diesem Zustande begierig in
jede in der Nähe befindliche leitende Substanz eindringt,
so wird, wofern einiges Amalgama über der Stelle des
Küssens liegt, die der Cylinder berührt, dasselbe einen
Theil der elektrischen Materie in sich nehmen und in das
Behältniß, aus welchem er gekommen ist, zurückführen.

Sind diese Muthmaßungen gegründet, so muß man,
um die Elektricität durch eine Maschine stark zu erregen.

1) Die Theile des Küssens aussuchen, welche von
dem Glascylinder gedrückt werden.

2) Das Amalgama nur allein auf diese Theile
streichen.

3) Die Berührungslinie zwischen dem Cylinder und
dem Küssen so vollkommen, als möglich, machen.

4) Die

4) Die gesammlete elektrische Materie vor der Zerstreuung bewahren.

Um das Jahr 1772 versuchte ich, auf die Vorderseite des Küssens einen lockern ledernen Lappen zu legen;
das Amalgama ward über den ganzen Lappen gestrichen,
das Küssen an den gehörigen Ort gestellt, und der leder-
ne Lappen mehr oder weniger niederwärts oder vielmehr
einwärts gebogen, bis ich durch wiederholte Versuche endlich die Stellung fand, in welcher die Wirkung am stärksten war; denn durch dieses Mittel ward die Menge des
gegen den Cylinder wirkenden Amalgama vermindert. Natürlich führte mich dies darauf, die Breite des Küssens zu
vermindern, und es so zu stellen, daß man es leicht erhöhen oder erniedrigen konnte.

Die Vortheile, welche ich durch diese Methode erhielt, wurden durch die Erfindung eines sinnreichen Na-
turforschers noch mehr vergrößert. Dieser leimte ein
Stück Leder an ein großes Stück Kork, strich sein Amalgama auf das Leder, und rieb damit die Zone des Glascylinders, welche gegen das Küssen drückte. Durch diese
vortrefliche Erfindung wird die Berührungslinie zwischen
dem Cylinder und dem Küssen sehr vollkommen, die kleinern Zwischenräume des Glases werden mit dem Amalgama ausgefüllt, und die überflüßigen Theile desselben setzen sich an das Küssen ab.

Beccaria giebt an, das auf der Oberfläche des
Glases haftende Amalgama bilde eine ununterbrochene Reihe von leitenden Theilchen, welche die elektrische Materie
in den ersten Leiter, und unter gewissen Umständen wieder
zurück in das Küssen führten.

Ein anderer scharfsinniger Kenner der Elektricität bestimmt die Berührungslinie zwischen Cylinder und Küssen
dadurch, daß er mit aufgelöseter weißer Farbe eine Linie
auf dem Cylinder zieht: beym Umdrehen setzt sich diese
Farbe ans Küssen ab, und bezeichnet die Stellen, welche
gegen den Cylinder drücken. Das Amalgama wird als-

B 2   dann

dann bloß an die Stelle gestrichen, welche von der weißen
Farbe bezeichnet sind.

Beyde Methoden führen zum Zweck. Wählt man
die erste, so darf man kein Amalgama auf das Küssen
streichen; das auf den Cylinder geriebene und von demselben beym Umdrehen auf das Küssen abgesetzte, ist schon
hinreichend, eine erstaunliche Menge elektrische Materie
hervorzubringen. Wenn man den Cylinder mit dem amalgamirten Leder reiben will, so muß man das Stück
Wachstaffet oder schwarzen Taffet, welches über dem
Küssen liegt, zurückschlagen, und wenn zufälliger Weise
einige Theilchen Amalgama daran kleben, dieselben sorgfältig abwischen.

Wenn die Elektricität des Cylinders schwächer werden will, so kann man sie leicht von neuem verstärken,
wenn man den darüber liegenden Taffet zurückschlägt, und
dann den Cylinder mit dem amalgamirten Leder reibt.

Ein wenig Unschlitt über das Amalgama gestrichen,
verstärkt, wie man gefunden hat, das elektrische Vermögen des Cylinders.

8. Versuch.

Wenn der Cylinder stark in Wirkung gesetzt ist, so
geht eine Menge runder leuchtender Stralen aus dem
Küssen; hält man aber eine Reihe metallischer Spitzen
dagegen, so verschwinden sie wieder. Die leitende Substanz des Metalls saugt die elektrische Materie ein, noch
ehe sie die Gestalt dieser Stralen annehmen, oder sich in
die Luft zerstreuen kann.

Wir sehen hieraus, daß man, um den Verlust der
erregten elektrischen Materie zu verhüten, die Luft abhal-
ten müsse, auf die Materie zu wirken, welche durch die
Erregung in Bewegung gesetzt wird. Denn die Luft widersteht nicht allein dem Ausgange der elektrischen Materie, sondern sie zerstreut auch die gesammlete Materie wieder

der vermittelst der leitenden Stäubgen, welche jederzeit in ihr herumfliegen.

Diese Absichten werden nun sehr glücklich erreicht, wenn man eine nicht leitende Substanz von der Berührungslinie an bis an die einsaugenden Spitzen des ersten Leiters gehen läßt, und diese Spitzen in ihre Atmosphäre setzt. Ist kein Amalgama auf das Küssen gestrichen, so ist ein blosses Stück schwarzer Taffet, allenfalls ganz leicht mit Wachs imprägnirt, hinreichend. Man befestiget es an den untern Rand des Küssens, und läßt es bis an die einsaugenden Spitzen des Konduktors gehen. Ist aber das Amalgama auf dem Küssen, so thut ein Stück Wachstaffet die besten Dienste.

Einer meiner Freunde erzählte mir, er habe vor einigen Jahren ein Stück schwarzen Seidenzeug gebraucht, und dasselbe über und über mit einem mit ein wenig Wachs vermischten Amalgama imprägnirt, welches er mit einem Schwamm in die Seide eingerieben habe. Sey die Kraft der Maschine unter währendem Gebrauch schwächer geworden, so habe er sie dadurch wieder verstärkt, daß er den amalgamirten Schwamm an den Cylinder gehalten und denselben umgedrehet habe.

Oft ist es sehr vortheilhaft, den Wachstaffet oder Seidenzeug vorher zu trocknen, ehe die Maschine gebraucht wird.

Man muß nicht eher glauben, daß die Maschine in gutem Stande sey, als bis sie das elektrische Licht in grosser Menge ausströmt, und man aus dem Conduktor starke, dichte und schnell auf einander folgende Funken erhält. Wird der Conductor weggenommen, so muß das Feuer rund um den Cylinder leuchten und viele schöne leuchtende Büschel auswerfen.

Man schätzt gegenwärtig besonders zwo Arten von Amalgama. Die eine besteht aus fünf Theilen Quecksilber, und einem Theile Zink mit ein wenig Wachs zusammengeschmolzen: die andere ist das in den Kaufläden zu

ha-

habende Aurum musivum. Nach vielfältigen Proben finde ich es dennoch schwer zu entscheiden, welche Art die beste sey.

Der nachfolgende Versuch scheint die vorhergegangenen Muthmaßungen über den Mechanismus, durch welchen die elektrische Materie aus dem Küssen und den damit verbundenen Körpern gezogen wird, zu erläutern und zu bestättigen.

9. Versuch.

Man zerbreche eine Stange Siegellak in zwey Stücken, so werden die beyden Enden auf dem Bruche, die sich vorher berührten, entgegengesetzte Elektricitäten zeigen; das eine wird positiv, das andere negativ elektrisirt seyn.

Jede Elektrisirmaschine muß mit einem isolirten Küssen und mit zween Conductoren, einem zur positiven, dem andern zur negativen Elektricität, versehen seyn; auf diese Art kann man beyde Elektricitäten nach Gefallen hervorbringen, eine größere Anzahl Versuche anstellen, und die Eigenschaften der elektrischen Materie leichter erklären.

10. Versuch.

Man verbinde den positiven Conductor durch eine Kette mit dem Tische, und drehe den Cylinder, so wird man das Küssen negativ elektrisirt finden. Nun nehme man die Kette von dem positiven Conductor hinweg, so werden beyde, der Conductor und das Küssen, Zeichen der Elektricität von sich geben; aber jeder elektrisirte Körper, der von dem einen angezogen wird, wird von dem andern zurückgestoßen werden. Bringt man beyde nahe genug an einander, so werden Funken zwischen ihnen entstehen, und sie werden auf einander selbst stärker, als auf andere Körper, wirken. Verbindet man sie mit einander, so

wer-

werden sich beyder Elektricitäten unter einander aufheben;
denn, obgleich die Elektricität aus dem Küssen in den Conductor überzugehen scheinet, so werden doch beyde, wenn
sie verbunden sind, kein Zeichen der Elektricität von sich
geben, weil die elektrische Materie beständig von einem
zum andern circuliret, und allezeit in eben demselben Zustande bleibt.

Wir sehen aus diesem Versuche, daß die elektrischen
Erscheinungen sowohl in dem elektrischen Körper, welcher
gerieben wird, als auch in der Substanz, mit welcher
man ihn reibt, entstehen, wofern nur diese Substanz isolirt ist; aber beyder Elektricitäten sind einander gerade
entgegengesetzt, und geben sich durch entgegengesetzte Wirkungen zu erkennen.

11. Versuch.

Sind der Conductor und das Küssen beyde isolirt, so
erhält man desto weniger elektrische Materie, je vollkommener die Isolirung ist.

Die Feuchtigkeit, welche sich zu allen Zeiten in der
Luft befindet, und die feinen spitzigen Fasern, von welchen
man das Küssen unmöglich ganz befreyen kann, lassen keine vollkommene Isolirung des Küssens zu, und machen,
daß der elektrischen Materie immer noch einiger Zugang
zu demselben übrig bleibt.

Wenn die Luft und die andern Theile des Apparatus
sehr trocken sind, so wird man unter den oben beschriebenen Umständen wenig oder gar keine Elektricität erhalten.

Man hat aus diesem Versuche geschlossen, daß die
elektrische Materie nicht blos in den elektrischen Körpern
selbst liege, sondern durch das Reiben derselben aus der
Erde gezogen werde; oder, daß die elektrische Materie
des ersten Leiters nicht durch das Reiben des Cylinders am
Küssen hervorgebracht, sondern nur durch diese Operation aus dem Küssen und den damit verbundenen Körpern gesammlet werde.

B 4   Da

Da D. Franklin diesen Gedanken, daß die elektri=
sche Materie aus der Erde gesammlet werde, zuerst aufs
gebracht hat, so habe ich hier den Versuch, der ihn auf
diese Schlußfolge leitete, nach seiner eigenen Erzählung
beyfügen wollen.

12. Versuch.

1) Man lasse eine Person auf Pech treten und eine
Glasröhre reiben, eine andere aber, die ebenfalls auf
Pech stehet, einen Funken aus derselben ziehen, so wer=
den beyde (wofern sie nur nicht so nahe stehen, daß sie
einander berühren) gegen eine dritte Person, welche auf
dem Boden des Zimmers stehet, Zeichen der Elektricität
von sich geben. 2) Wenn aber die auf Pech stehenden
Personen einander selbst während des Reibens der Röhre
berühren, so findet sich bey keiner von beyden ein Zei=
chen einer Elektricität. 3) Wenn sie einander nach dem
Reiben der Röhre berühren, und wie vorher einen Fun=
ken ausziehen, so wird der Funken zwischen ihnen bey=
den stärker seyn, als der Funken zwischen einem von ih=
nen und einer auf dem Boden stehenden Person. 4)
Nach diesem starken Funken wird sich an keinem von bey=
den weiter einige Elektricität zeigen.

Von diesen Erscheinungen giebt er folgende Erklä=
rung. Er nimmt an, die elektrische Materie sey ein ge=
meinschaftliches Element, von welchem jede dieser drey
Personen, ehe das Reiben der Röhre anfieng, ein gleich
großes Maaß gehabt habe. A, welcher auf Pech steht,
und die Röhre reibt, giebt seine eigne elektrische Materie
an das Glas ab, und da seine Verbindung mit der Erde
durch das Pech abgeschnitten ist, so wird dieser Verlust
seinem Körper nicht sogleich wieder ersetzet. B, der eben=
falls auf Pech stehet, nimmt, indem er den Knöchel sei=
nes Fingers längst der Röhre hinführet, die aus dem Kör=
per des A gesammlete Materie an sich, und behält diesen
Ueberschuß, weil er isolirt ist. C, der auf dem Boden
                                                              stehet,

steht, findet sie also beyde elektrifiret; denn da er nur die
mittlere Quantität elektrischer Materie in sich hat, so er=
hält er einen Funken bey der Annäherung an B, welcher
Ueberschuß hat, und giebt einen Funken an A, welcher
Mangel hat. Nähern sich A und B einander selbst, so ist der
Funken stärker, weil der Unterschied zwischen beydeu größer
ist. Nach der Berührung zeigen sich keine Funken mehr
zwischen ihnen und C, weil die elektrische Materie bey allen
wieder zu ihrer ursprünglichen Gleichheit zurückgekommen
ist. Berühren sie einander währendem Reiben, so wird
die Gleichheit nicht gestört, die Materie geht nur aus dem
einen in den andern über. Man sagt daher, B sey **posi=
tiv, A negativ** elektrifiret.

Beschreibung

einiger Theile der elektrischen Geräthschaft.

Taf. II. Fig. 1. zeigt den gewöhnlichen **Auslader**
(difcharging rod, *excitateur*) ; er wird insgemein von
meßingenem Drath gemacht, und ist an beyden Enden mit
Knöpfen oder Kugeln versehen. Will man eine Leibner
Flasche damit entladen, so nimmt man den halbkreisfö=
migen Theil in die Hand, setzt die eine Kugel an die Be=
legung der Flasche, und bringt die andere gegen den Knopf
des ins Innere der Flasche gehenden Draths. Es wird
alsdann eine Explosion entstehen, und die Flasche entladen
werden.

Taf. II. Fig. 2 ist ein **Auslader** mit einem Char=
nier und gläsernem Handgrif. Man kann vermittelst des
Charniers C seine beyden Schenkel bewegen, und in jede
beliebige Entfernung stellen. Die Enden dieser Schenkel
sind spitzig; man kann aber die Kugeln a, b über die Spi=
tzen schrauben , und nach Gefallen wieder abnehmen ; so
daß man, je nachdem es erforderlich ist, entweder die Ku=
geln oder die Spitzen gebrauchen kann.

Taf. II. Fig. 3. zeigt den **allgemeinen Auslader**, ein Instrument von sehr ausgebreitetem Nuzen, wenn man Verbindungen machen will, um den elektrischen Schlag durch einen Theil eines gegebenen Körpers zu führen. Es werden im folgenden viele Beyspiele von dem Gebrauche dieses Werkzeugs vorkommen. Wenn dieser allgemeine Auslader etwas groß gemacht wird, so übertrift er alle andere Werkzeuge, die man bisher angegeben hat, um sich selbst elektrisiren zu können. A B ist der hölzerne Fuß des Instruments; auf diesem stehen zwo senkrechte Glassäulen C D, auf deren jede eine meßingene Kappe gekittet ist. An diesen Kappen befindet sich ein doppeltes Charnier, das man sowohl vertikal als horizontal drehen kann; oben an jedem Gelenk ist eine federnde Röhre, in welche man die Dräthe E T, E F stecken kann. Diese Dräthe lassen sich in jede beliebige Entfernung von einander stellen, und nach allen Richtungen drehen. Ihre Enden sind zugespizt, man kann aber an die Spizen erforderlichen Falls die meßingenen Kugeln stecken, welche durch eine Feder mit einem Drucker daran befestiget werden. G H ist ein kleines hölzernes Tischgen, auf dessen oberer Fläche ein Streif Elfenbein eingelegt ist: dieses Tischgen hat einen cylindrischen Fuß, welcher in die Höhlung der Säule I passet; man kann es nach Befinden der Umstände höher oder niedriger stellen, und in jeder Stellung durch die Schraube K befestigen.

Taf. II. Fig. 4. ist eine kleine hölzerne **Presse**, mit einem Stiele versehen, der in die Höhlung der Säule I Fig. 3. passet, und in dieselbe gesteckt werden kann, wenn man das Tischgen G H weggenommen hat. Die Presse besteht aus zwey Bretgen, welche durch die Schrauben a a hart an einander gedrückt werden.

Taf. II. Fig. 5. ist des Herrn **Kinnersley elektrisches Luftthermometer**. a b ist eine Glasröhre, an jedem Ende mit einer angekütteten meßingenen Kappe versehen;

sehen; c d eine engere an beyden Enden offene Glasröhre, welche durch die obere Platte hindurch geht, und bis nahe an die untere Platte reicht; an den obern Theil dieser Röhre ist eine buchsbäumene Scale befestiget, und in Zolle und Zehntheile getheilt; g ist ein meßingener Stab mit einem Knopfe, den man in die untere Platte einschraubet. Ein anderer ähnlicher Stab f h geht vermittelst eines luftdichten Leders durch die obere Platte, und kann in jede beliebige Entfernung von dem untern Stabe gestellt werden.

Die Liebhaber der Elektricität haben schon längst ein Instrument gewünscht, wodurch man auf eine genaue und bestimmte Art den Grad der Stärke der Elektricität bey jedem Versuche finden könnte. Man hat in dieser Absicht sehr viele Vorschläge gethan und ausgeführt, die aber bey angestellten Proben alle mangelhaft befunden worden sind.

Herr Achard, der diese Materie sehr aufmerksam untersucht hat, verlangt von einem **Elektrometer** folgende Eigenschaften.

1) Daß es einfach und nicht aus vielen Theilen zusammengesetzt sey.

2) Daß die Veränderungen der Atmosphäre nicht darauf wirken.

3) Daß es eben sowohl kleine als große Grade der Elektricität anzeige.

4) Daß es sich auf kein willkührliches Maaß beziehe.

5) Daß die Stärke der Elektricität durch eine bestimmte unveränderliche Kraft, z. B. durch die Schwere, ausgedrückt werde.

6) Daß der Observator die Theilungen bis auf eine gewisse Entfernung sehen könne, wodurch verhindert wird, daß er den Einfluß der Elektricität nicht durch die Annäherung seines Körpers schwächen kann.

Taf. II. Fig. 6. stellt das **Quadranten-elektrometer** vor, welches unter den bisher erfundenen Instrumenten

ten dieser Art das brauchbarste ist, theils um den Grad
der Elektricität eines Körpers zu messen, theils die Stärke
der Ladung von der Explosion zu bestimmen, theils auch
den Zeitpunkt genau zu bemerken, in welchem sich die
Elektricität einer Flasche verändert, wenn sie ohne Explosion entladen wird, indem man ihr eine gewisse Quantität
von der entgegengesetzten Elektricität mittheilet. Die
Säule L M wird insgemein von Holz, der graduirte Bogen NOP von Elfenbein, der Stab RS aber von sehr
leichtem Holze mit einer Holundermarkkugel am Ende, gemacht; der letztere dreht sich um den Mittelpunkt des
Halbkreises so, daß er allezeit nahe an der Oberfläche
desselben bleibt; das Ende der Säule LM kann entweder
an den Conductor oder an den Knopf einer Flasche ange-
passet werden. Wenn der Apparatus elektrisirt ist, so
wird der Stab von der Säule zurückgestoßen, bewegt sich
längst am getheilten Bogen des Halbkreises hin, und bezeichnet den Grad, bis auf welchen der Conductor elektrisiret, oder bis auf welchen die Ladung der Flasche gestie-
gen ist.

Beccaria räth an, den Zeiger zwischen zween Halb-
kreisen zu befestigen, weil er, wenn er nur an einem einzigen Halbkreise gehe, von der Elektricität desselben zurückgestoßen werde, und sich nicht frey bewegen könne. Noch
andere Verbesserungen und Veränderungen dieses Instruments werden wir unten beschreiben.

Taf. II. Fig. 9 ist ein schon vor vielen Jahren von
Herrn Townshend erfundenes Elektrometer, um die
jedesmalige Stärke der elektrischen Explosion zu messen.
a b ist eine kleine elfenbeinerne Platte, c ein locker gestell-
ter elfenbeinerner Kegel, der auf die Platte a b gesetzt
wird; e f g eine runde Scheibe, welche sich ganz frey in
zwoen Spitzen drehen kann; aus dieser Scheibe geht der
hölzerne Arm d hervor, und liegt auf dem elfenbeinernen
Kegel c auf. Man läßt den entladenden Schlag unter
dem Kegel durchgehen, so daß er den Arm d in die Höhe
                                                    wirft;

wirft; der Zeiger h bemerkt die Höhe dieses Wurfs. An dem einen Ende des Fußbrets i ist eine seidne Schnur befestiget, welche über die Scheibe efg geleitet, und am andern Ende mit einem Gegengewichte k beschweret ist, um die Friktion der Scheibe zu reguliren.

Fig. 8 ist ein **isolirendes Stativ**, dessen Füße von Glas sind. Beym Gebrauch wird die Isolirung vollkommener seyn, wenn man einen recht trocknen Bogen Papier unter die Füße des Stativs leget.

Drittes Kapitel.

Eigenschaften des elektrischen Anziehens und Zurückstoßens, durch Versuche mit leichten Körpern erläutert.

Das starke Anziehen und Zurückstoßen war das erste, was die Naturforscher auf die Natur der Elektricität aufmerksam machte. Diese räthselhaften Eigenschaften veranlassen so mannigfaltige und so angenehme Erscheinungen, daß man sich gleichsam durch eine Zauberkraft zu weitern Untersuchungen fortgerissen fühlte, welche auch durch die wichtigsten Entdeckungen hinreichend belohnt wurden.

Man hat mit dem eifrigsten Bestreben alle Kräfte des Genies aufgeboten, um die Ursachen dieser Eigenschaften zu entdecken; allein wir müssen leider bekennen, daß sie noch immer ins tiefste Dunkel gehüllt bleiben, und daß wir uns in Absicht auf den Mechanismus, durch welchen leichte Körper, wenn sie elektrisiret werden, sich einander nähern oder von einander entfernen, fast gänzlich in Unwissenheit befinden.

Eine

Eine Untersuchung der Schwierigkeiten, in welche diese Materie verwickelt ist, würde mich zu weit von der Absicht des gegenwärtigen Werks entfernen; ich gehe daher sogleich zur Erzählung der allgemeinen Eigenschaften oder Wirkungsarten fort, welche man bey dem elektrischen Anziehen und Zurückstoßen bemerkt, und werde hernach die Versuche beschreiben, aus welchen man diese Eigenschaften hergeleitet hat, oder durch welche man sie erläutern kann.

Allgemeine Eigenschaften des elektrischen Anziehens und Zurückstoßens.

1) Wenn die elektrische Materie in Bewegung ist, so setzt sie leichte Körper in diejenige Stellung, in welcher sie dieselben am leichtesten und geschwindesten durchbringen kann; und dieß im Verhältniß des Gewichts der Körper, ihrer leitenden Kraft und des Zustands der Luft.

2) Positiv elektrisirte Körper stoßen einander zurück.

3) Negativ elektrisirte Körper stoßen einander ebenfalls zurück.

4) Körper, welche auf entgegengesetzte Art elektrisirt sind, ziehen einander stark an.

5) Elektrisirte Körper ziehen nichtelektrisirte Substanzen an.

6) Substanzen, welche in den Wirkungskreis elektrisirter Körper gebracht werden, erhalten die entgegengesetzte Elektricität. Oder: Elektrisirte Substanzen wirken auf andere in ihrer Nachbarschaft befindliche Körper und bringen in ihnen diejenige Elektricität hervor, welche ihrer eignen entgegengesetzt ist, ohne jedoch dadurch etwas von ihrer eignen Elektricität zu verlieren. Oder auch: Körper, welche in eine elektrische Atmosphäre kommen, erhalten allezeit diejenige Elektricität, welche der Elektricität des Körpers, in dessen Atmosphäre sie sich befinden, entgegengesetzt ist.

13.

13. Versuch.

Man stecke das Ende A des Draths AB, Fig. 10, in die kleine Oeffnung, welche sich am Ende des ersten Conductors befindet, und drehe den Cylinder, so werden sich die Federn, welche durch leinene Fäden mit dem Drathe verbunden sind, von einander trennen; die faserigten Theile derselben werden aufschwellen, und sich auf eine angenehme Art nach allen Richtungen ausbreiten.

Man bringe nunmehr eine metallische Spitze, den Finger, oder einen andern leitenden Körper gegen die Federn, so werden die faserigten Theile derselben sogleich zusammenwallen, die Federn werden nicht mehr auseinander gehen, sondern zusammenkommen und sich an den leitenden Körper hänge n.

Die Ursache dieser Entfernung der Federn von einander und ihres Strebens gegen leitende Körper ist das Bestreben der ihnen mitgetheilten Elektricität, sich auszubreiten, und der Widerstand, den dasselbe in der Luft antrift.

14. Versuch.

Man stecke das Ende C des Draths CD, Fig. 11, in die Defnung am Ende des Conductors, und drehe die Maschine, so werden die beyden Kügelchen c d aus einander gehen. Man bringe einen leitenden Körper in ihren Wirkungskreis, so werden sie gegen denselben fliegen. Man berühre den Conductor mit einem leitenden Körper, so werden sie sogleich zusammen kommen.

Die Kugeln gehen nicht allezeit so weit aus einander, als man von der Wirkung ihrer Atmosphären erwarten sollte, weil die Atmosphäre des Conductors Einfluß auf sie hat.

Die Kugeln und Federn werden die nämlichen Erscheinungen zeigen, wenn sie mit einem negativ elektrisirten Conductor verbunden werden.

15.

15. Versuch.

Man halte einen feinen Faden gegen einen elektrifirten Conductor; wenn man in die gehörige Entfernung kömmt, so wird der Faden gegen den Conductor fliegen, an demselben hängen bleiben und die elektrische Materie daraus in die Hand führen. Man ziehe den Faden ein wenig vom Conductor ab, so wird er sehr schnell und auf eine sehr angenehme Art rückwärts und vorwärts fliegen. Man halte eben diesen Faden gegen einen andern, der vom Conductor herabhängt, so werden beyde einander anziehen und an einander hängen bleiben. Man bringe einen leitenden Körper, z. B. eine messingene Kugel, gegen diese Fäden, so wird diese Kugel den mit der Hand gehaltenen Faden zurückstoßen, den am Conductor befestigten aber anziehen. Der obere Faden nämlich macht die messingene Kugel negativ, und geht also auf sie zu; der untere hingegen, der ebenfalls negativ ist, wird von ihr zurückgestoßen. Bringt man die Kugel an den untern Theil des untern Fadens, so wird dieser von ihr angezogen. Das Anhängen beyder Fäden an einander kömmt von dem Bestreben der elektrischen Materie, sich durch beyde zu verbreiten.

16. Versuch.

An dem innern Rande des messingenen Ringes b c d Fig. 12., sind in gleichen Entfernungen von einander, sechs bis sieben Fäden, etwa vier Zoll lang befestiget; unten an dem Ringe ist ein Drath, der in die Höhlung des Stativs D passet; z e ist ein messingener Stab, an dessen Ende einige kleine Fäden befestiget sind. Man stecke das andere Ende des Stabs in die am Ende des Conductors befindliche Oefnung, stelle den Ring b c d rechtwinklicht gegen den Stab z e, und gerade über die Fäden am Ende z, und drehe die Maschine, so werden die am Ringe befindlichen Fäden von denen am Stabe z e befe-

befestigten angezogen werden, und beyde werden gegen
einander streben, und eben so viele Halbmesser des Cirkels, als Fäden sind, vorstellen. Die elektrische Materie
geht aus den Fäden des Stabs in die Fäden des Ringes
über, und veranlaßt auf diese Art das Phänomen der Anziehung zwischen beyden.

17. Versuch.

Man hänge die kleine Metallplatte F, Fig. 13,
mit dem Hacken H an den Conductor, setze das Stativ
I gerade darunter, und auf dasselbe die grössere Platte G;
der obere Theil des Stativs muß beweglich seyn, damit
man die Entfernung beyder Platten von einander nach
Befinden der Umstände verändern könne. Man lege kleine Papierfiguren, oder andere leichte Körper auf die untere Platte, und drehe die Maschine, so werden diese
Körper wechselsweise von beyden Platten angezogen und
zurückgestoßen, und bewegen sich mit großer Geschwindigkeit von einer zur andern.

Die auf der untern Platte liegenden Körper erhalten eine Elektricität, welche der Elektricität der obern
Platte entgegengesetzt ist; sie werden daher von der letztern angezogen, und erhalten nun einerley Elektricität mit
ihr; daher werden sie wieder zurückgestoßen, geben diese
Elektricität an das Stativ ab, und werden also wiederum
in Stand gesetzt, von der obern Platte angezogen zu
werden. Daß aber diese Körper nicht eher von der obern
Platte angezogen werden, als bis sie die der ihrigen entgegengesetzte Elektricität erhalten haben, oder bis das
Gleichgewicht der elektrischen Materie in ihnen gestört ist,
das wird aus folgendem Versuche erhellen.

18. Versuch.

Man nehme die untere Platte und das Stativ hinweg, und halte statt desselben eine Glastafel, die man an

einer. Ecke anfaffen muß, unter, nachdem man fie vorher
recht rein und trocken gemacht hat. Da nun das Glas
keine Elektricität durchläßt, fo können keine entgegenge-
festen Elektricitäten im Conductor und den leichten Körpergen entstehen, daher zeigt fich auch in diefem Falle kein
Anziehen oder Zurückstoßen.

Hält man einen Finger an die untere Seite der
Glastafel, fo werden die leichten Körper angezogen und
zurückgestoßen; die Ursache hievon wird fich zeigen, wenn
wir die Natur der leidner Flasche erklären werden.

Herr **Eeles**, der in feinen Philosophical Essays
(S. 25. der Vorrede) von diefem abwechselnden Anziehen
und Zurückstoßen redet, führt an, daß man daffelbe nach
Gefallen verändern könne, wenn man zuerst die Köpfe
der Papierfiguren, und wenn diefe getroknet, hernach
die Füße befeuchte.

„Wenn man den Kopf einer folchen Figur trocknet,
„ fagt er, fo kann die aus dem Conductor gehende Ma-
„ terie nicht mit eben der Leichtigkeit in die Figur ein-
„ dringen, mit welcher die entgegengefeßte Elektricität aus
„ der Platte in den Fuß eindringt, welcher nicht fo tro-
„ cken ist; daher fährt die Figur an die obere Platte, und
„ bleibt an derfelben. Man kehre den Verfuch um,
„ trockne den Fuß und befeuchte den Kopf, fo werden
„ fich die Figuren an die untere Platte hängen. Behält
„ die Figur fo viel Ueberfchuß der anziehenden Kraft über
„ ihr eignes Gewicht, als der entgegengefeßten von dem
„ Conductor abstoßenden Kraft gerade das Gleichgewicht
„ halten kann, fo bleibt fie zwifchen beyden Platten in
„ der Luft fchweben.

„ Dies kann man bewerkstelligen, wenn man den
„ Kopf der Figur breit und rund macht, fo daß er die
„ Elektricität nicht fo leicht abgiebt, als der fcharfe und
„ fpißige Fuß fie annimmt; die geringste Veränderung
„ diefes Umstands macht, daß die Figuren entweder tan-
„ zen oder feft an einer von beyden Platten hängen bleiben.

19. Ver-

19. Versuch.

Man lege ein viereckigtes Gold - ober Silberblätt-chen auf die untere Platte, halte sie parallel mit der obern etwa fünf bis sechs Zoll von derselben entfernt, und drehe die Maschine, so wird sich das Blättgen vertikal aufrich-ten, und zwischen beyden Platten schwebend bleiben, ohne eine von beyden zu berühren. Man halte eine metallene Spitze gegen das Blättgen, so wird es sogleich herab-fallen.

20. Versuch.

Man befestige bey K, Fig. 14, eine messingene Kugel an das Ende des Conductors. Wenn die Gold-blättchen zwischen der Platte und der Kugel schweben, so führe man die Platte rund um die Kugel herum, und das Blättchen wird mit ihr zugleich rund herumgehen, ohne die Kugel oder die Platte zu berühren.

Gelegentlich kann man einen Glascylinder zwischen die beyden Metallplatten Fig. 13. setzen, um zu verhü-ten, daß die Kleyen, der Sand- und andere leichte Sub-stanzen nicht herausfliegen und verstreut werden.

21. Versuch.

Man stelle zween Dräthe gerade unter einander und parallel mit einander, hänge den einen an den Conductor an, und verbinde den andern mit dem Tische, so wird ei-ne dazwischen gestellte leichte Figur, wenn man den Con-ductor elektrisiret, eine Art von elektrischem Seiltänzer vor-stellen. Man s. Fig. 15.

22. Versuch.

Man schneide ein Goldblättchen so aus, daß das eine Ende einen stumpfen, das andere einen sehr spitzigen Winkel bildet, halte das breite Ende gegen einen elektri-sirten Conductor, und lasse das Blättchen los, sobald es

C 2   in

in die Atmosphäre desselben kömmt, so wird es sich mit
der Spitze seines stumpfen Winkels an den Conductor
hängen, und wegen seiner wellenförmigen Bewegung gleichsam belebt scheinen.

Der nächstfolgende Versuch erfordert, wenn er gelingen soll, sehr viel Aufmerksamkeit; der geringste Unterschied im Apparatus, oder in der Stärke der Maschine
kann ihn mißlingen machen. Gelingt er aber, so macht
er gemeiniglich den Zuschauern viel Vergnügen und erregt
Bewunderung.

23. Versuch.

Man befestige den Ring, Fig. 16, an das Ende
des Conductors, stelle die Platte G, Fig. 13, mit ihrem Gestell I darunter, und setze in geringer Entfernung
davon eine sehr leichte hohle Glaskugel auf die Platte,
doch so, daß sie innerhalb des Ringes steht. Dreht man
nun die Maschine, so wird die kleine Kugel im Kreise
um den Ring laufen, und sich zugleich um ihre Axe drehen, so, daß die Axe der Umdrehung auf der Ebne ihrer
Kreisbahn fast senkrecht stehet.

24. Versuch.

Fig. 17. sieht man eine Reihe kleiner Glöckchen; die
beyden äußersten sind durch eine messingene Kette mit dem
Drathe VY verbunden, die mittelste Glocke und die Klöppel hängen an seidnen Fäden.

Man hänge alle diese Glocken mit dem Haken R S
an den Conductor, lasse die Kette aus der mittelsten Glocke auf den Tisch fallen und drehe den Cylinder, so werden die Klöppel unaufhörlich von einer Glocke zur andern
fliegen, so lang die Elektricität dauert.

Die messingene Kette, welche die zwo äußersten
Glocken mit dem Conductor verbindet, führt die elektrische Materie denselben zu, daher ziehen sie die Klöppel
an;

an; wenn diese die elektrische Materie ebenfalls angenommen haben, so werden sie von den äußersten Glocken zurückgestoßen und von der mittelsten angezogen, an welche sie ihre Elektricität abgeben; hierauf werden sie wieder von den äußersten Glocken angezogen und zurückgestoßen. Hält man die Kette X, welche aus der mittelsten Glocke hervorgehet, mit einem seidnen Faden in die Höhe, so hört das Läuten auf, weil die mittelste Glocke die von den Klöppeln ihr mitgetheilte elektrische Materie nicht in die Erde abführen kann.

Fig. 18 stellt eine schönere Einrichtung dieses Glockenspiels vor. Hiebey muß die Kugel a mit dem Conductor verbunden werden.

Fig. 19 zeigt noch eine andere Art. Hiebey hängt der Klöppel an dem Flugrade b c d dessen Axe in einem kleinen Zapfenloche der gläsernen Säule e f ruht; der obere Theil der Axe geht durch ein Loch in dem messingenen Stück g, worinn er sich frey bewegen kann. Das Fußbret h i k wird ringsherum mit Glocken von verschiedenen Tönen besetzt. Man nehme den ersten Leiter von der Maschine hinweg, und setze diesen Apparatus an den Cylinder. Wenn dieser nun gedrehet wird, so setzt er das Flugrad in Bewegung, der Klöppel streift bey seiner Umschwingung an alle Glocken, und bringt dadurch einen sehr angenehmen und harmonischen Klang hervor.

25. Versuch.

Man nehme 10 bis 12 Stück Fäden, jeden etwa 10 Zoll lang, binde sie oben und unten in Knoten zusammen, wie bey Fig. 20, und hänge sie an den Conductor; so werden sich die Fäden, wenn man elektrisiret, bestreben auseinander zu gehen, der untere Knoten wird bey zunehmender Repulsion der Fäden in die Höhe gehen, und das Ganze wird eine sphäroidische Gestalt annehmen.

26.

26. Versuch.

Man bringe eine Pflaumfeder, oder eine Flocke Baumwolle gegen das Ende einer geriebenen Glasröhre, oder gegen den Knopf einer geladenen Leidner Flasche, so wird die Feder zuerst gegen die Röhre fliegen, wenn sie aber mit elektrischer Materie gesättiget ist, wieder zurückgehen. Man wird sie alsdann mit einer geriebenen Glasröhre durch das Zimmer treiben können, bis sie einen Leiter antrift, dem sie ihre Elektricität mittheilen kann. Es kehrt sich dabey beständig einerley Seite der Feder gegen die Röhre, weil die von der Feder angenommene elektrische Materie durch die Wirkung der Röhre in die von der Röhre abgekehrte Seite getrieben, und daher die Feder zurückgestoßen wird.

Man sieht aus diesem und den vorhergehenden Versuchen leicht, daß nicht blos die Materie angezogen werde, sondern daß die verschiedenen Erscheinungen durch den Zustand der elektrischen Materie in den Substanzen, auf welche die Maschine wirkt, veranlasset werden.

27. Versuch.

Man stecke einen zugespitzten Drath in eine von denen am Ende des Conductors befindlichen Oefnungen, halte ein Trinkglas über die Spitze, elektrisire den Conductor, und führe das Glas so in die Runde herum, daß die ganze innere Fläche desselben elektrische Materie aus der Spitze erhalte. Nunmehr lege man einige kleine Kork- oder Hollundermarkkügelchen auf den Tisch, und decke das Trinkglas darüber, so werden die Kügelgen sogleich anfangen auf und nieder zu hüpfen, gleichsam als ob sie lebten, und diese Bewegung werden sie eine lange Zeit fortsetzen. S. Fig. 21.

Mit zweyen Trinkgläsern läßt sich dieser Versuch auf eine sehr angenehme Art verändern. Man elektrisire die innre Seite bey dem einen positiv, bey dem andern

dern negativ, werfe die Kugeln in das eine Glas, und
halte beyde Gläser mit ihren Oefnungen aneinander, so
werden die Kugeln aus einem Glase in das andere so lange übergehen, bis die entgegengesetzten Elektricitäten beyder Gläser sich unter einander aufgehoben haben.

Eine elektrische Substanz mit zwoen parallelen Flächen, in welcher Stellung sie sich auch übrigens befinden
mag, heißt eine **elektrische Platte.**

28. Versuch.

Elektrisirte Substanzen ziehen die nicht - elektrisirten
an, wenn sich auch gleich zwischen beyden eine elektrische
Platte befindet.

29. Versuch.

Körper, welche auf entgegengesetzte Art elektrisirt sind,
ziehen einander stark an, wenn sich gleich eine elektrische
Platte dazwischen befindet.

Viertes Kapitel.

Vom Anziehen und Zurückstoßen in Rücksicht auf die beyden entgegengesetzten Elektricitäten.

Alle in diesem Kapitel beschriebene Versuche sind einfach,
leicht anzustellen und von sehr sichern Erfolg, und
so geringfügig sie vielleicht auf den ersten Blick scheinen,
so findet man sie doch bey genauerer Untersuchung höchst
wichtig. Sie geben uns den Leitfaden zur Prüfung und
Erklärung vieler elektrischen Phänomene, und setzen einige
von den entgegengesetzten Wirkungen der negativen und
positiven Elektricität in ein vorzüglich helles Licht.

Man

Man kann alle diese Versuche mit einer einzigen sehr kleinen und leicht tragbaren Vorrichtung anstellen. Diese besteht insgemein aus zwoen messingenen Röhren wie A und B, Fig. 22, deren jede auf einer gläsernen Säule G stehet, welche in den hölzernen Fuß H eingeschraubt ist. An jede dieser Röhren sind mit Hülfe eines kleinen messingenen Ringes ein paar kleine Korkkugeln an leinenen Fäden befestiget, wie I, K. Diese Röhren nebst einer Stange Siegellack oder einer Glasröhre sind hinreichend, den größten Theil der Versuche dieses Kapitels anzustellen, und einige der vornehmsten elektrischen Erscheinungen zu erläutern.

Vollständiger wird diese Geräthschaft, wenn man noch zwo messingene Röhren mehr, nebst den dazu gehörigen Gestellen, eine kleine leidner Flasche, und ein Stück gefirnißten Seidenzeug dazu nimmt. Mit einem solchen Apparatus hat Herr Wilson in seiner vortreflichen Schrift: *A short View of Electricity* alle allgemeine Grundsäße der Elektricität erkläret und erläutert.

30. Versuch.

Man berühre ein paar isolirte Korkkugeln mit einer geriebenen Glasröhre, so werden sie elektrisiret werden, und auseinander gehen. Sie sind positiv elektrisirt, und werden daher von geriebenem Siegellack angezogen, und von geriebenem Glas zurückgestoßen.

31. Versuch.

Man halte eine geriebene Glasröhre über eine von den vorerwähnten messingenen Röhren, jedoch in einiger Entfernung von derselben, so wird ein Theil der natürlichen Menge elektrischer Materie, welche in der messingenen Röhre enthalten ist, durch die Wirkung der geriebenen Glasröhre in die an der messingenen Röhre hängenden Korkkugeln getrieben werden, und diese werden mit positiver

tiver Elektricität auseinander gehen; man nehme die geriebene Glasröhre hinweg, und die Kugeln werden wieder in ihren natürlichen Zustand zurückkehren und zusammenfallen.

32. Versuch.

Man elektrisire die Korkkugeln an der messingenen Röhre A, Fig. 27, und bringe das Ende dieser Röhre in Berührung mit dem Ende der Röhre B, deren Korkkugeln nicht elektrisiret sind; so wird sich die der Röhre A mitgetheilte Elektricität gleichförmig durch beyde Paare Kugeln vertheilen; die Kugeln an B werden auseinander, die an A wieder ein wenig zusammengehen.

33. Versuch.

Man elektrisire die Röhren A und B, Fig. 27, beyde gleich stark und auf einerley Art, und setze die Enden beyder Röhren an einander, so wird sich in der Divergenz der Bälle keine Veränderung zeigen.

34. Versuch.

Man elektrisire die Röhren gleich stark, aber auf entgegengesetzte Art, die eine mit Glas, die andere mit Siegellack, und bringe ihre Enden in Berührung, so werden die Kugeln zusammenfallen.

Wir sehen aus diesen Versuchen, daß positive und negative Elektricität einander entgegen wirken. Wenn daher beyde zugleich auf einen Körper wirken, so ist die Elektricität, die derselbe erhält, bloß dem Unterschiede beyder gleich, und von der Art der stärkeren.

35. Versuch.

Man halte eine geriebene Glasröhre an eine der messingenen Röhren, und berühre sogleich diese Röhre mit dem Finger, so wird ein Theil der in der messingenen

Röhre von Natur befindlichen elektrischen Materie durch die Wirkung der geriebenen Glasröhre in den Finger getrieben. Nimmt man Finger und Glasröhre in einem und demselben Augenblicke hinweg, so bleibt die Röhre negativ elektrisirt.

36. Verfuch.

Man stelle die messingenen Röhren A und B, Fig. 22, in eine gerade Linie so, daß ihre Enden sich berühren, und halte die geriebene Glasröhre über A, so wird ein Theil der von Natur darinn befindlichen elektrischen Materie in B getrieben werden. Man rücke nunmehr beyde Röhren von einander, so werden die Kugeln an A negativ, und die an B positiv seyn.

37. Verfuch.

Man isolire einen langen metallenen Stab, hänge an jedes Ende desselben ein paar Korkkugeln, stelle das eine Ende ohngefehr zween Zoll weit von dem ersten Conductor, das andere so weit davon, als möglich, und elektrisire den Conductor, so wird die elektrische Materie in dem Stabe in das vom Conductor entfernte Ende getrieben werden; so daß das eine Ende des Stabs, wie die Kugeln zeigen, negativ, das andere positiv elektrisiret seyn wird.

38. Verfuch.

Man halte gegen die Röhre D Fig. 23, eine geriebene Stange Siegellack, wie bey A so werden die Kugeln, so lang das Siegellack in A bleibt, mit negativer Elektricität auseinander gehen; man halte das Siegellack etwas höher, wie bey B, so werden sie zusammengehen; man erhebe es noch weiter, so werden sie mit positiver Elektricität auseinander gehen.

39.

39. Versuch.

Wenn geriebenes Glas mitten über die Röhre A, Fig. 24, gehalten wird, so wird ein Theil der natürlichen Menge von Elektricität in A in die Kugeln, ein Theil auch aus beyden Enden heraus in die Luft getrieben. Während dieses Versuchs werden die Kugeln an A vom Glase zurückgestoßen, und sind daher positiv. Nimmt man aber die geriebene Glasröhre hinweg, so gehen sie in sehr kurzer Zeit in den negativen Zustand über, weil ein Theil der natürlichen Menge von Elektricität durch die zugespitzten Enden in die Luft übergegangen ist, indem die Glasröhre sich noch über der metallenen Röhre befand; wird nun die Glasröhre weggenommen, so tritt zwar der in den Kugeln enthaltene Ueberfluß von selbst zurück, und verbreitet sich gleichförmig durch die Röhre, da aber derselbe nicht hinreichend ist, den erhaltenen Verlust zu ersetzen, so bleiben Röhre, Fäden und Kugeln in negativem Zustande zurück. *)

40. Versuch.

Stellt man drey Röhren A, B, C, Fig. 25, in eine Linie und in Berührung mit einander, so wird ein über A gehaltenes geriebenes Glas, einen Theil der in A befindlichen natürlichen Menge elektrischer Materie in B und C übertreiben. Man rücke nun B und C von A ab; so wird man A negativ, B und C positiv finden. Rückt man die drey Röhren wieder zusammen, so stellt sich das Gleichgewicht wieder her, und die Kugeln fallen zusammen. **)

41. Versuch.

Stellt man vier Röhren, wie A, B, C, D, Fig. 26, in Berührung mit einander, so wird eine geriebene Glasröhre über A gehalten, einen Theil der in A ent-

halt

---

*) Man f. Wilſon's ſhort View ef Electricity, p. 7.
**) Ebend. p. 8.

haltenen Materie in B übertreiben, und dieser in B über-
gegangene Theil wird einen gewiſſen Theil aus C in D
treiben. Den Augenblick vorher, ehe man die geriebene
Glasröhre von A wegnimmt, rücke man B und D von
A und C ab, ſo wird man A und C negativ, B und
D aber poſitiv finden. *)

42. Verſuch.

Eine geriebene Glasröhre ohngefähr einen Zoll weit
von dem Ende B eines maſſiven ſechs Schuh langen und
etwa einen halben Zoll ſtarken Glascylinders B D, Fig.
28 Taf. III. gehalten, treibt einen Theil der elektriſchen
Materie am Ende B gegen das entfernte Ende D; hiebey
aber leidet die natürliche Menge elektriſcher Materie im
Glaſe mancherley Veränderungen, welche ſich zu erkennen
geben, wenn man an die Korkkugeln, die, wie die Figur
zeigt, in gleichen Entfernungen von einander zwiſchen B
und D aufgehängt ſind, eine geriebene Glasröhre bringt;
in kurzer Zeit verändert ſich die Elektricität dieſer Korkkugeln;
die vorher poſitiv waren, werden negativ, die vorher negativ waren, poſitiv.

Hält man die geriebene Glasröhre in Berührung
mit dem Ende B, ſo verurſacht der in B übergehende Zu-
ſatz von elektriſcher Materie wiederum verſchiedene Veränderungen in der Dichtigkeit der elektriſchen Materie
zwiſchen B und D; dieſe Veränderungen ſind den vorigen
gerade entgegengeſetzt, und kehren ſich nach kurzer Zeit
ebenfalls um.

Aus dieſen Verſuchen läßt ſich ſchließen, daß, wenn
die elektriſche Materie in einem Theile eines Körpers plötzlich dichter wird, die in dem benachbarten Theile dünner
werde, und umgekehrt. Dieſe Abwechſelungen dünner
und dichter Zonen müſſen der Natur elaſtiſcher flüßiger
Materien zufolge, eine lange Zeit hindurch mancherley
vorwärts und rückwärts gehende Schwingungen veranlaſſen,

*) Ebendaſ. p. 8.

fen, ehe die flüßige Materie in Ruhe kommen kann, obgleich dieſe Schwingungen, wenn ſie bis auf einen gewiſſen Grad geſchwächt worden ſind, dem Beobachter endlich
unmerklich werden. *)

Es iſt nicht unwahrſcheinlich, daß die anziehenden
und zurückſtoßenden Bewegungen elektriſirter Körper von
der abwechſelnden Verdichtung und Verdünnung der elektriſchen Materie an der Oberfläche dieſer Körper herkommen, da ſie natürlicher Weiſe dahin getrieben werden,
wo ſie den wenigſten Widerſtand finden.

Daß zwiſchen der in Wirkſamkeit geſetzten elektriſchen
Materie und der Luft, eine ſchwingende Bewegung und
eine Art von Kampf ſtatt finde, zeigt ſich deutlich aus der
Empfindung, welche man fühlt, wenn ein ſtark geriebener
elektriſcher Körper einem Theile des menſchlichen Körpers
genähert wird; dies Gefühl iſt, als ob ein Spinnenge-
webe gelind über die Haut gezogen würde. Noch deutlicher zeigt ſich dieſes aus einem Verſuche, den D. Prieſtley in der Abſicht anſtellte, um zu entdecken, ob die Elektricität beym Gefrieren des Waſſers mitwirke.

43. Verſuch.

D. Prieſtley ſetzte zwo Schüſſeln mit Waſſer bey
ſtrenger Kälte der freyen Luft aus, deren eine er ſtark
elektriſirt erhielt. Er konnte zwiſchen beyden Schüſſeln in
der Zeit, wenn der Froſt anfieng, und in der Dicke des
Eiſes keinen Unterſchied bemerken: wohl aber ſahe er an
beyden Seiten des elektriſirten Draths eben den zitternden
Dunſt, den man an heißen Tagen an der Oberfläche der
Erde, und überhaupt allemal an ſtark erhitzten Körpern
bemerkt.

Aus verſchiedenen Verſuchen des p. Beccaria erhellet, daß in einer luftleeren gläſernen Glocke, das Anziehen und Zurückſtoßen elektriſirter Körper ſchwach wird,
und bald gänzlich aufhört.

Ver-

Versuche über das Anziehen und Zurückstoßen geriebener seidner Bänder.

44. Versuch.

Man lege ein schwarzes und ein weißes Band zusammen, und ziehe beyde durch die Finger; so wird dadurch das weiße Band positiv und das schwarze negativ elektrisiret; beyde werden also einander stark anziehen.

45. Versuch.

Man lege beyde Bänder auf Papier und streiche sie mit Bernstein, Siegellak oder einem andern negativ elektrischen Körper, so werden sie positiv elektrisch.

Reibt man die Bänder mit positiv elektrischen Körpern, so werden sie negativ elektrisch.

46. Versuch.

Ein Stück Flanell und ein schwarzes Band werden an einander gerieben eben so wohl elektrisch, als ein schwarzes und ein weißes Band.

47. Versuch.

Man trokne zwey weiße seidne Bänder am Feuer, breite sie beyde über einander auf einer glatten Fläche aus, und fahre mit der Kante eines scharfen elfenbeinernen Lineals darüber. So lang sie so auf der Fläche liegen bleiben, geben sie kein Zeichen der Elektricität; nimmt man sie aber, jedes besonders, hinweg, so findet man sie beyde negativ elektrisiret, und sie stoßen einander zurück.

Indem man sie beyde von einander zieht, sieht man elektrische Funken zwischen ihnen; legt man sie aber wieder zusammen auf die Fläche, so bemerkt man kein Licht, bis man sie wieder gerieben hat.

48. Ver-

48. Versuch.

Man lege die Bänder auf eine rauhe leitende Substanz, und reibt sie, wie vorher, so werden sie, von einander getrennt, entgegengesetzte Elektricitäten zeigen, welche wieder verschwinden, wenn sie zusammengelegt werden.

Macht man zuerst, daß die Bänder einander zurückstoßen, legt sie darauf wieder zusammen, und bringt sie auf die vorerwähnte rauhe Fläche, so ziehen sie nach wenig Minuten einander an; das obere ist positiv, das untere negativ elektrisirt.

Werden zwey weiße Bänder an einer rauhen Fläche gerieben, so erhalten sie allezeit entgegengesetzte Elektricitäten, das obere ist negativ, das untere positiv.

49. Versuch.

Bringt man zwey Bänder in den Zustand, daß sie einander zurückstoßen, und führt die Spitze einer Nadel der Länge nach über das eine Band, so werden sie beyde zusammenfahren.

50. Versuch.

Man bringe ein elektrisirtes Band gegen eine kleine isolirte Metallplatte, so wird es von derselben schwach angezogen; man bringe den Finger gegen die Platte, so entsteht ein Funken zwischen beyden, obgleich Band und Platte zusammen kein Zeichen einiger Elektricität von sich geben; zieht man das Band von der Platte ab, so sind beyde wieder elektrisirt, und es entsteht ein Funken zwischen der Platte und dem Finger.

51. Versuch.

Man lege mehrere Bänder von gleicher Farbe über einander auf eine rauhe leitende Substanz, fahre mit dem elfenbeinernem Lineal darüber, und hebe jedes einzeln auf,

so

so wird jedes an der Stelle, wo es sich von dem folgenden trennt, einen Funken geben, und das letzte wird eben dies gegen die leitende Substanz thun; alle Bänder sind negativ elektrisirt. Man nehme sie zusammen von der Fläche ab, so hängen sie alle an einander, und machen eine Masse aus, die auf beyden Seiten negativ elektrisirt ist.

52. Versuch.

Man lege sie, wie vorher, auf eine rauhe leitende Substanz, und nehme sie einzeln ab, so daß man mit dem untersten den Anfang macht, so erscheinen Funken, wie vorher, aber alle Bänder werden positiv, nur das oberste ausgenommen. Werden sie auf dem rauhen leitenden Körper gerieben, und alle auf einmal weggenommen, so erhalten alle in der Mitte liegende Bänder, wenn man sie trennt, die Elektricität des obersten oder des untersten, je nachdem man den Anfang der Trennung bey dem obersten oder bey dem untersten gemacht hat.

Folgende ungemein merkwürdige Beobachtungen und Versuche sind von Herrn Symmer zuerst angestellt worden. Er trug gewöhnlich zwey Paar seidne Strümpfe, ein paar weiße und ein paar schwarze. Wenn er diese zugleich und auf einmal auszog, so bemerkte er kein Zeichen der Elektricität; wenn er aber den schwarzen Strumpf von dem weißen abzog, so hörte er ein knisterndes Geräusch, und sahe im Dunkeln Funken zwischen beyden Strümpfen. Um nun diese und die nachfolgenden Erscheinungen in gehöriger Vollkommenheit hervor zu bringen, durfte er nur mit seiner Hand einigemal über den Schenkel, an welchem er die Strümpfe trug, hin und her fahren.

Wenn die Strümpfe getrennt, und in einiger Entfernung von einander gehalten wurden, so zeigten sich beyde stark elektrisch; der weiße positiv, der schwarze negativ. Während dieser Zeit waren beyde so stark aufge-

blas .

blaſen, daß ſie die ganze Geſtalt des Schenkels zeigten. Hält man die beyden weißen oder die beyden ſchwarzen Strümpfe in einer Hand, ſo ſtoßen ſie einander mit beträchtlicher Gewalt zurück. Hält man einen weißen und einen ſchwarzen Strumpf an einander, ſo ziehen ſie ſich an, und fahren, wenn man es zuläßt, mit großer Gewalt zuſammen. So wie ſie einander nahe kommen, hört auch das Aufblaſen nach und nach auf, und ſie ziehen fremde Gegenſtände weniger, ſich ſelbſt aber deſto ſtärker an; erreichen ſie einander wirklich, ſo werden ſie ganz platt und legen ſich dicht zuſammen; trennt man ſie wieder, ſo ſcheint ihre elektriſche Kraft durch das Zuſammenlegen nicht im geringſten ſchwächer geworden zu ſeyn. Dieſe Erſcheinungen zeigen ſie eine ſehr lange Zeit hindurch.

Läßt man die Strümpfe zuſammen, ſo fahren ſie mit beträchtlicher Gewalt an einander; Herr Symmer fand, daß bis auf 12 Unzen Gewicht nöthig war, um ſie aus einander zu ziehen. Ein andermal hielten ſie 17 Unzen. Neugefärbte ſchwarze Strümpfe, und neugewaſchene und geſchwefelte weiße ſo in einander geſteckt, daß die rauhen Seiten zuſammen kamen, hielten 3 Pfund und 3 Unzen, ehe ſie auseinander geriſſen wurden.

Wurde der weiße Strumpf ſo in den ſchwarzen geſteckt, daß die äußere Seite des weißen und die innere des ſchwarzen einander berührten, ſo hielten ſie 9 Pfund weniger etliche Unzen; kamen aber beyde rauhe Seiten zuſammen, ſo hielten ſie 15 Pfund 1¼ Pfenniggewicht.

Fünftes Kapitel.
Vom elektrischen Funken.

53. Versuch.

Man befestige den Drath mit der Kugel B an das Ende des Conductors, wie bey A. Fig. 29, drehe den Cylinder, und bringe den Knöchel des Fingers oder eine andere metallene Kugel, wie C, gegen B; wenn nun die Maschine stark ist, so wird ein langer, im Zikzak gebrochener, glänzender elektrischer Funken, wie ein Feuer, mit einem knisternden Geräusch zwischen beyden Kugeln, oder zwischen der Kugel und dem Knöchel entstehen.

Die Versuche des vorigen Kapitels zeigen, daß diejenigen Substanzen, welche in den Wirkungskreis elektrisirter Körper kommen, eine entgegengesetzte Elektricität erhalten, und sich folglich im Stande befinden, von dem mit elektrischer Materie angefüllten Körper einen Funken zu erhalten. Wenn sie ihm nun nahe genug kommen, so erhalten sie die elektrische Materie wirklich in Gestalt eines Funkens. Ist der Conductor negativ, so geht die elektrische Materie aus dem angenäherten Körper in ihn über. Der Funken bricht nicht eher auf die größte Weite in einen gegebenen Körper aus, bis man ihn vorher in einer geringern Weite hat schlagen lassen, wodurch der Ausbruch gleichsam vorwärts gelocket wird.

Die längsten und stärksten Funken kommen aus dem vom Cylinder abgekehrten Ende des Conductors, ob man gleich auch lange und krummlinigte Funken in der Nähe der isolirenden Säule, auf welcher der Conductor ruht, herausziehen kann.

Der Funken, oder die ausbrechende Menge elektrischer Materie, steht ziemlich nahe im Verhältniß mit der Größe des Conductors. Hat der Conductor eine große

Ober-

Oberfläche, so erhält man aus ihm stärkere und längere Funken, als aus einem kleinern. Man hat dieß so weit getrieben, daß die aus dem Conductor erhaltenen Funken den Schlägen aus einer ziemlich großen Flasche gleich ge- wesen sind.

Das Moment oder die Stärke der elektrischen Ma- terie scheint von dem Drucke der Atmosphäre auf dieselbe, und von dem Drucke ihrer Theile selbst gegen einander abzuhängen, welcher sehr groß seyn muß, wenn sich ihre Theile berühren, oder durch den unermeßlich weiten Raum unmittelbar auf einander wirken.

Wenn die Elektricität schwach und nicht vermögend ist, bis auf eine große Weite zu schlagen, so ist der Funken gerablinicht; ist sie hingegen stark, und schlägt sie auf eine größere Weite, so nimmt er seine Richtung im Zikzak; und dieß wahrscheinlich darum, weil die flüßigere die elek- trische Materie sehr schnell durch die dichtere und weniger flüßige Atmosphäre durchgehen muß, wobey beyde auf ein- ander wirken.

Man wird aus sehr vielen Versuchen sehen, daß sich die elektrische Materie zerstreuet, wofern ihr nicht der Druck der Atmosphäre widerstehet, der den Funken in eine Masse zusammenhält, und dadurch seine Stärke und seinen Glanz vermehret. Der in der Luft ausbrechende Funken ist lebhaft und dem Blitze ähnlich; stellt man aber den Versuch im luftleeren Raume an, so erhält man statt des Funkens und der Explosion bloß ein stilles, schwaches und feines Ausströmen.

Beccaria sagt, die Luft widerstehe dem elektrischen Funken im Verhältniß ihrer Dichte, und der Dicke der Schicht, die sie dem Funken entgegengesetzt, oder der Länge des Weges, den sie dem Funken durch ihre Substanz öf- net. Er zeigt auch durch viele Versuche, daß die Luft von der elektrischen Materie nach allen Richtungen ausgetrie- ben wird, mit einer Gewalt, deren Wirkung nicht so- gleich aufhöret.

D 2   Die

Die Farbe des elektrischen Funkens ist nach dem Maaße seiner Dichtigkeit verschieden: ist er dünn, so hat er eine bläuliche, ist er dichter, eine purpurrothe Farbe und ist er sehr concentrit, so zeigt er sich weiß und hell, wie das Licht der Sonne.

Oft scheint der mittlere Theil des elektrischen Funkens dünner, und fällt ins röthliche oder violetblaue, da hingegen die Enden lebhafter und weiß aussehen, wahrscheinlich darum, weil die elektrische Materie den größten Wiederstand bey ihrem Eingange und Ausgange findet.

Bisweilen theilt sich der Funken, wie in Fig. 30, in viele Theile. Die Stralen des Büschels vereinigen sich an dem Orte, wo sie in die Kugel schlagen, wieder mit einander, und bilden auf derselben viele dichte und helle Funken.

54. Versuch.

Man bringe eine elfenbeinerne Kugel an den Conductor, und ziehe einen starken Funken aus derselben (oder lasse den Schlag einer leidner Flasche durch ihren Mittelpunkt gehen), so wird die Kugel durchaus leuchtend erscheinen. Geht der Schlag nicht durch den Mittelpunkt, so streift er über die Oberfläche der Kugel, und greift dieselbe an.

55. Versuch.

Man lasse einen Funken durch eine Kugel von Buchsbaumholz gehen, so wird dieselbe eine schöne carmin- oder vielmehr scharlachrothe Farbe zeigen. Man kann auch den Schlag durch Stücken Holz von verschiedner Stärke und Dichtigkeit gehen lassen, wodurch sich ein weites Feld zu Beobachtungen und Versuchen eröfnet.

Die beyden vorhergehenden Versuche haben so viel ähnliches mit dem berühmten Versuche des Hawksbee, und einigen andern seitdem angestellten, daß ich auch diese noch beyfügen will, in Hofnung, daß sie zu fernern Unters

terfuchungen diefes merkwürdigen Gegenstandes Anlaß geben werden.

56. Verfuch.

Hawksbee beftrich die innere Seite einer Glaskugel über die Helfte mit Siegellack, zog die Luft aus der
Kugel, und drehte fie. Als er nun, um ihre Elektricität
zu erregen, die Hand daran legte, fo fahe er die Geftalt
und das Bild feiner Hand fehr deutlich inwendig an der
hohlen Fläche des Siegellaks, als ob fich zwifchen feinem
Auge und der Hand nichts weiter, als Glas, befände.
Der Ueberzug von Siegellak war an den dünnften Stellen
gerade fo ftark, daß man den Schein einer Lichtflamme
dadurch fehen konnte. An andern Stellen war das Siegellak wenigftens einen Achtel Zoll dick; aber eben an diefen Stellen war das Bild der Hand eben fo deutlich, als
an den andern, zu erkennen.

Beccaria ließ einen elektrifchen Schlag durch etwas
feinen meffingenen Feilftaub durchgehen, der zwifchen zwo
Platten Siegellak geftreuet war; dabey wurde alles leuchtend und durchfichtig.

57. Verfuch.

Diefer von D. Prieftley angeftellte außerordentliche
Verfuch wird von ihm felbft fo befchrieben. „Ich legte
„eine Kette, die mit der äußern Seite einer Flafche
„verbunden war, ganz leicht an meinen Finger, und hielt
„fie bisweilen vermittelft eines dünnen Stücks Glas nahe
„an den Knopf. Ließ ich nun den Schlag in der Ent-
„fernung von ohngefähr drey Zollen hindurchgehen, fo
„war das elektrifche Licht an der Oberfläche des Fin-
„gers fichtbar, und gab demfelben eine plötzliche Er-
„fchütterung, welche dem Gefühl nach bis in das innere
„fte Mark des Knochens drang; gefchahe dies an der-
„jenigen Seite des Fingers, welche vom Auge abge-
„ lehrt

D 3

„ kehrt war , so schien im Dunkeln der ganze Finger
„ vollkommen durchsichtig. "

58. Versuch.

Man verbinde das eine Ende einer Kette mit der
äußern Seite einer geladenen Flasche, und lasse das andere auf dem Tische liegen. Man stelle das Ende einer
andern Kette ohngefähr einen Viertel Zoll weit von dem
ersten ab, setze ein Gefäß mit Wasser auf diese neben einander liegende Enden, und entlade die Flasche durch die
Kette, so wird das Wasser vollkommen und sehr schön erleuchtet scheinen. Diesen Versuch habe ich von Herrn
Haas, dem Erfinder einer verbesserten Luftpumpe, welche die bisher gewöhnlichen sehr weit übertrift.

Zeigen nicht diese Versuche, daß es sowohl in elektrischen als nichtelektrischen Körpern eine feine Materie
giebt , welche die Körper durchsichtig macht, wenn sie in
Bewegung gesetzt wird?

59. Versuch.

Wenn die Funken über ein Stück Silberpapier gehen, so erhalten sie eine grüne Farbe.

60. Versuch.

E F, Fig. 31, ist eine Glasröhre, um welche herum von einem Ende zum andern, in kleinen, aber gleichen
Entfernungen von einander, Stücken Stanniol in einer
Spirallinie (daher sie auch die Spiralröhre heißt) geklebt sind. Diese Röhre steckt in einer größern, welche
letztere an beyden Enden in messingene Kappen gefasset
ist, die mit dem Stanniol der innern Röhre in Verbindung stehen. Man halte das eine Ende in der Hand,
und bringe das andere so nahe an den ersten Leiter, daß
ein Funken entstehen kann, so wird man an jedem Raume
zwischen zween neben einander liegenden Stanniolblätt-
chen

chen einen schönen und hellen Funken sehen; dadurch wird der aus dem Conductor gezogene Funken gleichsam ver- vielfältiget, denn wäre keine Unterbrechung im Stanniol, so würde die elektrische Materie unbemerkt übergehen.

61. Versuch.

Leuchtende Buchstaben.

Dieser Versuch beruht auf einerley Grundsätzen mit dem vorigen. Die Buchstaben werden durch die kleinen Unterbrechungen gebildet, welche man in einem auf Glas geklebten Stück Stanniol macht; das Glas wird in einen Rahmen von gedörtem Holze befestiget, wie Fig. 32. Um den Versuch anzustellen, halte man den Rahmen in der Hand, und nähere die Kugel G an den Conductor, so wird der Funken aus demselben in den Stanniol über- gehen, und ihm durch alle seine Windungen folgen, bis an den Haken h, der ihn durch eine angehangene Kette in den Boden führt: die bey jeder Unterbrechung entste- henden Funken bilden ein Wort mit leuchtenden Buch- staben.

62. Versuch.

Um einen Funken mit einer metallenen Spitze aus- zuziehen, schraube man einen zugespitzten messingenen Drath an das eine Ende einer Spiralröhre, und halte dieselbe gegen den Conductor, indem die Maschine gedrehet wird, so wird zwischen dem Conductor und der Spitze ein star- ker Funken entstehen.

63. Versuch.

Man nehme eine reine trockne Glasröhre, die im Lichten ohngefähr einen Viertel Zoll weit ist, stecke einen zugespitzten Drath in diese Röhre, stelle das zugespitzte Ende in einige Entfernung von dem Ende der Röhre, ver- binde das andere Ende mit dem Boden, und bringe das

vor-

vorgedachte Ende gegen den Conductor der Maschine, so
werden sich zwischen demselben und der Spitze starke im
Zikzak gehende Funken zeigen, und ein starkes Geräusch
verursachen.

Im 62sten Versuche macht die Trennung zwischen
den Stücken Stanniol einen Widerstand, welcher den
unmittelbaren Uebergang der elektrischen Materie hindert,
und auf diese Art die gewöhnliche Wirkung der Spitzen
auf den Conductor einigermassen verändert. Oder mit andern Worten: das Vermögen der Spitzen, den Schlag
zu verhüten, hängt von der vollkommenen und unterbrochenen metallischen Verbindung derselben mit der Erde ab;
obgleich auch diese noch nicht ganz hinreichend ist, wie
der 63ste Versuch zeigt, wo die elektrische Materie von
der nichtleitenden Substanz, welche die Spitze umringt,
concentriret und eingesammelt wird.

64. Versuch.

Man stelle jemand auf den isolirenden Stuhl, und
verbinde ihn durch einen Drath oder eine Kette mit dem
Conductor, so wird er eben dasjenige bewirken können,
was der Conductor thut; er wird leichte Körper anziehen,
Funken geben u. s. w. und so wird man eine Menge sehr
angenehmer Versuche anstellen können. Es ist hiebey
schlechterdings nothwendig, wenn der Versuch vollkommen
gelingen soll, daß kein Theil der Kleidung den Boden des
Zimmers oder den Tisch berühre, und daß die Glasfüße
des Stuhls sehr trocken sind. Um die Isolirung desto
vollkommener zu machen, wird ein untergelegter trockner
Bogen braun Papier sehr gute Dienste thun.

Legt die isolirte Person ihre Hand auf die Kleidung
einer andern nicht isolirten, so werden beyde, besonders,
wenn die Kleidung von Wollenzeug ist, eine Empfindung
fühlen, als ob sie mit vielen Nadeln gestochen würden, so
lang der Cylinder bewegt wird.

65. Ver-

65. Versuch.

Um brennbare Geister mit dem elektrischen Funken zu entzünden, erwärme man den Löffel, Fig. 33, gieße ein wenig Weingeist hinein, und befestige ihn mit dem daran befindlichen Stiele an das Ende des ersten Leiters; oder man zünde den Weingeist an, und blase die Flamme kurz vor dem Versuche wieder aus; dann lasse man vermittelst einer messingenen Kugel einen Funken mitten durch den Löffel gehen, so wird derselbe den Weingeist entzünden.

Oder man lasse jemand, der auf einem isolirenden Stuhle stehet und mit dem ersten Leiter verbunden ist, den Löffel mit dem Weingeiste in der Hand halten, und eine auf dem Boden des Zimmers stehende Person einen Funken daraus ziehen, so wird der Weingeist entzündet werden. Der Versuch geht eben sowohl von statten, wenn die auf dem Boden stehende Person den Löffel hält, und die isolirte den Funken zieht.

66. Versuch.

Setzt man ein Gefäß mit angezündetem Terpentinöl auf den Conductor, und läßt den Dampf davon an eine Platte gehen, welche von einer isolirten Person gehalten wird, so wird diese dadurch elektrisiret werden und Weingeist anzünden können u. s. w. Hält diese isolirte Person einen messingenen Drath an die Spitze der Flamme von brennendem Weingeist, welcher mit dem Conductor verbunden ist, so wird sie ebenfalls elektrisiret. Wir sehen hieraus, daß sowohl Rauch als Flamme Leiter der elektrischen Materie sind,

Herr Volta hat auch aus dem bloßen Dampfe des Wassers und aus einigen chemischen Gährungen unbezweifelte Zeichen der Elektricität erhalten.

67.

67. Versuch.

Man isolire eine kleine Kohlenpfanne mit drey oder vier glühenden Kohlen, und schütte einen Löffel voll Wasser auf die Kohlen, so wird ein mit den Kohlen durch einen Drath verbundenes Elektrometer in kurzer Zeit mit negativer Elektricität aus einander gehen.

Man sieht hieraus, daß die Dämpfe des Wassers, und überhaupt diejenigen Theile eines Körpers, welche durch die Verflüchtigung getrennt werden, nicht nur einen Theil des Elementarfeuers, sondern auch einen Theil der elektrischen Materie mit sich hinwegführen, so daß der Körper, von welchem sich diese verflüchtigten Theile getrennt haben, nicht nur abgekühlt, sondern auch negativ elektrisirt wird, woraus zugleich erhellet, daß bey der Auflösung der Körper in flüchtige elastische Materien ihre Fähigkeit, Feuermaterie und elektrische Materie zu enthalten, vermehrt wird.

Es giebt eine entzündbare Luftgattung, welche sich sehr oft in den Steinkohlenschächten erzeuget: auch ist diejenige Luft, welche man durch Stören im Schlamme der stehenden Wässer erhält, entzündbar. Eben diese Luft steigt aus faulenden thierischen Materien auf, wird auch durch die Destillation aus Wachs, Pech, Bernstein, Kohlen und andern phlogistischen Substanzen erhalten. Die bequemste Methode, sie zu erhalten, ist folgende. Man schütte kleine Nägel oder etwas Eisenfeile in die Flasche r Fig. 38, gieße so viel Wasser darauf, als sie gerade bedeckt, und thue ohngefähr den vierten Theil Vitriolöl hinzu, stecke das untere Ende der gebogenen Röhre s in den Hals der Flasche, und bringe das andere Ende durch das Wasser des Beckens T in den Hals der Flasche K, welche mit Wasser gefüllt ist und im Becken umgekehrt stehet, auch während der Operation gehalten werden muß: so wird die Mischung in r in kurzer Zeit aufbrausen, und eine flüßige Materie aufsteigen lassen, welche durch die

gebo=

gebogene Röhre in die Flasche K übergehen, das Wasser aus derselben heraus treiben, und sie endlich ganz anfüllen wird. Alsdenn nimmt man die Flasche hinweg, und verstopft sie so geschwind, als möglich.

Fig. 39. stellt eine messingene Pistole zum Abfeuern der entzündbaren Luft vor; a b ist eine messingene Kammer, in deren Oefnung a c ein Korkstöpsel eingepasset ist; an den Boden dieser Kammer ist ein durchbohrtes Stück Messing angeschraubt, (welches Fig. 40. für sich allein vorgestellt ist) in die Höhlung desselben ist eine gläserne Röhre, und in diese wiederum ein messingener Drath eingeküttet. Das eine Ende dieses Draths ist mit einem messingenen Knopfe versehen, das andere Ende aber so gebogen, daß es ohngefähr einen Zehntel Zoll von dem messingenen Stück abstehet. Fig. 41. ist eine messingene Haube, welche man an die Pistole schrauben kann, um die Glasröhre für dem Zerbrechen zu sichern. Die Luft, womit die Pistole geladen werden soll, muß man in einer verstopften Flasche aufbewahren. Man ziehe den Stöpsel heraus, und bringe in demselben Augenblicke die Oefnung der Pistole an den Mund der Flasche, so werden sich die gemeine und die entzündbare Luft mit einander vermischen, weil die erstere leichter als die letztere ist, und also natürlicher Weise herunter sinken muß. Man halte die Pistole etwa 15 Secunden lang in dieser Stellung, nehme sie alsdann hinweg, und verstopfe Flasche und Pistole mit der möglichsten Geschwindigkeit.

Hält man die Pistole allzulang über die Flasche, so daß sie sich ganz mit entzündbarer Luft anfüllt, so wird sie nicht explodiren.

68. Versuch.

Man bringe die Kugel der mit brennbarer Luft geladenen Pistole gegen den Conductor, oder gegen den Knopf einer geladenen Flasche, so wird der Funken, welcher zwischen

schen dem Ende des Draths f und dem Stück g Fig. 40
entsteht, die brennbare Luft entzünden, und den Korkstöpsel bis auf eine beträchtliche Weite heraustreiben.
Diese Luftgattung erfordert, wenn sie sich entzünden soll,
so wie überhaupt alle Körper, die Gegenwart der gemeinen Luft oder der Salpetersäure; wenn man sie aber mit
etwas gemeiner Luft vermischet, so wird sie durch den elektrischen Funken entzündet, und macht eine Explosion.

Herr Cavallo empfiehlt denjenigen, welche mit
entzündbarer und dephlogisticirter Luft oder mit gegebnen
Quantitäten von gemeiner und entzündbarer Luft Versuche
anstellen wollen, eine Pistole von anderer Art. Sie besteht
aus einer 6 Zoll langen und 1 Zoll weiten messingenen
Röhre, an deren Ende ein durchgebohrtes Stück Holz sehr
sicher befestiget ist; ein messingener etwa 4 Zoll langer
Drath ist seiner ganzen Länge nach, ausgenommen an den
Enden, mit Siegellack, dann mit umgewundener Seide,
und dann wieder mit Siegellack überzogen. Dieser Drath
wird in die Oefnung des hölzernen Stücks eingekittet, so
daß er etwa zween Zoll weit in die Röhre hineinreichet,
der übrige Theil bleibt ausserhalb der Röhre; der in die
Röhre hineingehende Theil des Draths wird so umgebogen,
daß er von der innern Seite der Röhre nur etwa einen
Zehntel Zoll weit absteht. *)

Will man diese Pistole gebrauchen, so fülle man sie
mit Wasser, und kehre sie alsdann in einem Becken mit
Wasser um; die erforderliche Mischung von brennbarer
und gemeiner Luft mache man in einem andern Gefäße, indem man bekannte und gehörig proportionirte Maaße von
beyden Luftgattungen hineinläßt; man lasse hierauf diese
Mischung in die Pistole, verstopfe sie mit einem Korkstöpsel,

---

*) Man f. Cavallo Abhandlung von den verschiedenen Gattun-
gen der Luft und anderer beständig elastischen Materien, aus dem
Engl. übersetzt. Leipzig, 1783, 8. S. 274. u. f.

stöpsel, nehme sie aus dem Wasser und lasse auf die ge=
wöhnliche Art den Schlag einer geladenen Flasche hindurch=
gehen, so wird sich die brennbare Luft entzünden.

Die Instrumente zur Entzündung der brennbaren Luft
mit dem elektrischen Funken werden oft auch in Gestalt
einer Kanone gemacht.

Sechstes Kapitel.
Von elektrisirten Spitzen.

69. Versuch.

Man halte das zugespitzte Ende eines Draths gegen
einen positiv elektrisirten Conductor, so wird an
der Spitze ein heller runder Punkt oder Stern erscheinen,
und die elektrische Materie wird augenscheinlich aus dem
Conductor fortgeführt und zerstreuet werden.

70. Versuch.

Man halte den zugespitzten Drath gegen einen nega=
tiv elektrisirten Conductor; so wird man einen aus der
Spitze ausströmenden hellen Stralenkegel oder Stralen=
büschel sehen, und die Menge der elektrischen Materie
wird zunehmen.

71. Versuch.

An den einsaugenden Spitzen (Collector) am positiven
Conductor sieht man den leuchtenden Punkt; an einer ans
Ende des Conductors angesteckten Spitze aber zeigt sich
ein divergirender Stralenkegel.

72. Versuch.

Am Collector des negativen Conductors zeigt sich der
Stralenkegel; an einer ans Ende des Conductors befestig=
ten Spitze hingegen der leuchtende Punkt.

Die

Die Leichtigkeit, mit welcher die Spitzen die elektrische Materie annehmen und mittheilen, und die verschiedenen Erscheinungen des Lichts an den Spitzen in verschiedenen Versuchen, haben vielen Physikern Anlaß gegeben
zu glauben, daß diese Erscheinungen die Richtungen der
elektrischen Materie auf eine ganz entscheidende Art bewie-
sen. Sie nehmen an, die Erscheinung des runden Lichts
oder Sterns sey ein Zeichen, daß die elektrische Materie
in die Spitze eindringe, aus derjenigen Spitze hingegen,
an welcher der helle Kegel oder Büschel erscheint, ströme
die Materie aus. Diese Meinung bestätiget sich dadurch,
daß diese Erscheinungen den Gesetzen der Bewegung anderer flüssiger Materien gemäß sind, welche beym Ausströmen durch den Widerstand der Luft eben so divergent
gemacht werden, wie die elektrische Materie, welche aus
einer am Ende des positiven Conductors befestigten Spitze
ausströmt. Man hat zwar den Einwurf gemacht, daß
man die Stralen auch so ansehen könne, als ob sie aus
eben so vielen Punkten der umliegenden Luft gegen die metallische Spitze zuströmten. Es ist aber schwer anzugeben, warum ein sichtbarer Stral eher aus einem Punkte
der Atmosphäre ausbrechen sollte, als aus einem andern,
da doch die Luft dem Durchgange der elektrischen Materie
aller Wahrscheinlichkeit nach überall gleichförmig widersteht, und also diese Materie aus der Luft gegen die Spitze
nicht anders als langsam, unmerklich und auf allen Seiten gleichförmig hinzubringen kann, bis sie ihr so nahe
kömmt, daß sie sich einen Weg durch den Zwischenraum
durchbrechen, und an die Spitze selbst kommen kann, wo
sie sich als ein leuchtendes Kügelchen zeiget.

73. Versuch.

Man bringe eine geriebene Glasröhre nahe an eine
am Ende eines positiv elektrisirten Conductors befestigte
Spitze, so wird der leuchtende Büschel durch die Wirkung
der geriebenen Röhre gebogen und aus dem Wege gelen-

ket

tet werden. Hält man die Röhre der Spitze gerade entgegen, so verschwindet der Büschel.

74. Versuch.

Man befestige die Spitze an das Ende eines negativen Conductors, so wird sich der leuchtende Stern gegen
die geriebene Glasröhre zu kehren.

Diese beyden Versuche kommen mit dem 69 • 72ßen
überein, und führen auf eben dieselbe Schlußfolge, daß
nämlich der Stralenbüschel ein Zeichen der positiven, und
der Stern ein Zeichen der negativen Elektricität sey, welches folgende Versuche noch mehr bestätigen.

75. Versuch.

Man stecke einen Drath, an dessen Ende sich eine
Kugel befindet, in die Oefnung am Ende eines positiven
Conductors, stelle ein angezündetes Licht so, daß die Mitte
der Flamme der Mitte der Kugel gerade gegen über kömmt,
und etwa einen Zoll weit davon absteht, und drehe die
Maschine, so wird die Flamme von der Kugel hinwegge-
trieben. Man stecke eben diesen Drath an das Ende des
negativen Conductors, so wird sich die Erscheinung umkehren, die Lichtflamme wird gegen die Kugel getrieben,
und die letztere dadurch in kurzer Zeit erhitzt werden.

76. Versuch.

Man befestige einen zugespitzten Drath in der Oefnung der obern Seite des Conductors, und stelle auf die
Spitze den Mittelpunkt des messingenen Kreuzes k, Fig.
34, dessen Enden alle nach einerley Richtung umgebogen
sind; man elektrisire den Conductor, so wird sich das Kreuz
sehr schnell um den Mittelpunkt drehen. Ist das Zimmer
dunkel, so wird die elektrische Materie an den umlaufen-
den Spitzen der Dräthe einen hellen Cirkel bilden. Es ist
der Widerstand der Luft gegen die divergirenden Büschel

der

der elektrischen Materie, welcher den Spitzen der Dräthe
eine rückgängige Bewegung giebt.

Das Kreuz dreht sich immer nach eben derselben
Richtung, es mag nun positiv oder negativ elektrisirt seyn;
im luftleeren Raume aber bewegt es sich gar nicht, wofern man nicht den Finger oder einen andern Leiter an die
Glocke, einer der Spitzen gegen über, hält, in welchem
Falle es anfängt sich zu bewegen, und mit großer Geschwindigkeit so lange fortführt bis das Glas geladen ist.

77. Versuch.

Man elektrisire die beyden isolirten Dräthe MN,
oP, Fig. 35, so wird der Widerstand der Luft gegen den
elektrischen Strom aus den Spitzen des Flugrads L (dessen
Axe auf Rollen auf den Dräthen läuft) das Flugrad
auf der schiefen Fläche MNoP aufwärts treiben.

78. Versuch.

Fig. 36 stellt einen kleinen Krahn vor, der aus gleicher Ursache mit dem vorherbeschriebenen Rade umläuft,
und ein kleines Gewicht in die Höhe hebt.

79. Versuch.

Man kann, wie bey Fig. 37 mehrere Flugräder zugleich umlaufen lassen, und nach dieser Anleitung mancherley angenehme Versuche veranstalten.

Wenn die elektrische Materie aus einer hölzernen
Spitze ausströmt, so scheint der Strom oder Büschel
dünner, und in gewisser Maaße dem purpurfarbnen elektrischen Lichte im leeren Raume ähnlich. Die Wirkung
der elektrischen Materie auf die Luft, an einer elektrisirten
Spitze, bringt einen merklichen Wind oder ein Blasen hervor, welches, wie man oben gesehen hat, stark genug ist,
um leichte Körper zu bewegen, eine Lichtflamme zu stören,
oder flüssige Materien in eine wellenförmige Bewegung zu
setzen.

setzen. Die Wirkung der elektrischen Materie wird durch Spitzen so gemäßiget, daß sie eine angenehme Empfindung, gleich einem gelinden Anhauchen, hervorbringt; diese Empfindung kann mehr oder weniger reizend seyn, je nachdem die Materie bey ihrer Wirkung auf den menschlichen Körper mehr oder weniger Widerstand antrift, woraus man bey der medicinischen Elektricität große Vortheile ziehet.

Siebentes Kapitel.

Von der leidner Flasche.

Die Versuche mit der Leidner Flasche gehören unter die wichtigsten in der Lehre von der Elektricität; sie haben mehr, als alle andere, die Aufmerksamkeit der Naturforscher auf diesen Gegenstand gelenkt, und sind jederzeit mit Bewunderung und Erstaunen betrachtet worden.

Die Erscheinungen dieser höchst ausserordentlichen Versuche schienen ganz unerklärbar, bis die sinnreiche Theorie des D. Franklin einiges Licht darüber zu verbreiten anfieng. Diese Theorie erklärt die meisten Schwierigkeiten in diesem verwickelten Fache der Elektricität auf eine einfache und deutliche Art, und läßt sich so leicht und so befriedigend auf eine Menge von Erscheinungen anwenden, daß wir darüber die Einwendungen gegen dieselbe fast ganz aus dem Gesichte verlieren;

82. Versuch.

Man bringe die messingene Kugel einer belegten Flasche in Berührung mit dem ersten Leiter, indem die äussere Seite der Flasche mit dem Tische verbunden ist.

Adams Vers. d. Elektr.   E   Dreht

Dreht man nun den Cylinder, so wird die Flasche in kurzer Zeit geladen, d. i. die elektrische Materie wird darinn
auf eine besondre Art modificiret. Um die Flasche zu
entladen, oder wiederum in ihren natürlichen Zustand zu
setzen, bringe man das eine Ende eines leitenden Körpers
in Berührung mit der äussern Belegung, und nähere das
andere Ende dem Knopfe der Flasche, welcher mit der innern Belegung in Verbindung steht, so wird eine starke
Explosion mit einem hellen elektrischen Funken und einem
beträchtlichen Schalle entstehen.

81. Versuch.

Man lade die Leidner Flasche, berühre die äußere
Belegung mit einer, und den Knopf mit der andern Hand,
so wird die Flasche entladen werden, und man wird eine
plötzliche und sonderbare Empfindung fühlen. Dieß heißt
der **elektrische Schlag**, und trift, wenn es auf die
beschriebene Art angestellt wird, gemeiniglich die Gelenke
der Hand und des Arms nebst der Brust; ist aber der
Schlag stark, so trift er den ganzen Körper. Wahrscheinlich rührt diese besondere Empfindung von der plötzlichen doppelten Wirkung der elektrischen Materie her, welche in den Körper und in die verschiedenen dabey betroffe-
nen Theile desselben zu gleicher Zeit ein- und ausgehet.
Man hat auch bemerkt, daß die Natur in allen Körpern
auf der Erde ein gewisses Gleichgewicht der elektrischen
Materie festgesetzt hat, welches wir bey unsern Versuchen
stören. Ist diese Störung gering, so wirken die Kräfte
der Natur nur ganz gelind, um die veranlassete Unordnung aufzuheben; ist hingegen die Abweichung beträchtlich,
so stellt die Natur das ursprüngliche Gleichgewicht mit der
äussersten Gewalt wieder her.

Geben mehrere Personen einander die Hände, und
berührt die erste die äussere Seite der Flasche, die letzte
aber den Knopf, so wird die Flasche entladen, und alle
fühlen den Schlag in einem Augenblicke; je größer aber
die

die Anzahl der Personen ist, welche sich die Hände geben, desto schwächer ist der Schlag.

Die Stärke des Schlags kömmt auf die Quantität, von belegter Fläche, auf die Dünne des Glases und auf das Vermögen der Maschine an; oder die Wirkung der leidner Flasche wird in eben dem Verhältnisse stärker, in welchem das Gleichgewicht der Oberflächen gestöret wird.

Ist eine geladene Flasche allzuhoch belegt, so entladet sie sich selbst, noch ehe sie die Ladung erhält, welche sie hätte ertragen können, wenn die Belegung nidriger gewesen wäre. Ist die Belegung sehr niedrig, so kan zwar der belegte Theil der Oberfläche sehr stark geladen werden, aber ein beträchtlicher Theil des Glases wird gar nicht geladen.

Ist eine Flasche sehr stark geladen, so entladet sie sich oft von selbst über das Glas hinweg, von einer belegten Oberfläche bis zur andern, oder bricht, wenn das Glas dünn ist, ein Loch hindurch, treibt die Belegung an beyden Seiten in die Höhe, zerschmettert das Glas in dem Loche zu Pulver, und macht sehr oft eine Menge Risse, welche in verschiedenen Richtungen von dem Loche ausgehen.

Oft erhält eine leidner Flasche nach der Entladung einen geringen Theil ihrer Elektricität wieder; dieser zweyte Schlag wird der Ueberrest der Ladung genannt.

Die Gestalt oder Größe des Glases hat keinen Einfluß auf die Entstehung des Schlags.

Will man keinen Schlag erhalten, so muß man sich sorgfältig hüten, weder den Knopf und die Aussenseite der Flasche zu gleicher Zeit zu berühren, noch auch in irgend eine zwischen der äussern und innern Seite der Flasche gemachte Verbindung zu kommen. Beobachtet man dieß, so kann man Flaschen von jeder Größe sehr sicher behandeln. Zwar thut auch der menschliche Körper dem freyen Durchgange der feinen elektrischen Materie so wenig Widerstand, daß man von einem Schlage aus einer gewöhn-

E 2   lichen

lichen Flasche keinen weitern Schaden, als eine vorüberge=
hende unangenehme Empfindung, erhält.

Man berühre den Knopf einer geladenen Flasche, so
erfolgt kein Schlag; aber der Finger oder der berührende
Theil fühlt eine stechende Empfindung, als wenn er von
einer Nadelspitze berührt würde.

Man kan eine geladene Flasche, wenn sie auf idio=
elektrischen Substanzen steht, ohne Gefahr bey der Bele=
gung oder an dem Drathe anfassen und aufheben; nur er=
hält man einen sehr kleinen Funken daraus.

D. Franklin's Theorie der leidner Flasche.

Man nimmt an, das Glas enthalte zu jeder Zeit an
seinen beyden Oberflächen eine beträchtliche Menge elektri=
scher Materie, und diese sey so eingetheilet, daß, wenn
die eine Seite positiv ist, die andere negativ seyn muß.
Da nun in die eine Seite nicht mehr elektrische Materie
hineingedrängt werden kan, als aus der andern heraus=
geht, so ist nach geschehener Ladung nicht mehr in der
Flasche, als vorher; die Menge der elektrischen Materie
wird im Ganzen weder vermehrt noch verringert, sie ver=
ändert nur ihren Ort und ihre Stellung; d. i. man kan
nur alsdann einen Zusatz in die eine Seite bringen, wenn
zugleich eine eben so große Menge aus der andern Seite
herausgehen kan. Diese Veränderung wird dadurch be=
wirkt, daß man beyde Flächen des Glases zum Theil mit
einer leitenden Substanz belegt. Durch dieses Mittel wird
die elektrische Materie auf jeden phisikalischen Punkt der
zu ladenden Oberfläche geführt, wo sie ihre Wirkung da=
durch äussert, daß sie die von Natur in der andern Seite
befindlichen elektrischen Theile austreibt, welche durch die
mit der Fläche in Berührung stehende Belebung sehr gut
ausweichen können, daher diese Belegung mit der Erde
verbunden werden muß. Wenn nun aus der einen Fläche
die

die ganze elektrische Materie herausgegangen, in die andere aber eben so viel hineingekommen ist, so ist die Flasche so stark, als möglich, geladen. Beyde Flächen sind
alsdann in einem gewaltsamen Zustande; die innere oder
positive Seite ist stark geneigt, ihren Ueberschuß von elektrischer Materie abzugeben; die äußere oder negative Seite hingegen strebt eben so stark, dasjenige wieder an sich
zu nehmen, was sie verlohren hat; keine von beyden aber
kan ihren Zustand verändern, ohne eine gleichgroße und
gleichzeitige Theilnehmung der andern. Man nimmt ferner an, daß ohngeachtet der geringen Entfernung beyder
Flächen, und des starken Bestrebens der elektrischen Materie, auf der einen Seite den Ueberfluß abzugeben, und
auf der andern das ermangelnde wieder anzunehmen, sich
dennoch zwischen beyden ein undurchdringliches Hinderniß
befinde; weil nämlich das Glas für die elektrische Materie undurchdringlich ist (ob es gleich nicht hindert, daß
eine Seite auf die andere wirken kan), und also beyde
Flächen so lange in diesem entgegengesetzten Zustande bleiben, bis man durch einen oder mehrere Leiter zwischen
beyden eine Verbindung von aussen macht, da sich alsdann das Gleichgewicht plötzlich und gewaltsam wiederherstellet, und die elektrische Materie auf beyden Seiten des
Glases zu ihrer ursprünglichen Gleichheit zurückkehrt.

Versuche über die Ladung und Entladung der leidner Flasche, zu Erläuterung und Bestätigung der Theorie des Dr. Franklin.

82. Versuch.

Man schraube eine leidner Flasche, deren Belegung
ganz frey von Spitzen ist, auf ein isolirtes Gestell, und
setze sie so, daß ihr Knopf den Conductor berührt (wobey
man auch verhüten muß, daß sich keine leitende Substanz
in der Nähe der Belegung befinde); man drehe nun den

Cy-

Cylinder so vielmal herum, als sonst nöthig ist, um die
Flasche zu laden, und untersuche sie dann mit einem Auslader, so wird man finden, daß sie keine Ladung erhalten
habe; woraus sich deutlich zeigt, daß die eine Seite der
Flasche keine elektrische Materie annehmen könne, wenn
diese Materie nicht aus der andern Seite herausgehen kan.

83. Versuch.

Man stelle eben diese isolirte Flasche so, daß ihr
Knopf ohngefähr einen halben Zoll vom Conductor absteht, und halte während der Umdrehung des Cylinders
eine messingene Kugel nahe an die Belegung der Flasche,
so wird bey jedem Funken, der aus dem Conductor in
den Knopf übergeht, ein anderer Funken zwischen der Belegung und der Kugel entstehen, und die Flasche wird in
kurzer Zeit geladen seyn, indem die Elektricität in die eine Seite hinein, und aus der andern herausgeht.

84. Versuch.

Man schraube die Flasche a, Fig. 42, auf den isolirten Fuß d, und bringe ihren Knopf in Berührung mit
dem Conductor; halte dann eine andere Flasche c von gleicher Größe mit a so, daß ihr Knopf die äußere Belegung
der Flasche a berührt, drehe den Cylinder, und stelle,
wenn die Flasche a geladen ist, c auf den Tisch, schraube
a von dem Fuße ab, und stelle sie ebenfalls auf den Tisch
in einiger Entfernung von c. Man stecke eine messingene
Kugel an den Stiel eines Quadrantenelektrometers, und
halte es mit einer seidnen Schnur so, daß die messingene
Kugel den Knopf der Flasche berührt. Man bemerke in
dieser Stellung den Stand des Zeigers am Elektrometer,
und bringe dasselbe nunmehr an die andere Flasche, wo
der Zeiger auf eben dem Grade stehen wird. Hieraus erhellet sehr deutlich, daß die Flasche aus ihrer äußern Seite

eben

eben soviel Elektricität ausgestoßen habe, als sie mit der innern aufgenommen hat.

85. Versuch.

Man bringe den Knopf einer isolirten Flasche in Berührung mit einem positiven Conductor, verbinde die äußere Belegung mit dem Küssen oder mit einem negativen Conductor, und drehe den Cylinder, so wird die Flasche mit ihrer eignen Elektricität geladen, und die elektrische Materie wird aus der äußern Belegung in die innere übergeführt.

86. Versuch.

Man lade die beyden Flaschen, Fig. 43, positiv; verbinde ihre äußern Belegungen durch einen Drath oder eine Kette, und bringe ihre Knöpfe an einander, so wird kein Funken dazwischen entstehen, und die Flaschen werden nicht entladen werden, weil keine Seite der andern etwas abzugeben hat.

87. Versuch.

Man lade die isolirte Flasche, Fig. 43, negativ, und die andere positiv, verbinde die Belegungen mit einer Kette, und bringe die Knöpfe zusammen, so wird ein Schlag entstehen, und die Flaschen werden entladen werden. Stellt man ein brennendes Licht zwischen beyde Knöpfe, so wird der Schlag auf eine sehr angenehme Art, und auf eine Entfernung von einigen Zollen durch die Flamme gehen. Man s. Fig. 44.

88. Versuch.

Man befestige ein Quadrantenelektrometer auf dem Knopf einer Leidner Flasche, und lade dieselbe negativ; wenn sie die völlige Ladung erhalten hat, so wird der Zeiger auf dem 90sten Grade stehen. Man setze nun die Flasche mit dem Elektrometer an einen positiven Conductor,

E 4

ctor, und drehe den Cylinder, so wird der Zeiger wieder
fallen, und die Flasche wird durch die entgegengesetzte
Elektricität ihre Ladung verlieren.

89. Verſuch.

Man iſolire zwo leidner Flaſchen, bringe ihre Belegungen in Berührung, lade die innere Seite der einen
poſitiv, und laſſ während der Zeit eine auf dem Boden
ſtehende Perſon den Finger auf den Knopf der andern
Flaſche halten, ſo wird die letztere negativ geladen werden.

90. Verſuch.

L M, Fig. 45, iſt eine leidner Flaſche mit beweg-
lichen Stanniolbelegungen; die innere Belegung N kan
durch die ſeidnen Schnüre f, g, h, abgenommen werden, aus der äußern Belegung kan man die Flaſche her-
ausheben.

Ladet man nun die Flaſche, nimmt die Belegungen
hinweg, und bringt ein paar Korkkugeln an das Glas,
ſo werden ſie von demſelben ſehr ſtark angezogen; legt man
die Belegungen wieder an, ſo giebt die Flaſche noch immer einen beträchtlichen Schlag; woraus erhellet, daß
die Kraft im Glaſe, nicht in den Belegungen, hafte.

91. Verſuch.

T V, Fig. 46, iſt eine Flaſche, deren äußere Belegung aus kleinen, nicht weit aus einander ſtehenden,
Stücken Stanniol beſteht. Ladet man die Flaſche auf
die gewöhnliche Art, ſo werden ſtarke elektriſche Funken
nach mancherley Richtungen von einem Stück Stanniol
zum andern gehen; denn die Unterbrechung des Stanniols
macht den Uebergang der Materie von der äußern Seite
in den Tiſch merklich. Entladet man dieſe Flaſche durch
einen zugeſpitzten Drath, den man allmählig dem Knopfe
nähert, ſo werden die unbelegten Theile des Glaſes zwiſchen

schen dem Stanniol sehr schön erleuchtet erscheinen, und man wird ein Geräusch, wie von angezündeten kleinen Schwärmern, hören. Entladet man die Flasche plötzlich, so erscheint die ganze äußere Fläche erleuchtet. Zu diesem Versuche muß das Glas sehr trocken seyn.

92. Versuch.

Man reihe eine Anzahl Schrotkörner an einen seidenen Faden, und lasse zwischen jeden zwey Körnern einen kleinen Zwischenraum; hänge diese Schnur an den Conductor so, daß sie bis an den Boden einer belegten Flasche herabreicht, die auf einem isolirten Fuße steht; eine andere dergleichen Schnur von Schrotkörnern hänge man an den Boden der Flasche, verbinde sie mit dem Tische, und drehe die Maschine, so wird sich zwischen allen Schrotkörnern ein lebhafter Funken zeigen, sowohl in als außer der Flasche, gerade als ob das Feuer durch das Glas hindurchgienge.

93. Versuch.

Man halte eine Flasche, welche auswendig keine Belegung hat, in der Hand, und bringe ihren Knopf gegen einen elektrisirten Conductor; so wird das Feuer, indem die Flasche geladen wird, auf eine sehr angenehme Art aus der äußern Seite in die Hand übergehen; beym Entladen werden von dem an der Außenseite anliegenden Knopfe des Ausladers die schönsten leuchtenden Aeste ausgehen, und sich über die ganze Flasche verbreiten.

94. Versuch.

Man hänge eine Kette an den Conductor, und lasse sie in eine unbelegte Flasche so herabgehen, daß sie den Boden derselben nicht berührt; dreht man nun die Maschine, so wird sich die Kette in die Runde herum bewegen, gleichsam als ob sie die elektrische Materie über die

E 5   in-

innere Seite des Glases verbreiten, und so daſſelbe nach
und nach laden wollte.

95. Verſuch.

Fig. 47 zeigt zwo übereinander geſtellte.leidner Flaſchen. Man kan mit dieſer doppelten Flaſche viele Verſuche anſtellen, welche ſehr beluſtigend ſind, und die angenommene Theorie ungemein erläutern.

Man bringe die äußere Belegung der Flaſche A in
Berührung mit dem erſten Leiter, drehe die Maſchine, bis
die Flaſche gelaten iſt, ſtelle den einen Knopf des Ausladers auf die Belegung von B, und berühre mit dem andern den Knopf der Flaſche A, ſo wird eine Exploſion
entſtehen. Nunmehr ſtelle man einen Knopf des Ausladers auf den Knopf von A, und bringe den andern an die
Belegung von A, ſo wird ein zweiter Schlag erfolgen.
Bringt man wiederum einen Knopf des Ausladers an die
Belegung von A, ſo entſteht eine dritte Exploſion. Man
erhält noch eine vierte, wenn man den Schlag aus der
Belegung von A in den Knopf dieſer Flaſche gehen läßt.

Die äußere Belegung der obern Flaſche ſteht in Verbindung mit der innern Seite der unteren, und führt die
elektriſche Materie aus dem Conductor in die untere große
Flaſche, welche daher poſitiv geladen wird; die obere
wird nicht geladen, weil die innere Seite nichts von ihrer
elektriſchen Materie mittheilen kan. Macht man aber eine
Verbindung zwiſchen der innern Seite von A und der
äußern von B, ſo wird ein Theil der Materie aus der
innern Seite von A in die negative Belegung von B übergeführt, und die Flaſche B entladen. Die zwote Exploſion entſteht durch die Entladung der Flaſche A; da aber
dieſer Flaſche äußere Seite durch leitende Subſtanzen mit
der poſitiven innern Seite der Flaſche B verbunden iſt, ſo
darf der Knopf des Ausladers nur noch die geringſte Zeit
über nach der Entladung am Knopfe von A verweilen, und
es wird ſogleich ein Theil von der Materie der innern Seite

von

von A herausgehen, und durch eine aus B kommende Quantität an der äußern Seite ersetzt werden, wodurch A zum zweytenmale geladen wird. Die Entladung von A veranlasset den dritten, und die von B den vierten Schlag.

Beweis, daß die beyden Seiten einer geladenen Flasche entgegengesetzte Elektricitäten haben, durch ihr Anziehen und Zurückstoßen.

96. Versuch.

Man schraube die Flasche H, Fig. 49, mit dem daran befindlichen Ringe seitwärts auf das isolirende Stativ, wie in Fig. 48, und lade sie positiv, berühre hierauf den Knopf mit ein paar Korkkugeln, so werden diese mit positiver Elektricität aus einander gehen. Man halte ein paar andere an die Belegung, so werden sie sich mit negativer Elektricität trennen.

97. Versuch.

Man elektrisire zwey paar Korkkugeln an messingenen Röhren, wie Taf. II. Fig. 22, durch den Knopf einer positiv geladenen Flasche, stelle sie in geringer Entfernung aus einander, und schiebe dann die Röhren zusammen, daß sich ihre Enden berühren, so bleiben die Kugeln in eben dem Zustande, in welchem sie sich vor der Berührung der Röhren befanden, weil ihre Elektricität von gleicher Art ist. Eben dies erfolgt, wenn beyde Paare an der Belegung elektrisiret werden; wird aber ein Paar an der Belegung und das andere an dem Knopfe elektrisiret, so fallen sie, sobald sie an einander gebracht werden, sogleich zusammen.

98. Versuch.

Eine Korkkugel, oder eine künstliche Spinne von gebranntem Kork, mit Füßen von leinenen Fäden, an einem

einem feibnen Faden aufgehangen, wird zwischen den Knöpfen zwoer Flaschen, deren eine positiv, die andere negativ geladen ist, hin und her spielen, und die Flaschen werden dadurch in kurzer Zeit entladen werden.

99. Versuch.

Eine an Seide aufgehangene Kugel, zwischen zwo
messingenen Knöpfen, deren einer von der äußern, der andere von der innern Seite einer leidner Flasche hervorgeht,
wird, wenn die Flasche geladen ist, von einem Knopf
zum andern fliegen, und auf diese Art die Flasche entladen,
indem sie die elektrische Materie aus der innern Seite in
die äußere führt.

100. Versuch.

Zwischen zwo Flaschen, welche auf einerley Art geladen sind, wird eine isolirte Korkkugel, wenn sie einmal
einen Funken erhalten hat, nicht hin und her gehen, sondern von beyden Flaschen gleich stark zurückgestoßen werden.

101. Versuch.

In Fig. 58. ist an den untern Theil einer isolirten
belegten Flasche ein Drath befestiget, auf welchem ein anderer Drath b c rechtwinklicht aufsteht, auf der Spitze des
letztern steht ein messingenes Kreuz. Ladet man die Flasche, so wird das Kreuz während der Ladung umlaufen,
wenn aber die Flasche geladen ist, stillstehen. Man berühre den Knopf der Flasche mit dem Finger oder einem
andern leitenden Körper, so wird sich das Kreuz wieder so
lang drehen, bis die Flasche entladen ist. Ein paar Korkkugeln werden von dem Kreuze während der Ladung positiv,
und während der Entladung negativ elektrisirt.

102.

102. Versuch.

Man lege eine reine und trockne geriebene Glastafel, etwa einen Quadratschuh groß, auf ein isolirtes Käflgen mit Korkkugeln, so werden die Kugeln mit positiver Elektricität aus einander gehen, und in trockner Luft wohl vier Stunden lang fortfahren einander aufwärts zurückzustoßen. Wenn die Kugeln endlich zusammen kommen, nehme man das Glas hinweg, so werden sie mit negativer Elektricität aus einander gehen; man lege das Glas wieder darauf, so werden sie zusammenfallen; man nehme es hinweg, so werden sie aus einander gehen; diese Abwechselung dauret so lange fort, als noch einige Elektricität im Glase ist.

Wird die Glastafel in einen hölzernen Rahmen gefaßt, und eine leichte Korkkugel auf ihre Oberfläche gelegt, so wird die Kugel, wenn man den Finger oder eine Nadelspitze dagegen bringt, mit einer sehr schnellen Bewegung davon zurückfliegen, und kann so auf der ganzen Oberfläche des Glases, wie eine Feder in der Luft durch eine geriebene Röhre, herumgetrieben werden. Denn da die Kugel durch die Nadel ihrer Elektricität beraubt wird, so fliegt sie augenblicklich nach demjenigen Theile des Glases, der sie am stärksten anzieht.

Um die Elektricität der Glastafel zu erregen, lege man dieselbe auf einen trocknen Bogen Papier, und reibe sie mit reinem trocknen Flanell.

Beweise der entgegengesetzten Elektricitäten beyder Seiten der leidner Flasche, und der Richtung der elektrischen Materie beym Laden und Entladen, durch die Erscheinungen des elektrischen Lichts.

Wir haben bereits im 6ten Kapitel bemerkt, daß man die verschiedenen Erscheinungen des Lichts an elektri=

fir=

firten Spitzen für ein Kennzeichen der Richtung der elektrischen Materie halte, indem der leuchtende Stern oder
Punkt zeigt, daß die Spitze elektrische Materie annehme,
da hingegen der helle Kegel oder Stralenbüschel ein Ausgehen der Materie aus der Spitze andeutet. Wir wollen jetzt durch diese Erscheinung den Zustand beyder Seiten der leidner Flasche untersuchen. Hiezu so wohl, als
auch zu vielen andern Absichten, wird man die Fig. 49.
vorgestellte Geräthschaft sehr bequem finden; ich habe die
Theile derselben so zu verbinden gesucht, daß das Ganze
dadurch zu sehr vielen Zwecken brauchbar wird, ohne doch
sehr zusammengesetzt zu seyn. A ist eine isolirende Glassäule, auf den hölzernen Fuß B geschraubt; alle übrigen
Theile der Geräthschaft lassen sich auf diese Säule schrauben. C ist eine luftleere Glasröhre, an beyden Enden
in messingene Hauben gefasset; am Ende D ist ein Ventil
gehörig unter der messingenen Platte angebracht; aus der
obern Haube geht ein messingener Drath mit einer Kugel,
aus der untern Platte ein zugespitzter Drath hervor; diese
Röhre heißt der **leuchtende Conductor.** Die bey E
vorgestellte Flasche heißt das **leidner Vacuum.** Sie
hat unter der Kugel E ein Ventil; man kann die Kugel
abschrauben, um leichter zum Ventile zu kommen; ein
stumpfgeendeter Drath geht bis ein wenig unter den Hals
der Flasche herab; der Boden der Flasche ist mit Stanniol belegt, und auswendig eine Schraubenmutter angekittet, um sie an die Glassäule A zu schrauben.

F ist eine kleine Pumpe, mit welcher man die Luft
nach Erfordern entweder aus dem leuchtenden Conductor
oder aus dem leidner Vacuum ziehen kann. In dieser Absicht schraubt man von dem leidner Vacuum die Kugel,
oder von dem leuchtenden Conductor die Platte ab, schraubt
an deren Stelle die Pumpe an, sorgt dafür, daß die
Schraubenmutter G fest an das Leder bey ab, cd an-
schließe, und arbeitet mit der Pumpe, so werden die Glä-

ser

ster in wenigen Minuten hinlänglich ausgepumpt seyn. H
und I sind zwo leidner Flaschen, deren jede eine Schrau-
benmutter am Boden hat, um sich gelegentlich an die
Säule A anschrauben zu lassen. Die Flasche H ist mit
einem Ringe versehen, damit man sie seitwärts an die
Säule A anschrauben könne. K und L sind zween dünne
Dräthe, welche man gelegentlich in die Kugel E, in die
Knöpfe e und f, in die Haube C, oder in g an die
Glassäule schrauben kann. Die Kugeln lassen sich von die-
sen Dräthen abschrauben, und alsdann haben sie stumpfe
Spitzen. M ist ein hölzernes Täfelchen, das man gele-
gentlich auf die Glassäule schrauben kann.

103. Versuch.

Schraubt man die Flasche I auf die isolirende Säule, und den zugespitzten Drath in das Loch g, befestiget
einen andern spitzigen Drath an das Ende des Conductors, bringt den Knopf der Flasche gegen diesen Drath,
und drehet die Maschine, so wird aus dem spitzigen Drathe
am Conductor ein Stralenbüschel gegen den Knopf der
Flasche gehen, und zugleich wird ein anderer Stralenbüschel aus der Spitze am Boden der Flasche in die Luft
ausfahren, Man s. Fig. 50.

Man wiederhole diesen Versuch mit dem negativen
Conductor, so wird am Ende beyder Dräthe ein leuchtender Stern erscheinen.

104. Versuch.

Man schraube einen spitzigen Drath in den Knopf
der Flasche (s. Fig. 51.), und lade sie positiv, so wird
der spitzige Drath die elektrische Materie aus dem Conductor in sich nehmen; diese wird also als ein leuchtender
Stern erscheinen, indeß der Drath an der äußern Seite
der Flasche einen divergirenden Stralenkegel aussendet.

Fig.

Fig. 52. zeigt die vorigen Erscheinungen umgekehrt, wenn man nämlich die Flasche am positven Conductor negativ ladet.

Man kann diesen Versuch noch weiter abändern, wenn man die Flasche an einem negativen Conductor ladet.

105. Versuch.

Wenn die Flasche, wie in den vorigen Versuchen, geladen ist, so drehe man den Drath, der sich vorhin gegen den Cylinder zukehrte, nunmehr von demselben ab, und drehe die Maschine, so wird der Zu- und Abfluß noch deutlicher, als vorher, erscheinen: indem die elektrische Materie mit der größten Heftigkeit von der einen Spitze eingesogen, und von der andern ausgestoßen wird, wodurch sich die Flasche in kuzer Zeit entladet.

106. Versuch.

Man lade die Flasche, wie vorher, und berühre dann den mit der negativen Seite verbundenen Drath, so wird der entgegengesetzte Drath einen divergirenden Stralenkegel aussenden; wird hingegen die positive Seite berührt, so zeigt sich bloß ein leuchtender Punkt an dem andern Drathe.

107. Versuch.

Fig. 53. ist eine elektrische Flasche, B B die Stanniolbelegung, C ein Stativ, welches die Flasche trägt, D eine metallene Tülle, auf welcher die Glassäule E stehet; ein gebogner und an beyden Enden zugespitzter metallischer Drath F ist an das Ende des Stabs G befestiget, welcher Stab sich nach Gefallen in der federnden Röhre N verschieben läßt. Diese Röhre ist auf die Glassäule E befestiget; der zur Ladung dienende Stab aber ist mit den verschiedenen Abtheilungen der innern Belegung der Flasche durch horizontale Dräthe verbunden.

Man

Man stelle die Flasche, wie gewöhnlich, und setze die Maschine in Bewegung, so wird sich an der obern Spitze des Draths F ein kleiner leuchtender Punkt zeigen (ein deutliches Zeichen, daß die Spitze alsdann aus dem obern Ringe der äußern Belegung Elektricität in sich nimmt), zugleich wird aus der untern Spitze des Draths F ein sehr schöner, feiner Stralenkegel gegen die unterste Zone der Belegung zu schießen. Wenn diese Erscheinungen aufhören, welches geschieht, sobald die Flasche geladen ist, bringe man einen zugespitzten Drath gegen den ersten Leiter; dieser wird die Flasche stillschweigend entladen, und während dieser Entladung wird die untere Spitze mit einem kleinen Funken erleuchtet seyn, die obere hingegen wird einen Stralenbüschel aussenden, welcher gegen die obere Zone der Belegung zu divergiret.

108. Versuch.

Man nehme eine leidner Flasche, deren Hals nicht sehr breit ist, stelle ihre Belegung an den Conductor, und lade sie negativ. Es wird alsdann, wenn die Flasche nicht allzutrocken ist, der obere Rand der Belegung einen oder mehrere Lichtbüschel in die Luft aussenden, welche sich sehr merklich gegen den ladenden Drath in der Mitte der Flasche beugen, und bisweilen denselben wirklich erreichen werden. Man halte den Knopf an den ersten Leiter, und lade die Flasche positiv, so wird anfänglich nach einigen Umdrehungen des Cylinders ein kleiner leuchtender Funken am Rande des Korkes im Halse der Flasche erscheinen; dieser Funken verwandelt sich in einen Stralenbüschel, der vom Korke ausgeht, und sich nach und nach in einen Bogen verlängert, dessen Ende sich niederwärts bis an den Rand der Belegung erstrecket. Ist die Flasche trocken, so entladet sie sich in beyden Fällen freywillig. Man s. Fig. 54 und 55.

109. Versuch.

Eine isolirte positiv geladene Flasche giebt einer geriebenen Stange Siegellak aus ihrem Knopfe einen Funken; da hingegen zwischen demselben und einer geriebenen
Glasröhre kein Funken entsteht.

110. Versuch.

Zergliederung der leidner Flasche durch das Leidner Vacuum E, Fig. 49.

Man schraube das leidner Vacuum auf den isolirenden Fuß, mit dem zugespitzten Drathe am Boden. Fig.
56. zeigt die Erscheinungen der elektrischen Materie an
den Spitzen, wenn die Flasche an einem positiven Conductor negativ geladen wird.

Fig. 57. zeigt die Erscheinungen, wenn die Flasche
an eben demselben Conductor positiv geladen wird.

Fig. 59. wird dieselbe Flasche am negativen Conductor positiv, und Fig. 60. an eben demselben negativ
geladen.

111. Versuch.

Fig. 61. stellt den leuchtenden Conductor auf dem isolirten Fuß vor. Man setze die einsaugende Spitze nahe
an den Cylinder, bringe den Knopf einer ungeladenen Flasche in Berührung mit der Kugel, oder lasse eine Kette
von derselben auf den Tisch herabhängen, und drehe die
Maschine, so wird sich die Kugel in eine dichte elektrische
Atmosphäre hüllen. Wird die Spitze an ein isolirtes Küssen gebracht, und die Kugel mit dem Tische verbunden,
so wird sich die Atmosphäre an der in der Röhre befindlichen Spitze zeigen. Bringt man eine positiv geladene Flasche dagegen, so sind die Erscheinungen in der Röhre, wie bey Fig. 62. Wird aber eine negativ geladene
Flasche dagegen gehalten, so sind sie wie Fig. 61. Man

Man kan diese Röhre, wenn sie auf dem isolirenden
Fuße stehet, anstatt des ersten Leiters gebrauchen, und
alle gewöhnliche Versuche damit anstellen; sie leuchtet wäh=
rend der Operation unaufhörlich.

Von der Richtung der elektrischen Materie beym Entladen der leidner Flasche.

112. Versuch.

Man stelle eine geladene Flasche auf einem kleinen
gläsernen Stativ unter die Glocke einer Luftpumpe; so
wie nun die Glocke ausgeleeret wird, so wird die elektrische
Materie in Gestalt eines sehr hellen Stralenkegels aus
dem Drathe der Flasche herausgehen, und nach der Be=
legung zu strömen, bis die Luft völlig ausgeleert ist. Als=
dann wird man auch die Flasche entladen finden.

Ist die Flasche negativ geladen, so wird der leuch=
tende Strom gerade die entgegengesetzte Richtung von der
vorigen nehmen.

Man kan aus diesem Versuche die Wirkung des
Drucks der Atmosphäre auf die leidner Flasche beurtheilen,
und sehen, daß dieser Druck die natürliche Grenze jeder
Ladung mit Elektricität bestimme, und daß also eine Fla=
sche in einer doppelt so dichten Luft eine doppelt so starke
Ladung halte, als in der gemeinen atmosphärischen Luft,
indem die Stärke der elektrischen Atmosphäre durch den
Druck der Luft vergrößert wird.

113. Versuch.

Man setze ein kleines angezündetes Wachslicht zwi=
schen die beyden Knöpfe des allgemeinen Ausladers, und
lasse eine sehr schwache Ladung einer positiven Flasche hin=
durchgehen, so wird die Flamme des Wachslichts nach der
Richtung der elektrischen Materie gegen die Belegung zu,
angezogen werden. Man s. Fig. 63.

114. Versuch.

Ist eben diese schwache Ladung einer negativen Flasche gegeben, so wird die Erscheinung gerade die umgekehrte seyn.

Bey beyden Versuchen muß man die Ladung so schwach, als möglich, geben, so daß sie nur gerade hinreichend ist, über die Unterbrechung in der Verbindung zu schlagen.

115. Versuch.

Man lege ein Kartenblatt auf das Tischgen des allgemeinen Ausladers, bringe das Ende des einen Draths unter das Kartenblatt, und verbinde es mit der Belegung einer positiv geladenen Flasche, das Ende des andern Draths lege man oben auf das Kartenblatt etwa anderthalb Zoll weit von dem vorigen entfernt; man mache hierauf die Verbindung vollständig, indem man den Auslader an den letzten Drath und an den Knopf der Flasche bringt, so wird die elektrische Materie durch den obern Drath längst der Oberfläche des Kartenblatts hingehen, bis sie an das unter der Karte befindliche Ende des andern Draths kömmt. Hier wird sie ein Loch durch das Kartenblatt bohren, und durch den Drath in die Belegung der Flasche übergehen. Man s. Fig. 64.

116. Versuch.

Wenn man vier Korkkugeln A, B, C, D, in gleichen Entfernungen von einander, zwischen den Knopf des Ausladers und die Belegung einer positiv geladenen Flasche stellt, und nun die Flasche entladet, so wird die Kugel A, die dem Auslader am nächsten liegt, gegen B, und B gegen C gestoßen, C bleibt unbewegt, und D fliegt gegen die Belegung der Flasche.

117.

117. Versuch.

Man mache auf beyde Seiten eines Kartenblatts einen fingerbreiten Strich mit Zinnober, befestige dieses Blatt mit ein wenig Wachs vertikal auf das Tischgen des allgemeinen Auslabers, lasse das Enbe des einen Draths die eine, und das Enbe des andern Draths die entgegengesetzte Seite berühren; die Entfernung beyder Enden von einander muß mit der Stärke der Ladung im Verhältniß stehen. Entladet man nun die Flasche durch die Dräthe, so zeigt der schwarze Streif, den die Explosion auf dem mit Zinnober gefärbten Striche zurückläßt, daß die elektrische Materie von dem Drathe, der mit der innern Seite der Flasche in Verbindung steht, in denjenigen übergegangen sey, welcher mit der äußern Seite verbunden ist, gegen welchen letztern sie ein Loch schlägt.

Versuche welche gegen die angenommene Theorie der Elektricität zu streiten scheinen.

118. Versuch.

Man lade die Oberflächen einer elektrischen Platte ganz gelind, isolire sie, und mache eine unterbrochene Verbindung, so werden beyde Kräfte sichtbar werden, und die an der unterbrochenen Verbindung befindlichen Spitzen erleuchten: jede Kraft wird sich von der Oberfläche, von welcher sie ausgeht, immer weiter erstrecken, je stärker die Platte geladen wird; wenn aber die Erleuchtungen von beyden Seiten einander begegnen, so wird sogleich eine Explosion der ganzen Ladung erfolgen.

119. Versuch.

Wenn man eine cylindrische Luftplatte unter der Glocke einer Luftpumpe ladet, so werden sich beyde Kräfte besto leichter vereinigen, je mehr Luft zwischen beyden Flächen weggepumpet wird.

F 3 120.

120. Versuch.

Wenn eine luftleere Glocke zum Theile einer elektrischen Verbindung gemacht wird, und die Ladung nicht hinreichend ist, einen Schlag zu verursachen, so wird man ein elektrisches Licht in entgegengesetzten Richtungen aus den Theilen hervorgehen sehen, welche mit der positiven und negativen Fläche verbunden sind.

121. Versuch.

Man setze eine belegte Flasche auf ein isolirendes Stativ, und berühre ihren Knopf mit dem Knopfe einer andern negativ geladenen Flasche, so wird man zwischen beyde einen kleinen Funken sehen, und beyde Seiten der isolirten Flasche werden sogleich negativ elektrisirt seyn.

122. Versuch.

Man befestige ein Elektrometer von Korkkugeln mit ein wenig Wachs an die äußere Belegung einer Flasche, lade die Flasche ganz gelind positiv, und setze sie auf ein isolirendes Stativ, so werden die Kugeln entweder gar nicht oder nur sehr wenig auseinander gehen. Man bringe den Knopf einer stark positiv geladenen Flasche an den Knopf der vorigen, so werden die Bälle mit positiver Elektricität aus einander gehen.

123. Versuch.

Man lade eben diese Flasche mit den an ihre äußere Belegung befestigten Korkkugeln, gelind negativ, isolire sie hierauf, und bringe den Knopf einer stark negativ geladenen Flasche an den Knopf der isolirten, so werden die Kugeln mit negativer Elektricität aus einander gehen.

124. Versuch.

Man lade eine Flasche positiv, isolire sie, lade eine andere sehr stark negativ, und bringe den Knopf der ne-

gas

87

gativen nahe an den Knopf der positiven, so wird ein
Faden zwischen beyden hin und her spielen; wenn aber
die Knöpfe einander berühren, so werden die Fäden zuerst
angezogen, und dann von beyden zurückgestoßen. Die negative Elektricität tritt gleichsam an die Stelle der positiven, und, wenn man beyde wieder von einander trennt,
so sind sie einige Minuten lang beyde negativ; wenn man
aber dem Knopfe der Flasche, in welcher die negative Elektricität gebracht wurde, den Finger nähert, so zerstreut
sich diese Elektricität augenblicklich, der Finger erhält einen schwachen Funken, und die Flasche ist wieder positiv
geladen, wie vorher.

Achtes Kapitel.
Von der elektrischen Batterie, und der Lateral-
explosion geladener Flaschen.

Zu Verstärkung der elektrischen Explosion pflegt man
mehrere leibner Flaschen mit einander in einem Kasten zu verbinden, und diese Geräthschaft eine **elektrische
Batterie** zu nennen. Fig. 65. stellt eine der beliebte-
sten Einrichtungen derselben vor.

Der Boden des Kastens ist mit Stanniol überlegt,
um die äußern Belegungen der Flaschen mit einander zu
verbinden. Die innern sind durch die Dräthe b, c, d, e,
f, g. verbunden, welche sich in die große Kugel A vereinigen; C ist ein Haken am Boden des Kastens, durch welchen man etwas mit der äußern Belegung der Flaschen verbinden kann; von der innern Seite geht die Kugel B hervor,
durch welche die Verbindung eigentlich vollständig gemacht werden kann. Beym Gebrauch der elektrischen Batterie sind folgende Vorsichtsregeln in Acht zu nehmen.

Den

Den obern unbelegten Theil der Flaschen muß man trocken und rein vom Staub halten, und nach der Explosion einen Drath vom Haken bis an die Kugel gehen lassen, welcher in dieser Lage bleiben muß, bis man die Batterie wieder laden will. Dadurch wird man allen Schaden, welcher sonst aus dem Ueberreste der Ladung entstehen könnte, gänzlich vermeiden.

Wenn eine Flasche in der Batterie zerbrochen ist, so ist es unmöglich, die übrigen zu laden, bis die zerbrochene weggenommen ist.

Um die Flaschen einer großen Batterie vor dem Zerbrechen beym Schlage zu bewahren, hat man angerathen, keine Batterie durch einen guten Leiter zu entladen, wofern nicht die Verbindung aufs wenigste fünf Schuh lang sey. Aber was man durch diese Methode auf der einen Seite gewinnt, das verliert man auf der andern wieder; denn durch Verlängerung der Verbindung wird die Stärke des Schlags verhältnismäßig vermindert.

Man hat mir gesagt, daß die zu Newcastle verfertigten Flaschen von grünem Glas nicht leicht von einer Explosion zerbrächen; allein ich habe nicht Gelegenheit gehabt, mit dergleichen Glase selbst Versuche anzustellen.

Die Stärke einer Batterie wird beträchtlich vermehrt, wenn man den Schlag bey der Explosion concentriret, welches geschiehet, wenn man ihn durch kleine Verbindungen nicht = leitender Substanzen gehen läßt. Hiedurch kann das wiederstehende Mittel, durch welches der Funken gehen muß, so zubereitet werden, daß es die Stärke desselben vermehret. Läßt man ihn durch eine ein Zwölftel oder ein Sechstel Zoll weite Oefnung in einer Glasplatte gehen, so wird er weniger zerstreut, compacter und kräftiger. Wird die Stelle um die Oefnung herum mit ein wenig Wasser angefeuchtet, so wird der Funken, der dieses Wasser in Dämpfe verwandelt, auf eine größere Weite fortgeführet, seine Geschwindigkeit vergrößert, und der Schall ist lauter, als gewöhnlich.

Durch

Durch diese und einige andere Mittel hat Herr **Morgan** mit ganz kleinen Flaschen Drath geschmolzen u. dgl. Vielleicht wird er diese und seine übrigen wichtigen Entdeckungen dem Publikum bald mittheilen.

125. Versuch.

Man lasse die Ladung einer starken Batterie durch 2 - 3 Zoll dünnen Drath gehen, so wird derselbe bisweilen glühend werden, zuerst auf der positiven Seite, und in der Regel wird das Glühen nach dem andern Ende zu fortgehen.

126. Versuch.

Man entlade eine Batterie durch ein Buch Papier, so wird sie ein Loch durch dasselbe schlagen; jedes Blatt wird durch den Schlag von der Mitte aus gegen die aussen anliegenden Blätter zu durchbrochen, gerade als ob der Schlag von seinem Innern aus auf beyde Seiten ausgebrochen wäre. Ist das Papier sehr trocken, so findet die elektrische Materie in ihrem Uebergange mehr Widerstand, und das Loch ist klein. Ist der Theil des Papiers, durch welchen die Explosion geht, feucht, so ist das Loch grösser, das Licht lebhafter und der Schlag lauter.

127. Versuch.

Die Entladung einer Batterie durch eine kleine stählerne Nadel wird, wenn die Ladung stark genug ist, die Nadel magnetisch machen.

128. Versuch.

Die Entladung einer Batterie durch eine kleine und dünne Magnetnadel wird ihr gemeiniglich die magnetische Eigenschaft ganz benehmen, bisweilen aber auch ihre Pole umkehren. Soll dieser Versuch gelingen, so ist es oft nöthig, mehrere starke Schläge durch die Nadel gehen

F 5 zu

zu laſſen, ehe man ſie aus der Verbindung hinweg nimmt.

Aus des P. Beccaria Verſuchen erhellet, daß die magnetiſche Richtung, welche eine Nadel durch die Elektricität erhält, von der Lage der Nadel beym Schlage abhängt, und nicht auf die Richtung der elektriſchen Materie beym Eingange in die Nadel ankömmt.

129. Verſuch.

Man entlade eine Batterie durch einen dünnen Drath, der z. B. ein Funfzigtheilchen eines Zolles im Durchmeſſer hat, ſo wird der Drath in Stücken zerbrochen oder geſchmolzen werden, ſo daß er in glühenden Kügelchen herabfällt.

Wenn ein Drath auf dieſe Art geſchmolzen wird, ſo fliegen häufige Funken bis auf eine beträchtliche Entfernung herum, indem ſie durch die Exploſion nach allen Richtungen ausgeworfen werden.

Iſt die Kraft der Batterie ſehr groß, ſo wird der Drath durch die Stärke der Exploſion gänzlich zerſtreut. Kleine Stückchen ſolcher Subſtanzen, die ſich nicht leicht in einen Drath ausziehen laſſen, als Platina, Goldkörner, Erze ꝛc. kann man in Wachs drücken, und ſo in die Verbindung bringen; geht nun ein Schlag von genugſamer Stärke hindurch, ſo werden ſie geſchmolzen.

Die Kraft einer Batterie, Dräthe zu ſchmelzen, ändert ſich mit der Länge der Verbindung, weil die elektriſche Materie deſto mehr Widerſtand antrift, je länger der Weg iſt, durch welchen ſie gehen muß. D. Prieſtley konnte 9 Zoll dünnen eiſernen Drath in einer Entfernung von 15 Fuß ſchmelzen, aber in der Entfernung von 20 Fuß konnte er nur 6 Zoll davon glühend machen.

130. Verſuch.

Man ſchließe einen ſehr dünnen Drath in eine Glasröhre ein, und entlade eine Batterie durch denſelben, ſo

wird

wird er in Kügelchen von verschiedener Größe zertheilt, welche man von der innern Fläche der Glasröhre zusammenlesen kann. Man findet sie oft hohl, und sie sind dann nicht viel mehr, als eine Metallschlacke.

Man hat viele Versuche angestellt, um die verschiedenen leitenden Kräfte der Metalle durch den hindurchgelassenen Schlag einer Batterie zu untersuchen; allein man hat noch nicht bestimmen können, ob die größere Leichtigkeit, mit welcher einige Metalle explodiren, von der Leichtigkeit des Durchgangs der elektrischen Materie, oder von dem Grade des Widerstandes, welchen sie dem Durchgange dieser Materie entgegensetzen, oder von einem Mangel an Ductilität, wodurch sie der Ausdehnung unfähiger werden, herkomme.

131. Versuch.

Man entlade eine Batterie durch eine Kette, welche auf Papier liegt, so werden an den Stellen, wo die Glieder der Kette einander berühren, schwarze Flecken auf dem Papiere zurückbleiben; auch werden die Glieder an diesen Stellen mehr oder weniger geschmolzen werden.

132. Versuch.

Man nehme zwey Stücken Fensterglas, etwa 3 Zoll lang und 2 Zoll breit, lege einen Streif Messing ¬ oder Goldblättchen zwischen beyde und lasse die Blättchen auf beyden Seiten vor dem Glase hervorragen; stelle die beyden Stücken Glas in die Presse des allgemeinen Auslabers, bringe die beyden Enden der Drähte ET, EF, Fig. 33. an die Enden der Metallblättchen, und lasse den Schlag durch dieselben gehen, so wird dieser einen Theil des Metalls in das Glas hineintreiben, und die Farbe desselben in etwas verändern. Das Metallblättchen muß in der Mitte am schmälsten seyn, weil die Stärke der elektrischen Materie sich wie ihre Dichtigkeit verhält, welche

zu=

zunimmt, wenn eben dieselbe Menge von Materie durch
weniger leitende Theile hinburchgebrängt wird.

Wenn die Streifen von Goldblättchen durch die
Explosion geschmolzen sind, so werden sie dadurch nicht-
leitend, und verlieren die Fähigkeit nach dem ersten
Schlage noch einen zwepten durchzulassen. Einige Theilchen des Metalls werden in das Glas getrieben, welches
baburch wirklich geschmolzen wird; die am Glase anliegenden Theile des Metalls werden am vollkommensten geschmolzen. Die Stücken Glas, welche das Metallblättchen bedecken, werden durch den Auslader gemeiniglich in
Stücken zerbrochen.

133. Versuch.

Man lege ein starkes Stück Glas auf die elfenbeinerne Platte des allgemeinen Ausladers Taf. II. Fig. 3,
auf das Glas ein starkes Stück Elfenbein, und auf dieses
ein Gewicht von 1 — 7 Pfund; bringe die Enden der
Dräthe EF, ET gegen den Rand des Glases, und lasse den
Schlag durch die Dräthe gehen, indem man den einen derselben, z. B. EF, mit dem Hacken der Batterie C, Taf. IV. Fig.
65, verbindet, und nach geladener Batterie eine Verbindung
zwischen der Kugel und dem Drathe ET macht, so wird
das Glas zerbrochen, und ein Theil davon in ein feines
Pulver zermalmet werden. Ist das Glas stark genug,
dem Schlage zu widerstehen, so wird es oft mit den schönsten und lebhaftesten Farben bezeichnet. Herr Morgan
hat mich versichert, daß die Wirkung eben dieselbe sey,
wenn das Glas von unten angefüttert wird; welche Methode bey verschiedenen Versuchen noch schicklicher ist.

134. Versuch.

Geht der Schlag unter dem Elfenbein mit den Gewichten durch, ohne daß noch ein Glas zwischen demselben und der Tafel des allgemeinen Ausladers GH liegt,
so werden die Gewichte durch die Lateralkraft des Schla-

ges

ges aufgehoben. Die Anzahl der Gewichte muß mit der
Stärke der Explosion im Verhältniß stehen.

135. Versuch.

Fig. 66. a ist ein isolirter Stab, der eine geladene
Flasche d beynahe berühret, b ein anderer isolirter Stab,
nahe an den vorigen und in gerader Linie mit demselben
gestellet. Man entlade die Flasche durch den Auslader
e, von welchem eine Kette herabhängt, welche den Boden
der Flasche nicht berühret, so wird der Stab b einen elektrischen Funken erhalten, welcher ihn aber fast in eben
demselben Augenblicke wieder verläßt, indem auch die
feinsten daran gehangenen Fäden durch diesen Funken nicht
elektrisiret werden.

Diese elektrische Erscheinung, welche sich ganz ausserhalb der Verbindung der entladenen Flasche äußert,
heißt die **Lateralexplosion.**

Wenn man kleine Stücken Kork oder andere leichte
Körper in die Nähe einer geladenen Flasche oder Batterie
bringet, so werden sie bey der Entladung nach allen Richtungen vom Mittelpunkte der Explosion aus von ihrer
Stelle getrieben werden; und je stärker die Explosion ist,
desto weiter werden sie verschoben. Es ist daher nicht zu
verwundern, daß schwere Körper durch starke Blitze bis
auf beträchtliche Entfernungen fortgeschoben werden. D.
Priestley vermuthet, daß diese Art von Lateralwirkung
durch die Luft verursachet werde, welche aus der Stelle,
durch die der elektrische Schlag gehet, vertrieben wird.

Diese Lateralwirkung in der Nachbarschaft eines
Schlags äußert sich nicht allein, wenn der Schlag zwischen zweyen Stücken Metall in freyer Luft entstehet, sondern auch, wenn er durch Drath gehet, der nicht stark genug ist, ihn vollkommen zu leiten. Je dünner der Drath,
und je stärker die Schmelzung ist, desto heftiger ist auch
die Zerstreuung leichter Körper um denselben herum.

136.

136. Versuch.

1. Wenn zwischen den beyden geladenen Flächen einer elektrischen Platte mehrere Verbindungen von verschiedener Länge und aus verschiedenen Materien gemacht werden; so geht der Schlag durch diejenige Verbindung, welche aus den besten Leitern besteht, wie lang oder kurz auch die übrigen seyn mögen.

2. Werden mehrere Verbindungen von einerley Materien, aber von verschiedener Länge, gemacht, so geht der Schlag durch die kürzeste derselben.

3. Sind die Verbindungen in aller Absicht einander gleich, so geht der Schlag durch mehrere zu gleicher Zeit.

Einer meiner Freunde hat mir erzählt, er habe oft mehrere Verbindungen zu gleicher Zeit gemacht, um große Flaschen oder Batterien zu entladen. Wenn deren eine hinreichende Anzahl gewesen, so habe er sich selbst in eine derselben hineinstellen, und ohne den geringsten Schaden Antheil am Schlage nehmen können; die Empfindung sey sogar nicht unangenehm gewesen, und er habe sie durch dieses Mittel fast bis zum Unmerklichen schwächen können.

137. Versuch.

Herr Henly machte eine doppelte Verbindung, die erste durch einen eisernen Stab, der ein und einen halben Zoll breit und einen halben Zoll dick war; die andere durch eine vier und einen halben Schuh lange dünne Kette. Bey Entladung einer Flasche von 500 Quadratzoll belegter Fläche gieng die Elektricität durch beyde Verbindungen, und man sahe an vielen Stellen der Kette Funken. Er entlud ferner drey Flaschen, welche zusammen 16 Quadratschuh belegte Fläche enthielten, durch drey verschiedene Ketten auf einmal, wie bey Fig. 67, und man sahe in allen Ketten helle Funken. Die Ketten waren von Eisen und Messing, von sehr verschiedenen Längen;

die

die kürzeste 10—12 Zoll, die längste mehrere Schuhe lang.
Wenn diese Flaschen durch den vorerwähnten eisernen
Stab, und zugleich durch eine dünne drey Viertel Yards
lange Kette entladen wurden, so war die ganze Kette erleuchtet, und durchaus mit den schönsten Stralen, wie mit
Borsten, oder mit goldnen Haaren, bedeckt. Er hatte
eine große Flasche mit dem ersten Leiter in Berührung gebracht, und eine eiserne Kette an ihre Belegung gehangen,
welche mit einer Metallplatte verbunden war, in welche
der Schlag durch den Auslader übergieng; er hieng hierauf eine weit längere meßingene Kette an die entgegengesetzte Seite der Flasche, und stellte ihr Ende acht und
einen halben Zoll weit von der Metallplatte ab. An dieses Ende legte er ein dünnes 8 Zoll langes Stäbgen von
Eichenholz, und bestreute dasselbe mit tannenen Sägspä-
nen. Wenn er nun die Flaschen durch die Platte entlud,
so leuchteten beyde Ketten ihrer ganzen Länge nach, so wie
auch die Sägspäne, welche mit einem leuchtenden Streif
bedeckt waren, der ein sehr schönes Schauspiel darstellte.

In den Glashütten findet man gemeiniglich eine
große Anzahl massiver Glasstangen, die ohngefähr einen
Viertel Zoll im Durchmesser halten. Wenn man diese
Stangen genau untersucht, so wird man viele davon durch
einen beträchtlichen Theil ihrer Länge hohl finden; doch
macht der Durchmesser der Höhlung selten mehr als ein
Zweyhundertheilchen eines Zolles aus. Man sondere den
hohlen Theil ab, und fülle ihn durch Saugen mit Queckfilber, verhüte aber, daß vorher keine Feuchtigkeit hinein-
komme; so ist die Röhre zu folgendem Versuche zubereitet.

138. Versuch.

Man lasse den elektrischen Schlag durch diesen
schmalen Queckfilberfaden gehen, so wird derselbe augenblicklich zertheilet, und zerschmettert oder splittert die Glasröhre auf eine sonderbare Art.

139.

139. Versuch.

Man nehme eine Glasröhre, deren Weite im Lichten etwa einen Viertel Zoll beträgt, fülle sie mit Wasser, verstopfe die Enden mit Kork, stecke durch die Korke zween Dräthe in die Röhre, so daß ihre Enden beynahe zusammen kommen, und bringe die äußern Enden derselben in die Verbindung beyder Seiten einer Batterie; so wird sich bey der Entladung das Wasser nach allen Richtungen zerstreuen, und die Röhre durch den Schlag in Stücken zerbrochen werden.

Die elektrische Materie verwandelt eben so, wie das gemeine Feuer, das Wasser in einen höchst elastischen Dampf. D. Franklin, der obigen Versuch mit Dinte anstellte, konnte nicht den geringsten Flecken auf dem Papiere wahrnehmen, auf welchem die Röhre gelegen hatte. Beccaria ließ den Schlag durch einen Wassertropfen gehen, der mitten in einer starken gläsernen Kugel zwischen den Enden zweener eiserner Dräthe schwebte, und die Kugel ward durch die Explosion in Stücken zerbrochen. Er baute auf diesen Grund die Erfindung des sogenannten elektrischen Mörsers, welcher eine kleine Bleykugel auf 20 Schuh weit forttreibt. Aus verschiedenen der vorigen Versuche erhellet, daß die elektrische Materie die Theile der widerstehenden Substanzen, durch welche sie gehet, nach allen Richtungen zu zerstreuen sucht.

140. Versuch.

Man stelle ein Haus, aus kleinen Hölzern locker erbaut, auf einem feuchten Brete mitten in ein großes Gefäß voll Wasser, und lasse den elektrischen Schlag einer Batterie über das Bret, oder über das Wasser, oder über beyde, gehen, so wird das Wasser stark in Bewegung gerathen, und das Haus umgeworfen werden. Auch ist der Schall stärker, als wenn die Explosion bloß durch die Luft gehet. Die elektrische Materie strebt nahe an

ter

der Oberfläche des Waſſers hinzugehen, wo ſie mehr Widerſtand antrift, als wenn ſie durch das Waſſer wäre hin-
durchgetrieben worden. Dies kömmt zum Theil auch davon her, daß die elektriſche Materie ein Vermögen beſitzt,
einen elaſtiſchen Dampf aus dem Waſſer zu erzeugen, der
die umliegende Luft aus der Stelle treibt.

Ein über ein Stück Eis geleiteter Schlag läßt auf
demſelben kleine ungleiche Löcher zurück, als ob eine erwärmte Kette darauf wäre gelegt worden.

Ein Schlag der durch ein grünes Blatt gehet, zer-
reißt die Oberfläche deſſelben in verſchiedenen Richtungen,
und ſtellt mancherley Wirkungen des Blitzes im Kleinen
dar. Ueber Weingeiſt geht der Schlag bis auf eine gewiſſe Weite, ohne ihn zu entzünden; wird aber die Weite größer, ſo ſetzt er ihn in Flammen. Man ſieht hieraus,
daß die Leuchtigkeit, mit welcher ſich die elektriſche Materie über die Oberfläche feuchter Körper leiten läßt, von
ihrer Fähigkeit in Dünſte verwandelt zu werden, abhängt.

Wenn der Schlag die Theilchen der Metalle ſchmel-
zet, ſo treibt er die leitenden Dämpfe, welche von ihnen
aufſteigen, mit ſich fort; und je leichter ſich die Theile
eines Körpers in Dampf oder Staub verwandeln laſſen,
deſto weiter geht der Schlag.

141. Verſuch.

Wenn ein Drath durch Gewichte ausgedehnt, und
durch einen elektriſchen Schlag glühend gemacht wird, ſo
findet man ihn nach dem Schlage beträchtlich verlängert.
Iſt der Drath locker, ſo ſoll er, wie man behaupten will,
durch den Schlag verkürzt werden.

142. Verſuch.

Wenn man ein langes und enges Gefäß mit Waſſer
zu einem Theile der Verbindung bey dem Entladen einer
Batterie macht, und jemand ſeine Hand während der

Adams Verſ. d. Elek.   G   Es-

Explosion unter das Wasser taucht, so wird er eine sonderbare Erschütterung im Wasser fühlen, die von der Empfindung des elektrischen Schlages sehr verschieden ist. Der schnelle Stoß von dem Zurückprallen der Luft und des Dampfes theilet sich durch das Wasser der Hand mit, und sie erhält daher eine Erschütterung, welche derjenigen ähnlich ist, die ein Schiff auf der See bey einem Erdbeben empfindet.

143. Versuch.

Man stelle ein plattes Stück Metall zwischen die Spitzen des allgemeinen Ausladers, und lasse mehrere Schläge aus einer Batterie durch die Drüthe gehen, so werden sie nach und nach auf dem Metalle verschiedene Kreise bilden, welche die schönsten prismatischen Farben zeigen. Diese Kreise erscheinen desto eher und stehen desto dichter an einander, je näher die Spitze an der Oberfläche des Metalls stehet. Die Anzahl der Ringe oder Kreise, hängt von der Schärfe der Spitze ab; deswegen geht der Versuch besser von statten, wenn man an die eine Spitze des Ausladers eine spitzige Nadel befestiget.

D. Watson und andere haben viele sehr merkwürdige Versuche angestellt, um die Entfernung, bis auf welche der elektrische Schlag geführt werden kan, und die Geschwindigkeit, mit welcher er sich bewegt, zu bestimmen. Bey Watsons erstem Versuche ward durch elektrische Materie, welche durch die Themse geführt war, ein Schlag gegeben und Weingeist angezündet. Beym folgenden Versuche leitete man die elektrische Materie durch eine Verbindung von zwo Meilen, welche den New-river zweymal kreuzte, und über viele Sandgruben und weite Felder gieng. Er ward hierauf durch eine vier Meilen lange Verbindung geleitet. Durch diese Räume gieng er, so viel man bemerken konnte, in einem Augenblicke. Diese augenblickliche Entladung ward dadurch ausser allem Zweifel gesetzt, daß ein Beobachter, der sich mit der ge-

ladenen Flasche in einerley Zimmer, zugleich aber in der
Mitte einer Verbindung von zwo Meilen befand, den Schlag
in eben dem Augenblicke empfand, in welchem er die Flasche sich entladen sahe.

Dieser erstaunenswürdigen Geschwindigkeit ungeachtet,
ist es doch gewiß, daß man beyde Seiten einer geladenen
Flasche, sogar durch die besten Leiter, so schnell berühren kan, daß nicht alle elektrische Materie Zeit hat, den
Umlauf zu machen, und die Flasche nur halb entladen
wird. Es giebt auch verschiedene Beyspiele, in welchen
die Bewegung langsam scheint, welches sich mit jener un-
ermeßlichen Geschwindigkeit nicht leicht vereinigen läßt;
es ist also gewiß, daß die elektrische Materie bey ihrem
Durchgange durch oder über die Körper, Widerstand leidet.

Dennoch verschwindet das Unbegreifliche der erzähl-
ten Versuche gänzlich, wenn wir den Gedanken des Herrn
Volta über diese Materie Beyfall geben. Man wird
auch die Muthmassungen dieses Gelehrten durch den 118.
119. und 120. Versuch bestätiget finden, welche sich ursprünglich vom Herrn Atwood herschreiben; ob man
gleich gestehen muß, daß diese Versuche noch viel weiter
führen, und von der Richtung der elektrischen Materie bey
der Entladung der leidner Flasche einen Begriff geben, der
von der angenommenen Theorie gänzlich verschieden ist.

Folgendes ist ein Auszug aus einer sehr weitläuftigen
Abhandlung des Herrn Volta, im Journal de physique vom Jahre 1779.

Man nehme an, daß a, b, c, d, e, f, g, h, i,
k, l, m, n, o, die Hände zusammen geben, daß a die
äußere Seite einer geladenen leidner Flasche, und o ihren
Knopf berühre. In dem Augenblicke, in welchem o die
elektrische Materie aus der innern Seite durch den Knopf erhält, wird a der äußern Seite etwas von seinem natürlichen Vorrathe abgeben, ohne erst zu erwarten, bis die aus
der innern Seite kommende Materie von O, durch n, m,

G 2   u. s. w.

u. f. w. zu ihm komme. Mittlerweile wird der Verluſt,
den a leidet, von b erſetzt, b erhält wiederum Materie
von c u. ſ. w. Zwar iſt es, wenn wir bloß auf die Richtung der Materie ſehen, immer nur ein einziger Strom,
der an beyden Enden zugleich entſteht, und ſich in eben denſelben Zeitmomenten fortbewegt; obgleich derſelbe, wenn
man ſich genauer ausdrücken will, aus zween in einen ver-
einigten Strömen beſteht. Wenn die auſſerordentliche Geſchwindigkeit, mit welcher die Materie fortgeht, uns nicht
verhinderte, die Zeitfolge der Erſchütterungen bey den verſchiedenen Perſonen, welche die Kette machen, zu bemerken, ſo würden wir finden, daß dieſe Erſchütterungen nicht
in der Ordnung o, n, l, m, fortgehen, ſondern daß
ſie zu gleicher Zeit, zuerſt an den beyden Enden o und a,
dann bey n, und b, hierauf bey m, und c, u. ſ. ſ. ge-
fühlt werden, und immer mehr nach dem Mittel der Kette
zu gehen. Dem zu folge fühlen bey einer kleinen Flaſche
diejenigen, welche am weiteſten von den Enden abſtehen, den
Schlag deſto ſchwächer, je länger die gemachte Verbindung iſt.

Um dieſe Erklärung deutlicher zu machen, trenne man
die Kette, und mache auf einem trocknen Boden zwo Reihen,
a, b, c, d, — e, f, g, h, welche in der Mit-
te unterbrochen ſind; d berühre die Flaſche an der äußern Seite, und e errege den Schlag durch Berührung
des Knopfs. Wenn nun die elektriſche Materie den kür-
zeſten Weg nehmen ſollte, um in die äußere negative Fläche zu gelangen, ſo müßte ſie in den Fuß der Perſon e herab, über den Boden in den Fuß von d, und durch des
letztern Körper in die äußere Seite kommen, ohne auf f,
g, h, zu wirken, welche alsdann ganz außer der Verbindung ſtehen würden. Allein ſie geht, dieſer Vorausſe-
tzung ganz entgegen, aus dieſem geraden Wege heraus,
und folgt der Ordnung der leitenden Perſonen, die ihr
einen ſchicklichen Leitfaden giebt, um durch einen andern
Weg in die äußere Seite zu kommen. Die von der innern

nern Seite von e durch f, g, h, gehende Materie giebt
diesen Personen einen merklichen Schlag in den Händen
und Knöcheln, zeigt sich, wenn die Hände und Füße ein
wenig von einander abstehen, durch einen Funken, und zerstreut sich endlich in die Erde, als das allgemeine Behältniß der elektrischen Materie. Eben so erhält d, welcher
die Materie zuerst an die äußere Seite abgiebt, seinen
Verlust durch c, b, a, wieder, welche ihren Ersatz aus
dem Boden erhalten. Der Strom also, welcher aus dem
Knopfe der Flasche kömmt, geht durch die leitenden Körper, und verliert sich in dem Erdboden; aus diesem hingegen kömmt eine zureichende Menge neuer elektrischer Materie hervor, und ersetzt den in der äußern Fläche befindlichen Mangel.

Wenn f, g, h, keine Kette machen, sondern sich
ohne regelmäßige Ordnung um e herumstellen, so sieht
man den positiven Theil des Stroms sich auf verschiedene
Seiten verbreiten, und den Boden, in mehrere Ströme
vertheilt, erreichen. Auf eben diese Art geht die elektrische Materie aus dem Boden in d über, wenn a, b, und
c unregelmäßig um d herumgestellt sind; daß also jede
Fläche ihren eignen Strom erregt, von welchen der eine in
die Flasche hinein, der andere aus derselben herausgeht.
Eben so war es bey dem vorhererwähnten Versuche des
D. Watson, wobey man sonst annahm, daß die elektrische Materie die erstaunenswürdigsten Umwege, durch
Flüsse, über Felder u. dgl. nehme. Die Materie aus der
innern Seite zerstreute sich durch den Fluß in dem Augenblicke, in welchem die äußere Seite aus eben dieser
Quelle den Vorrath zog, der ihren Mangel ersetzen mußte.

Man sieht auch aus andern Versuchen, daß die eine
Seite eines geladenen elektrischen Körpers mehr von der
einen Kraft enthalten könne, als gerade hinreichend ist,
um der entgegengesetzten Kraft auf der andern Seite das
Gleichgewicht zu halten. Denn, wenn eine geladene Flasche isoliret, und durch einen Auslader mit einem gläser-

nen

nen Handgriff entladen wird, so werden, nach dem Schlage, der Auslader und beyde Seiten der Flasche die entgegengesetzte Kraft von derjenigen haben, welche an der
vor dem Schlage zuletzt berührten Seite der Flasche statt
fand.

Es wird nicht unschicklich seyn, hier eine Hypothese
einzuschalten, welche man dem Publikum anstatt der angenommenen Theorie hat vorschlagen wollen.

Hypothese.

1) In allen Körpern sind beyde elektrische Kräfte zugleich vorhanden.

2) Da sie dieser Verbindung einander aufheben, so
kan man sie den Sinnen nicht anders fühlbar machen,
als durch ihre Trennung.

3) In nicht = elektrischen Körpern werden diese beyden Kräfte durch das Reiben an elektrischen Körpern, oder
durch die Verbindung mit geriebenen elektrischen getrennt.

4) In elektrischen Körpern können diese Kräfte nicht
getrennt werden.

5) Die beyden Elektricitäten ziehen einander durch
die Substanz elektrischer Körper stark an.

6) Elektrische Körper lassen sich von den beyden Elektricitäten nicht durchdringen.

7) Beyde Kräfte, wenn sie an elektrisirte Körper gebracht werden, stoßen die Kräfte von eben derselben Art
zurück, und ziehen die entgegengesetzte Kräfte an.

Neuntes Kapitel.

Von der Wirkung der zugespitzten Ableiter an den Gebäuden.

Die Wichtigkeit und der große Einfluß der Elektricität zeigt sich immer mehr, je näher wir mit ihr bekannt werden. Wir finden keinen Körper in der Natur, auf den sie nicht, entweder als auf einen Leiter, oder als auf einen elektrischen Körper, wirkte; und wir entdecken, daß die erstaunenswürdigen Phänomene des Donners und Blitzes aus ihr entstehen, und mit ihr von einerley Natur sind. Man hatte noch sehr wenig Fortgang in der Lehre von der Elektricität gemacht, als die Aehnlichkeit zwischen dem elektrischen Funken und dem Blitze entdeckt ward; der große Gedanke, diese Muthmaßungen auszuführen und zu beweisen, daß das Feuer, welches vom Himmel herabblitzt, eben dasjenige sey, welches bey unsern Versuchen die Explosion und den Schlag verursacht, entstand bey dem D. Franklin, der auch zuerst den Nutzen der zugespitzten metallischen Ableiter zur Beschützung der Gebäude vor den fürchterlichen Wirkungen des Blitzes, angab; einen Gedanken, der mit allgemeinen Beyfall und Bewunderung aufgenommen wurde. Es haben sich aber seit dieser Zeit viele Naturforscher verleiten lassen, ihre Meinung von dem Nutzen dieser Ableiter zu ändern; und unter den Kennern ist gestritten worden, ob man den zugespitzten oder den stumpfgerundeten Ableitern den Vorzug zu geben habe.

Die Versuche, welche man hierüber angestellt hat, sind zwar sehr zahlreich, sie scheinen mir aber größtentheils nicht viel zu beweisen, und zeigen die Sache nur aus einem sehr eingeschränkten Gesichtspunkte.

G 4   Ein

Ein zugespitzter und mit der Erde verbundener Ablei=
ter hat nicht etwa eine besondere Kraft, die Elektricität
an sich zu ziehen, sondern er wirkt blos wie jede andere
leitende Substanz, welche dem Durchgange der elektrischen
Materie nicht widersteht.

Zwar geht die Elektricität freylich aus einem elektri=
firten Körper weit leichter in einen zugespitzten, als in ei=
nen platt oder kugelförmig geendeten Ableiter über ; weil
die Elasticität der elektrischen Materie und ihre Kraft die
Luft zu durchbrechen, durch die platte Oberfläche geschwächt
wird, welche eine entgegengesetzte Elektricität annimmt,
und die Intensität der elektrischen Materie mehr vermin=
dert, als eine Spitze thun kan, da hingegen die Spitze
leicht einsauget, weil in diesem Falle das Bestreben der
Materie, aus dem elektrisirten Körper herauszugehen, grö=
ßer ist, als wenn ihm eine platte Oberfläche entgegen=
stehet. Es ist also nicht eine besondere Eigenschaft der
Spitze und der platten Fläche, sondern es ist der verschie=
dene Zustand des elektrisirten Körpers die Ursache, um de=
ren willen die Elektricität leichter und auf eine größere
Weite übergeht, wenn ihr ein zugespitzter Leiter, als wenn
ein platter oder kugelförmiger Ableiter entgegensteht. *)

Die Fähigkeit der Ableiter, Elektricität aufzunehmen,
steht im Verhältniß mit der Größe der Oberfläche, wel=
che frey ist, oder auf welche keine ähnliche Atmosphäre
wirkt; ein Umstand, der auf die Ableiter an den Gebäu=
den mehr oder weniger Einfluß hat, nach Beschaffenheit
der Wolken und ihrer Atmosphären, der Zeit, in welcher
sich ihr Einfluß äußert, der Natur der leitenden Erdschich=
ten und ihrer elektrischen Lage.

Fig. 68. stellt die Giebelseite eines Hauses vor, wel=
che senkrecht auf dem horizontalen Fußbrete F G befestiget
ist.

*) Man s. Volta's Abhandl. in den Philos. Transact. Vol.
LXXII.

ift. Bey h i ift in dieſelbe eine vieredigte Höhlung ein-
geſchnitten, in welche ein hölzernes Quadrat einpaſſet,
über deſſen Diagonallinie ein Drath hinweggeht. Auch
ſind zween Dråthe an dem Giebel ſelbſt befeſtiget, das untere Ende des einen geht an die obere Ecke der quadrati-
ſchen Höhlung, das obere Ende des andern an ihre untere Ecke. Die meſſingene Kugel kan von dem Drathe abgenommen werden, um nach Erfordern der Umſtände das
zugeſpiste Ende dem Schlage auszuſesen.

144. Verſuch.

Man bringe den Knopf einer Flaſche in Berührung
mit dem Conductor, verbinde den Boden der Flaſche mit
dem Haken H, lade die Flaſche und bringe die Kugel unter den Conductor, ſo wird die Flaſche durch eine Exploſion aus dem Conductor in die Kugel auf dem Hauſe entladen werden. Sind nun die Dråthe und Ketten alle in
Verbindung, ſo wird der Schlag bis in die äußere Seite
der Flaſche geleitet werden, ohne das Haus zu beſchädi-
gen; iſt aber das quadratiſche Holz ſo geſtellet, daß die
Dråthe dadurch nicht verbunden werden, ſondern die Com-
munikation abgeſchnitten iſt, ſo wird die elektriſche Materie, bey ihrem Uebergange in die äußere Seite der Flaſche, das kleine Holz durch die Lateralkraft des Schlages
bis auf eine beträchtliche Weite fortwerfen. Man ſehe
Fig. 68.

Man ſchraube nun die Kugel ab, und bringe die darunter befindliche Spise gegen den Conductor, ſo wird man
nicht im Stande ſeyn, die Flaſche zu laden; denn die
ſcharfe Spise zieht nach und nach die Elektricität aus
dem Conductor, und führt ſie in die äußere Belegung der
Flaſche.

Hiebey ſtellt der erſte Leiter eine Gewitterwolke vor,
welche ihre Elektricität an einen Wetterhahn, oder einen
andern metalliſchen Theil an der Spise eines Hauſes ab-

giebt.

giebt. Viele haben aus diesem Versuche geschlossen, daß das Gebäude keinen Schaden leide, wenn eine metallische Verbindung die elektrische Materie bis in die Erde herabführen kan; daß hingegen diese Materie, wenn die Verbindung unvollkommen ist, von einem Theile zum andern überspringe, und dadurch das ganze Gebäude beschädige.

145. Versuch.

Herr Henly stellte auf einen gläsernen Fuß einen Drath, welcher drey Achtel eines Zolles im Durchmesser hielt, an dem einen Ende eine Kugel von drey Viertels Zoll Durchmesser, und an dem andern eine sehr scharfe Spitze hatte. (Man s. Fig. 69.) Um die Mitte dieses Draths hieng eine 12 Zoll lange Kette; er verband diese Kette mit der Belegung einer geladenen Flasche, und brachte den Knopf derselben sehr langsam gegen die Kugel des isolirten Draths, um genau zu beobachten, in welcher Entfernung der Schlag erfolgen würde; welches allezeit in der Weite eines halben Zolles mit einer lauten und starken Explosion geschahe. Hierauf lud er die Flasche wieder, und brachte ihren Knopf eben so langsam gegen die Spitze des isolirten Draths, um auch hier zu versuchen, in welcher Weite der Schlag erfolgen würde; hier aber erfolgte nach vielen Versuchen, gar kein Schlag; die langsam genäherte Spitze zog allezeit die Ladung unmerklich und stillschweigend aus, so daß kaum das schwächste Fünkchen in der Flasche zurückblieb.

146. Versuch.

Eben dieser Gelehrte verband eine Flasche von 509 Quadratzoll belegter Fläche mit dem ersten Leiter (s. Fig. 68.) War die Flasche so stark geladen, daß sie das Elektrometer auf 60° erhob, und brachte er die Kugel auf dem Donnerhause der Kugel am ersten Leiter bis auf einen halben Zoll nahe, so ward die Flasche entladen, und das

Holz

Holz im Donnerhauſe bis auf eine beträchtliche Weite herausgeworfen. Gebrauchte er aber ſtatt der Kugel den zugeſpitzten Drath des Donnerhauſes, ſo ward die Flaſche
zwar ſchnell, aber doch ohne Schlag entladen, und das
Holz blieb ruhig an ſeiner Stelle.

147. Verſuch.

Er machte hierauf eine doppelte Verbindung am Donnerhauſe; die eine durch eine Kugel, die andere durch einen ſcharf zugeſpitzten Drath. Beyde ſtanden $1\frac{1}{4}$ Zoll von
einander, aber in einerley Höhe. Bey eben ſo ſtarker Ladung, als vorher, brachte er zuerſt die Kugeln unter den
erſten Conductor, ſo daß dieſer einen halben Zoll über ihr,
die Spitze aber $1\frac{1}{4}$ Zoll von ihr abſtand; allein die Kugel erhielt keinen Schlag, indem die Spitze die Ladung
ſtillſchweigend auszog. Auch blieb das Holz im Donnerhauſe unbewegt liegen.

148. Verſuch.

Er iſolirte eine große Flaſche, und verband durch Ketten mit der äußern Belegung, auf einer Seite eine Kugel, auf der andern einen ſcharf zugeſpitzten Drath. Beyde waren iſolirt, und ſtanden 5 Zoll weit von einander.
(ſ. Fig. 70.) Er ſtellte nunmehr eine iſolirte kupferne
Kugel von 8 Zoll im Durchmeſſer ſo, daß ſie gerade einen halben Zoll weit ſowohl von dem Knopfe als von
der Spitze abſtand. Die Flaſche ward geladen, und die
Entladung geſchahe vermittelſt des Ausladers auf die Kugel, aus welcher ſie in den Knopf A überſprang, der drey
Viertel Zoll im Durchmeſſer hielt. Die Exploſion war
ſehr laut und ſtark, und die Kette leuchtete.

149. Verſuch.

Herr Henly hieng an das Ende eines hölzernen
Stabes, der ſich in horizontaler Richtung frey um eine
Ma-

Nadelspitze drehen konnte, mit seidnen Schnüren eine grosse mit Metallblättchen vergoldete Ochsenblase auf, die durch ein Gegengewicht am andern Ende des Stabes gehalten wurde. Man sehe Fig. 71. Er gab dieser Blase einen starken Funken aus dem Knopfe einer geladenen Flasche, und näherte ihr alsdann eine messingene Kugel von 2 Zollen im Durchmesser, wobey er bemerkte, daß die Blase der Kugel auf 3 Zoll weit entgegen kam, und als sie noch um einen Zoll entfernt war, die Elektricität in einen starken Funken übergieng. Er gab hierauf der Blase einen neuen Funken, und näherte ihr einen zugespitzten Drath. Diesem kam sie nicht entgegen, gab ihm auch keinen Funken, sondern ihre Elektricität gieng stillschweigend in die Spitze über.

150. Versuch.

Man nehme 2 bis 3 Flocken feine Baumwolle, befestige eine davon mit einem feinen Faden an den Conductor, die zwote an die erste, und die dritte an die zwote, und drehe die Maschine, so werden die baumwollenen Flocken ihre Fäden ausbreiten, und sich gegen den Tisch zu verlängern. Man halte eine scharfe Spitze gegen die unterste, so wird sie aufwärts gegen die zwote, diese gegen die dritte, und alle zusammen gegen den Conductor zusammenschrumpfen, und in diesem Zustande so lange bleiben, als die Spitze darunter steht.

151. Versuch.

Man befestige eine Menge feine Fäden oder Haare an das Ende des ersten Leiters; wenn man nun den Cylinder umdreht, so werden dieselben wie Halbmesser des Kreises vom Mittelpunkte aus divergiren: man fahre fort, den Cylider zu drehen, und bringe eine Spitze gegen die eine Seite des Conductors, so werden die Fäden an dieser Seite herabfallen, und ihre Divergenz verlieren; die an=
der

der andern Seite aber werden noch immer divergiren. Hieraus erhellet, daß das Vermögen der Spitzen, die Elektricität auszuziehen, sich nicht rund um den elektrisirten
Körper herum erstrecke, wenn Mittel angewendet werden,
den Verlust der Elektricität zu ersetzen.

Fig. 72 zeigt ein ovales Bret, 3 Schuhe lang und
2 Schuhe breit, auf beyden Seiten mit Stanniol belegt,
und mit seidnen Fäden an den beyden Armen eines Hebels aufgehangen. Dieser Hebel dreht sich um eine Achse,
welche an den einen Arm einer feinen Wage befestiget ist,
und am andern Arme durch ein Gegengewicht gehalten wird.
Ein Theil des Tisches unter dem Brete muß mit Stanniol belegt, und durch eine Kette mit dem Boden verbunden werden.

152. Versuch.

Man verbinde das herabhangende Bret durch einen
feinen Drath mit dem ersten Leiter, so wird durch einige
wenige Umbrehungen der Maschine der ganze Apparatus
elektrisiret. Bey Anstellung dieses Versuchs ward das Bret
vom Tische auf 15 Zoll weit angezogen, und entlud sich
von selbst mit einem starken Funken. Eben dieses erfolgte, wenn man eine metallene Kugel auf den Tisch stellte,
und das Bret derselben bis auf einen Zoll weit näherte,
da es sich denn mit einen Funken entlud. Befestiget man
statt der Kugel eine Spitze auf den Tisch, so fängt das
hangende Bret zwar an, sich derselben zu nähern, allein
es steht 4 — 5 Zoll weit vom Tische still, und kömmt
nicht näher, giebt auch keinen Funken: im Dunkeln sieht
man ein schwaches Licht an der Spitze. Es ward hierauf eine leidner Flasche mit dem ersten Leiter verbunden;
und nun waren mehrere Umbrehungen der Maschine nöthig, um den Apparatus zu laden; die Wirkung aber
war eben so, wie vorher. Man hielt das Gegengewicht,
damit das Bret nicht eher herabsinken möchte, bis es die
völlige Ladung erhalten hätte; sobald man es aber frey
ließ,

ließ, ward es nicht allein von der Spiße angezogen, sondern gab ihr auch eine sehr laute und starke Explosion,
daß sogar der umliegende Stanniol von dem darüber flie-
genden Feuer befleckt ward.

Der nachfolgende Versuch ist aus Herrn Wilsons
Nachricht von den im Pantheon über die Na-
tur und den Nutzen der Ableiter angestellten
Versuchen genommen. Er ward in der Absicht ange-
stellt, um auszumachen, was in dem Versuche des Herrn
Henly, welcher bey uns der 148ste ist, fehlerhaft sey.
Die gemachte Verbindung bestand aus zween Theilen.

Den einen Theil machte ein gebogener messingener
Stab aus, an dessen oberes Ende eine messingene Kugel
von drey Viertel Zoll Durchmesser, an das untere aber eine kupferne Kugel von 5 Zoll Durchmesser, angeschraubt
war. Dieser Theil stand auf einem hölzernen Fuße mit
einer messingenen Haube, in welche der messingene Stab
erforderlichen Falls eingeschraubt werden konnte.

Der andere Theil der Verbindung bestand ebenfalls aus
einem messingenen Stabe, dessen Ende gabelförmig gebogen war, mit zween Spißen, die sich nach dem Mittelpunkte der kupfernen Kugel richteten. Diese Spißen waren so eingerichtet, daß man sie nach Erfordern des Versuchs länger oder kürzer machen konnte. Am Ende der
einen Spiße war eine messingene Kugel von drey Viertel
Zoll Durchmesser, und am Ende der andern eine stählerne Spiße oder Nadel befestiget. Der Stiel dieser Gabel
war in eine kleine eiserne Platte geschraubt, welche an der
innern Seite eines hölzernen Gefäßes befestiget war, das
den größten Theil einer cylindrischen gläsernen Flasche um-
schloß. Diese Flasche war zwölf und drey Viertel Zoll
hoch, und hatte ohngefähr 4 Zoll im Durchmesser. Dieses Glas war stärker, als sonst gewöhnlich, und hatte an
jeder Seite ohngefähr 144 Quadratzoll Stanniolbelegung. Ueberdies war auch ein Theil der inwendigen

Seite des hölzernen Gefäßes mit Stanniol belegt, um eine bessere Verbindung zwischen der eisernen Platte und der
äußern Belegung der Flasche machen zu können.   In die
Flasche selbst war ein hölzerner ebenfalls mit Stanniol
überzogner Cylinder befestiget, um die innere Belegung
des Glases desto besser mit dem messingenen Stabe zu
verbinden, der aus der Mitte des hölzernen Cylinders senkrecht herauf gieng.   Dieser aufwärts gehende Stab hatte
am Ende eine messingene Kugel von drey Viertel Zoll
Durchmesser, und war gegen den ersten Theil der Verbindung zu gebogen, so daß die beyden Kugeln A und B,
Fig. 73. wagrecht gegen einander standen, aber von Zeit
zu Zeit nach Erfordern in andere Entfernungen von einander gestellt werden konnten, und sich also statt eines
Elektrometers brauchen ließen.

Herr Wilson fieng die Versuche da an, wo das
Elektrometer bis auf die größte Weite von dem Schlage
getroffen wurde, und richtete die Distanzen der Kugel gehörig darnach ein, daß, wenn der Schlag die Spitze traf,
eine Verrückung der Kugel um $\frac{1}{32}$ Zoll machte, daß die
Kugel nur allein, und die Spitze nicht getroffen wurde,
und umgekehrt.   Hierauf verminderte er die Schlagweite
des Elektrometers in jedem Versuche, bis er die geringste
Weite erreicht hatte.

Alle diese Versuche wurden hierauf mit umgekehrtem
Apparatus wiederholt, daß nämlich die Kugel auf die
Flasche und die Gabel auf das Stativ befestiget ward;
als diese Reihe von Versuchen vollständig war, stellte er
noch andere an, wobey zuerst die Kugel allein, und dann
die Spitze allein gegen die kupferne Kugel gehalten ward.

Nachdem alle diese Versuche vollendet waren, wie sie
in der ersten Tabelle verzeichnet sind, wiederholte er auch
die Versuche mit der Kette nach Herrn Henly's Art.
Ihre Resultate so wohl, als die mit dem umgekehrten
Apparatus sind in der zweyten Tabelle verzeichnet.

Er-

Erste Tafel.

Versuche bey D. Higgins am 19 Junii 1778 mit der leidner Flasche und dem gabelförmigen Apparatus.

Anm. Alle in den Tafeln vorkommende Maaße beziehen sich auf Zweyunddreißigtheile des Zolles.

Die Zahl bey dem Worte: **Elektrometer** bedeutet die Entfernung der Kugeln des Elektrometers von einander; die Zahlen bey den Worten: **Kugel** und **Spitze** zeigen die größten Distanzen, bis auf welche jedes von ihnen den Schlag empfieng.

	Kugel und Spitze zugleich	Kugel allein	Spitze allein	Umgekehrt. Apparatus	Kugel allein	Spitze allein
Elektrom.	32	32	32	32	32	32
I. Kugel	34	48	—	34	36	—
Spitze	45	—	88	43	—	42
E.	28	28	28	28	28	28
II. K.	30	43	—	36	33	—
Sp.	38	—	78	42	—	39
E.	25	26	26	25	25	26
III. K.	28	36	—	31	32	—
Sp.	37	—	67	32	—	33
E.	20	20	20	20	20	20
IV. K.	28	29	—	29	25	—
Sp.	51	—	64	28	—	24
E.	16	16	16	16	16	16
V. K.	22	20	—	22	23	—
Sp.	44	—	47	24	—	26
E.	13	13	13	13	13	13
VI. K.	21	14	—	16	18	—
Sp.	38	—	36	22	—	22
E.	10	10	10	10	10	10
VII. K.	12	10	—	13	12	—
Sp.	18	—	25	20	—	20

Zwey,

Zweyte Tafel.

Versuche mit der Kette, nach Herrn Henly's Art.

Kugel und Spitze zugleich.			Umgekehrter Apparatus.	
Elektrometer	21	—	23	23
Kugel	26	—	28 bey einer Wiederholung	26
Spitze	24	—	26	30

Dritte Tafel.

Versuche der ersten und zweyten Tafel, wiederholet bey Herrn **Partington** am 23 Jun. 1778, mit einer messingenen Kette statt der Gabel.

		Kugel und Spitze zugleich	Kugel allein	Spitze allein	Umgekehrt. Apparatus	Kugel allein	Spitze allein
I.	Elektrom.	32	32	32	32 •	32	32
	Kugel	40	39	—	30 •	29	—
	Spitze	76	—	71	38 •	—	39
II.	E.	28	28	28	28 •	28	28
	K.	33	36	—	29	28	—
	Sp.	72	—	66	37 •	—	38
III.	E.	25	26	26	25 •	25 · 26	26
	K.	33	33	—	28 · wiederholt	28 · 27	—
	Sp.	46	—	64	35	37 · —	37
IV.	E.	20	20	20	20 •	20	20
	K.	21	23	—	24 •	24	—
	Sp.	50	—	60	26 •	—	27
V.	E.	16	16	16	16 •	16	16
	K.	21	15	—	19 •	19	—
	Sp.	55	—	53	21 •	—	24
VI.	E.	13	13	13	13 •	13	13
	K.	16	11	—	14	15	—
	Sp.	44	—	42	19 •	—	22
VII.	E.	10	10	10	10 •	10	10
	K.	11	9	—	11 •	12	—
	Sp.	38	—	37	19 •	—	19

Elektrometer	21			23
Kugel	24	Umgekehrter Apparatus		25
Spitze	64			30

„Seitdem es bekannt ist, sagt Herr **Wilson**, daß
„ die Elektricität mit dem Blitze einerley sey, ist auch
„ durchgängig zugegeben worden, daß man in Ländern,
„ wo die Gewitter häufig sind, der Ableiter zur Sicher-
„ heit der Gebäude nicht wohl entbehren könne. Der
„ Grundsatz, nach welchem die Ableiter wirken, ist dieser:
„ daß die elektrische Materie, wenn sie durch irgend eine
„ Kraft angetrieben wird, allezeit dahin gehe, wo sie den
„ wenigsten Widerstand findet. Da ihr nun die Metalle
„ den wenigsten Widerstand bey ihrem Fortgange entge-
„ gensetzen, so wird sie allezeit eher an einem metallenen
„ Stabe fortlaufen, als einen andern Weg suchen. Man
„ muß aber hiebey bemerken, daß die Electricität nie-
„ mals in einen Körper bloß um dieses Körpers selbst
„ willen geht, sondern nur, in so fern sie durch ihn an den
„ Ort ihrer Bestimmung gelangen kann. Wenn durch
„ eine Elektrisirmaschine eine Menge Elektricität aus der
„ Erde gesammlet wird, so erhält ein mit der Erde ver-
„ bundener Körper einen starken Funken aus dem ersten
„ Leiter; diesen Funken bekömmt er nicht darum, weil er
„ etwa fähig wäre, alle im Cylinder und Conductor ent-
„ haltene Elektricität in sich aufzunehmen, sondern darum,
„ weil der natürliche Zustand der elektrischen Materie
„ durch die Bewegung der Maschine gestört ist, und ein
„ Strom von dergleichen Materie aus der Erde gelockt
„ wird. Daher bestreben sich die natürlichen Kräfte, das,
„ was auf diese Art aus der Erde gezogen wird, derselben
„ wieder zu ersetzen; und da der Ueberschuß, welcher sich im
„ Conductor befindet, zu Ersetzung dieses Mangels gerade
„ am geschicktesten ist, weil er zu keiner weitern Absicht
„ verwendet wird, so zeigt er jederzeit ein Bestreben, wie-
„ der zur Erde zurückzukehren. Wird alsdann ein leiten-
„ der mit der Erde verbundener Körper dem ersten Leiter
„ genähert, so richtet sich die ganze Kraft der Elektricität
„ gegen diesen Körper; nicht bloß darum, weil er ein Lei-
„ ter ist, sondern, weil er an die Stelle leitet, nach wel-

„cher

„ cher die elektriſche Materie durch die in ihr herrſchenden
„ natürlichen Kräfte getrieben wird, und nach der ſie ſich
„ auch andere Wege bahnen würde, wenn ihr gleich dieſer
„ leitende Körper nicht wäre dargeſtellt worden. Daß
„ dies wirklich der Fall ſey, ſieht man leicht, wenn man
„ dem Conductor der Maſchine eben dieſe leitende Sub-
„ ſtanz in einem iſolirten Zuſtande entgegenſtellet, wobey
„ nur ein ſehr ſchwacher Funken entſteht. Eben ſo, wenn
„ der Blitz einen Baum, ein Haus oder einen Ableiter
„ trift, geſchieht dies nicht darum, weil dieſe Gegenſtände
„ hoch oder der Wolke nahe ſind, ſondern weil ſie mit einer
„ Stelle unter der Erdfläche in Verbindung ſtehen, gegen
„ welche das Beſtreben des Blitzes gerichtet iſt, und an
„ welche derſelbe gewiß auch gelangt wäre, wenn gleich
„ keiner der erwähnten Gegenſtände dazwiſchen geſtanden
„ hätte.

„ Wenn die Atmoſphäre anfängt, entweder negativ
„ oder poſitiv elektriſirt zu werden, ſo nimmt die Erde ver-
„ mittelſt der Unebenheit und Feuchtigkeit ihrer Oberfläche,
„ hauptſächlich aber durch die auf ihr wachſenden Vegeta-
„ bilien dieſe Elektricität ebenfalls an, und wird bald auf
„ gleiche Art mit der Atmoſphäre elektriſirt; dieſe Mit-
„ theilung aber hört in kurzer Zeit auf, weil ſie nicht fort-
„ dauren kann, ohne zugleich die ganze in der Erde ſelbſt
„ enthaltene elektriſche Materie in Bewegung zu ſetzen.
„ Nunmehr entſtehen aus bereits angegebnen Urſachen
„ unter der Oberfläche der Erde abwechſelnde Zonen von
„ poſitiver und negativer Elektricität. Der Wetterſtral
„ entſteht jederzeit zwiſchen der Atmoſphäre und einer dieſer
„ Zonen. Nimmt man z. B. an, die Atmoſphäre ſey
„ poſitiv elektriſiret, ſo wird die Erdfläche durch die Bäu-
„ me u. ſ. f. bald ebenfalls poſitiv elektriſiret werden; wir
„ wollen annehmen bis auf eine Tiefe von 10 Schuh:
„ weiter kann die Elektricität nicht dringen, weil ihr die
„ elektriſche Materie im Innern der Erde zu ſtark wider-
„ ſteht. In der Tiefe von 10 Schuh fängt eine Zone

„ von

„ von negativ elektrisirter Erde an, von welcher die Elek-
„ tricität der Atmosphäre angezogen wird. Diese kann
„ aber nicht in die negative Zone gelangen, ohne vorher
„ die darüber liegende positive zu durchbrechen, und alle
„ ihr im Wege liegende schlechte Leiter zu zerschmettern.
„ Man kann also sicher behaupten, daß der Bliß da durch-
„ schlagen werde, wo die Zone von positiv elektrisirter Er-
„ de am dünnsten ist, es mag sich nun daselbst ein Leiter
„ befinden oder nicht. Ist ein Leiter vorhanden, so wird
„ ihn der Bliß unfehlbar treffen, er sey nun zugespißt oder
„ stumpfgeendet: er würde aber an dieser Stelle auch ein
„ Gebäude ohne Leiter, und wenn kein Gebäude da gewesen
„ wäre, den Boden selbst getroffen haben. Steht hinge-
„ gen ein Gebäude mit seinem Ableiter an einer Stelle,
„ wo die positiv elektrisirte Zone sehr dick ist, so wird we-
„ der der Ableiter die Elektricität stillschweigend abführen,
„ noch der Bliß dahin treffen; obgleich derselbe vielleicht
„ einen weit niedriger liegenden Gegenstand oder wohl gar
„ den Boden selbst ganz nahe dabey treffen kann; aus der
„ Ursache, weil daselbst die positiv elektrisirte Zone dünner
„ ist, als an dem Orte des Ableiters.

„ Der Saß, daß ein zugespißter Ableiter eine Ge-
„ witterwolke ihrer ganzen Elektricität berauben könne,
„ scheint auf den ersten Blick sehr interessant, ist aber,
„ wenn man ihn genau betrachtet, lächerlich. Unzählige
„ Gegenstände auf der Erdfläche ziehen die Elektricität
„ eben so wohl an, als der Ableiter, wenn sie sich an-
„ ders aus der Wolke ziehen ließe; es ist aber unmöglich,
„ dieses zu bewirken, weil alle diese Gegenstände einerley
„ Elektricität mit den Wolken selbst haben.

„ Ueberdies hat *Beccaria* beobachtet, daß während
„ des Fortgangs und Zunehmens der Gewitter, wenn
„ auch der Bliß noch so häufig in die Erde schlägt, den-
„ noch die Wolke den Augenblick darauf wieder bereit sey,
„ eine noch größere Explosion zu machen, und daß sein

„Appa-

,, Apparatus nach dem Schlage immer noch so stark elektri-
,, sirt geblieben sey, als vor demselben.

,, Der Ableiter hat nicht einmal das Vermögen, den
,, Bliß um wenig Schuhe von der Richtung, die er sich
,, selbst gewählt hat, abzulenken: wir haben hievon ein sehr
,, entscheidendes Beyspiel an dem Magazin zu Purfleet in
,, Essex gesehen. Dieses Haus war mit einem Ableiter
,, versehen, der über den höchsten Theil des Gebäudes her-
,, vorragte; demohngeachtet schlug ein Wetterstral in eine
,, eiserne Klammer an der Ecke des Gebäudes, welche weit
,, niedriger lag, als die Spitze des Ableiters, und von der-
,, selben nur 46 Schuh weit in einer obhangenden Linie
,, abstand.

,, Hier war der Ableiter, mit aller seiner Kraft, die
,, Elektricität auszuziehen, nicht im Stande, den Schlag
,, zu verhüten, noch ihn 46 Schuh weit von seinem Wege
,, abzulenken. In der That verhielt sich die Sache so.
,, Der Bliß ward bestimmt, an dem Orte, wo das Schif-
,, magazin steht, oder nahe dabey in die Erde zu gehen;
,, der am Hause befindliche Ableiter bot ihm zwar an sich
,, den leichtesten Weg dar, allein da sich 40 Schuh Luft
,, zwischen der Spitze des Ableiters und der Stelle der Ex-
,, plosion befanden, so war der Widerstand geringer, wenn
,, der Bliß durch die stumpfe eiserne Klammer und einige
,, wenige vom Regen befeuchtete Ziegel in die Seite der
,, metallischen Leitung gieng, als wenn er seinen Weg
,, durch 46 Schuh Luft in die Spitze des Ableiters nahm;
,, und in der That folgte er auch dem erstern Wege.

,, Die Blitze, welche im Zikzak gehen, sind die ge-
,, fährlichsten, weil sie einen sehr heftigen Widerstand in
,, der Atmosphäre überwinden müssen. Wenn sie also ir-
,, gendwo einen nur im geringsten Grade schwächern Wider-
,, stand antreffen, so schlagen sie unfehlbar dahin, auch
,, bis auf eine beträchtliche Weite. Ganz anders ist es
,, mit denjenigen Blitzen, welche unter keiner bestimmten
,, Gestalt erscheinen: bey ihnen wird die elektrische Mate-

H 3 ,,rie

„ rie augenscheinlich durch leitende Subſtanzen zerſtreut,
„ und ihre Kraft dadurch vermindert.

„ Die allerverderblichſten Blitze aber ſind diejenigen,
„ welche tie Form der Feuerbälle annehmen. Dieſe ent-
„ ſtehen durch eine außerordentlich große Gewalt der Elek-
„ tricität, tie ſich nach und nach anhäufet, bis der Wider-
„ ſtant ter Atmoſphäre nicht mehr vermögend iſt, ſie zu-
„ ſammen zu halten. Gemeiniglich brechen tie Blitze
„ aus der elektriſirten Wolke durch Annäherung einer lei-
„ tenden Subſtanz aus; allein dieſe Feuerbälle ſcheinen
„ nicht durch eine Subſtanz, welche die elektriſche Materie
„ der Wolke an ſich zieht, zu entſtehen, ſondern bloß da-
„ her, weil ſich tie Elektricität in ſolcher Menge anhäuſt,
„ daß die Wolke ſie nicht länger halten kann. Daher ge-
„ hen dieſe Bälle langſam fort, haben keine beſtimmte
„ Richtung, und es zeigt ſogleich ihr Anſehen eine unge-
„ mein ſtarke Anhäufung und Bewegung der Elektricität
„ in der Atmoſphäre an, ohne eine verhältnißmäßige Dis-
„ poſition der Erde, ſie aufzunehmen. Inzwiſchen wird
„ dieſe Diſpoſition durch tauſenderley Umſtände verändert,
„ und diejenige Stelle, welche am erſten fähig wird, Elek-
„ tricität aufzunehmen, wird auch zuerſt von dem Feuer-
„ balle getroffen. Man ſieht daher, daß ſich die Blitze
„ dieſer Art eine lange Zeit langſam in der Luft vor- und
„ rückwärts bewegen, und dann plötzlich auf ein oder auf
„ mehrere Gebäude fallen, je nachdem dieſelben zu der Zeit
„ mehr oder weniger von der entgegengeſetzten Elektricität
„ enthalten. Sie laufen auch wohl längſt dem Erdboden
„ hin, theilen ſich in mehrere Theile, und veranlaſſen
„ mehrere Schläge auf einmal.

„ Es iſt ſehr ſchwer, dieſe Art von Blitzen durch
„ unſere elektriſchen Verſuche nachzuahmen. Die einzi-
„ gen Fälle, in welchen dieſes einigermaßen geſchehen iſt,
„ ſind diejenigen, in welchen D. Prieſtley den Schlag
„ einer Batterie durch eine beträchtliche Weite über die
„ Oberfläche von rohem Fleiſch, Waſſer ꝛc. gehen ließ.

„ Wenn

„ Wenn es in dieſen Fällen während der Zeit, in welcher
„ die elektriſche Materie über die Oberfläche des Fleiſches
„ gieng, möglich wäre, die metalliſche Verbindung durch
„ Wegnehmung der Kette zu unterbrechen, ſo wäre die
„ entladene elektriſche Materie genau in dem Falle der er-
„ wähnten Feuerbälle; d. i. ſie hätte keinen Leiter, der ſie
„ weiter führen könnte. Die negative Seite der Batterie
„ wäre der Ort ihrer Beſtimmung, ſie könnte aber nicht
„ leicht dahin gelangen, wegen der im Wege liegenden
„ großen Menge von Luft, und der Unfähigkeit der
„ benachbarten Körper, Elektricität aufzunehmen. Wenn
„ nun aber während der Zeit, in welcher die elektriſche
„ Materie aus Mangel eines Leiters ſtill ſtünde, jemand
„ in der Nähe der negativen Seite der Batterie wäre,
„ oder dieſelbe berührte, und zugleich ſeinen Finger gegen
„ dieſen dem Anſcheine nach unſchädlichen hellen Körper
„ hielte, ſo würde er augenblicklich einen ſtarken Schlag
„ erhalten, weil nunmehr durch ſeinen Körper eine freye
„ Verbindung entſtünde, und die Kräfte, durch welche die
„ elektriſche Materie von einer Stelle zur andern getrieben
„ wird, dieſelbe durch ihn führen würden. Nehmen wir
„ aber an, eine mit der Batterie nicht verbundene Perſon
„ halte den Finger gegen dieſen Körper, ſo würde dieſe
„ vielleicht einen gelinden Funken, aber keinen beträchtli-
„ chen Schlag von demſelben erhalten.

„ Hieraus läßt ſich die dem Anſcheine nach ſo eigen-
„ ſinnige Natur aller Blitze, beſonders aber derer, welche
„ in Form der Feuerbälle erſcheinen, erklären. Biswei-
„ len treffen ſie Bäume, hohe Gebäude u. dgl. ohne be-
„ nachbarte Hütten, Menſchen, Thiere ꝛc. zu beſchädi-
„ gen; zu andern Zeiten ſchlagen ſie auf niedrige Gebäu-
„ de, Viehheerden ꝛc., indeß hohe Bäume und Thürme
„ in der Nachbarſchaft verſchont bleiben. *) Die Urſache

H 4 „hievon

---

*) Hievon führt Herr Achard in einer der berliner Akademie vor-
geleſenen Abhandlung zwey merkwürdige Beyſpiele an. Und Beccaria warnt jedermann, ſich bey Gewittern mit einem hohern, oder

„ hievon ist, weil es unter der Erdfläche eine Zone giebt,
„ in welche der Bliß (wenn man sich so ausdrücken darf)
„ zu schlagen sucht, weil sie eine dem Blitze selbst entge-
„ gengesetzte Elektricität hat. Es werden daher diejeni-
„ gen Gegenstände vom Blitze getroffen, welche die voll-
„ kommensten Leiter zwischen den elektrisirten Wolken und
„ der gedachten Zone ausmachen, sie mögen hoch oder nie-
„ drig seyn. Gesetzt, es bilde sich über einem gewissen
„ Theile der Erdfläche eine positive Wolke; so geht die
„ elektrische Materie aus derselben zuerst in den rund
„ umher liegenden Theil der Atmosphäre aus, und wäh-
„ rend dieser Zeit ist die Atmosphäre negativ elektrisirt.
„ Je größere Theile der Atmosphäre inzwischen dieser elek-
„ trische Strom durchläuft, desto mehr wächst der Wider-
„ stand gegen seine Bewegung, bis zuletzt die Luft eben so
„ wohl, als die Wolke, positiv elektrisiret wird, und bey-
„ de als ein einziger Körper wirken. Dann fängt die Erd-
„ fläche an elektrisiret zu werden, und nimmt vermittelst
„ der auf ihr wachsenden Bäume, des Grases u. s. w. die
„ elektrische Materie stillschweigend auf, bis sie zuletzt
„ ebenfalls positiv elektrisiret wird, und einen Strom von
„ Elektricität von der Oberfläche niederwärts auszusenden
„ anfängt.

„ Wenn die Ursachen, welche die Elektricität anfäng-
„ lich hervorbrachten, noch immer zu wirken fortfahren, so
„ wird die Kraft des elektrischen Stroms ungemein groß.
„ Nunmehr fängt die Gefahr eines Wetterschlags an;
„ denn da die Kraft des Blißes auf eine Stelle unterhalb
„ der Erdfläche gerichtet ist, so wird derselbe gewiß gegen
„ diese Stelle schlagen, und alles, was seinem Durch-
„ gange widersteht, zerschmettern.

„ Nunmehr wird sich auch der Nutzen der Ableiter
„ deutlich zeigen. Denn wir wissen zuverläßig, daß die
„elek-

bessern Leiter zu verbinden, als der menschliche Körper an sich
selbst ist.

„ elektrische Materie in allen Fällen denjenigen Weg vor-
„ ziehe, wo sie den wenigsten Widerstand findet, d. i. den
„ Weg über die Oberfläche der Metalle. Steht also in
„ einem solchen Falle ein mit einem Ableiter versehenes
„ Haus gerade unter der Wolke, und befindet sich zugleich
„ eine Zone von negativ elektrisirtem Erdreich nicht fern
„ von dem Grunde des Gebäudes, so wird der Blitz fast
„ zuverläßig in den Ableiter schlagen; das Gebäude aber
„ wird unbeschädigt bleiben. Hat hingegen das Gebäude
„ keinen Ableiter, so wird der Blitz demohngeachtet an
„ eben der Stelle einschlagen, um in die obenerwähnte
„ elektrisirte Zone zu kommen; jetzt aber wird das Ge-
„ bäude beschädiget, weil die Materialien desselben die elek-
„ trische Materie nicht leicht leiten können. *)

Zehntes Kapitel.
Ladung einer Luftplatte.

Da die Luft ein idioelektrischer Körper ist, so nimmt
sie auch, wie alle dergleichen Körper, eine Ladung
an. Aus dieser Eigenschaft der Luft lassen sich viele Erscheinungen bey den gewöhnlichen elektrischen Versuchen
erklären; denn die Luft, welche einen elektrisirten Leiter

H 5   um-

*) „ Daß die elektrische Materie, welche die Gewitterwolken bil-
„ det und belebet, aus Stellen komme, welche tief unter der
„ Erdfläche liegen, und sich in diesen Stellen entzünde, ist
„ wahrscheinlich, wegen der tiefen Höhlen, welche der Blitz an
„ vielen Orten macht, und wegen der gewaltsamen Ueberschwem-
„ mungen bey Gewittern, welche nicht durch Regen, sondern
„ durch Wasser entstehen, welches aus dem Innersten der Erde
„ hervorbricht, und durch eine innere Erschütterung aus der-
„ selben muß seyn getrieben worden- „ s. Priestleys Geschichte
der Elektricität. S. 328.

umgiebt, ist allezeit einigermaßen mit elektrischer Materie
geladen, und wirkt also auf die Atmosphäre des elektrisirten Leiters nicht allein durch ihren Druck, sondern auch
durch ihre elektrische Kraft. Daß aber die Elektricität
durch eine beträchtliche Menge Luft bringen könne, ist daraus klar, weil man die Luft eines Zimmers auf verschiedene Art elektrifiren kann.

Man überziehe zwey große Bretter mit Stanniol,
hänge das eine mit seidnen Schnüren an der Decke des
Zimmers auf, verbinde es mit dem Conductor der Maschine, und stelle das zweyte parallel mit dem ersten auf
ein isolirendes Stativ, das man leicht erhöhen oder erniedrigen kann, um die Entfernung beyder Bretter nach Gefallen zu verändern. Man kann auch beyde in vertikaler
Stellung auf isolirende Stative von gleicher Höhe setzen,
welches letztere in den meisten Fällen als das bequemste
wird befunden werden. Diese Breter sind als Belegungen der zwischen ihnen befindlichen Luftplatte anzusehen.

152. Versuch.

Man verbinde das obere Brett mit dem positiven Conductor, das andere mit dem Boden, und drehe den Cylinder, so wird das obere positiv, das untere negativ elektrisiret. Die Luft zwischen beyden wirkt nunmehr, wie
eine Glasplatte, sie trennt beyde Elektricitäten, und hält
sie auseinander. Berührt man die negative Platte mit einer Hand, und die obere mit der andern, so erhält man
einen Schlag, welcher dem aus einer leidner Flasche ähnlich ist.

Man fühlt den elektrischen Schlag allezeit, wenn eine Menge elektrischer Materie plötzlich und in einem Augenblicke durch den Körper geht. Die Stärke des Schlags
steht mit der Menge der angehäuften Elektricität, und mit
der Schwierigkeit ihres Durchgangs im Verhältniß; denn
die ganze Wirksamkeit der Elektricität hängt von ihrer An-

steen-

ftrengung eder von der Kraft ab, mit welcher fie von dem
elektrifirten Körper auszugehen ftrebt.

Wenn fich beyde Platten oder Breter in entgegenge=
fehtem Zuftande befinden, fo ziehen fie einander ftark an,
und kommen zufammen, wofern fie nicht mit Gewalt aus=
einander gehalten werden. Bisweilen entfteht ein Funken
zwifchen beyden, und hebt beyder Elektricitäten auf. Be=
findet fich auf der untern Platte eine Erhöhung, fo wird
der Funken bey der freywilligen Entladung diefelbe treffen.
Die Verfuche mit diefen Platten werden noch angenehmer,
wenn die eine Fläche der obern Platte mit vergoldetem
Leder überzogen ift. Beyde Platten, wenn fie geladen
find, ftellen den Zuftand der Erde und der Wolken bey
einem Gewitter vor. Die Wolken befinden fich in dem
einen, und die Erde im entgegengefehten elektrifchen Zu=
ftande: die dazwifchen liegende Luftplatte wirkt als ein
elektrifcher Körper, und die freywilligen Entladungen ftel=
len die Erfcheinungen des Blihes dar.

Man hat bey diefem Verfuche eine Bemerkung ge=
macht, welche auf einen der vornehmften Grundfähe der
angenommenen Theorie Beziehung zu haben fcheint. Ich
habe fie hier beyfügen wollen, um denen, welche fich mit
der Elektricität befchäftigen, Anlaß zu genauerer Unterfu=
chung der Sache zu geben.

Es fcheint bey diefem Verfuche faft unmöglich, zu
läugnen, daß die Luft von der elektrifchen Materie durch=
drungen werde. Der Abftand beyder Platten von einan=
der ift fo gering, daß es thöricht fcheint, zu behaupten,
diefer Raum werde bloß von einer zurückftoßenden Kraft
durchdrungen, da wir zumal in andern Fällen die elektri=
fche Materie durch weit größere Lufträume bringen fehen.
Wenn aber einmal eine elektrifche Subftanz fich von der
elektrifchen Materie durchdringen läßt, fo entfteht wenig=
ftens eine fehr ftarke Vermuthung, daß alle übrigen die
elektrifche Materie ebenfalls durchlaffen. Wenn alles Glas
für die elektrifche Materie undurchdringlich wäre, fo müßte
man

man natürlicher Weise schließen, daß diese Materie sehr
leicht über die Oberfläche desselben gehen werde. Statt
dessen aber ist vielmehr ihr Bestreben in das Glas einzubringen so groß, daß ein zwischen zwoen hart aneinander
gepreßten Glasplatten durchgehender Schlag diese Platten
allezeit in Stücken bricht, und einen Theil davon sogar
zum feinsten Pulver zermalmet. Diese Wirkung kan keiner andern Ursache zugeschrieben werden, als dieser, daß
die elektrische Materie in die Zwischenräume des Glases
einbringt, und daß bey dem Widerstande, den sie daselbst
antrist, die Gewalt ihrer fortgehenden Bewegung die
Glastheilchen nach allen Richtungen mit Heftigkeit von einander treibt.

153. Versuch.

Man kehre die mit vergoldetem Leder überzogene Seite des obern Brets gegen das untere; stelle eine oder zwo
metallene Halbkugeln auf das untere Brett; verbinde das
obere mit dem positiven, das untere mit dem negativen
Conductor, und setze die Maschine in Bewegung, so wird
das obere Bret seinen ganzen Vorrath von elektrischer Materie in einem starken Strale mit einer heftigen Explosion
an eine von den Halbkugeln abgeben; und man wird an
der Oberfläche des vergoldeten Leders lebhafte Stralen des
elektrischen Lichts in verschiedenen Richtungen sehen. „Die-
„ser Versuch,‟ sagt Becker, „ist dem Blitze mehr
„als ähnlich, es ist die Natur selbst, mit ihrem eignen
„Gewand angethan.‟

Verbindet man eine belegte Flasche mit dem positiven
Conductor so, daß sie mit den Bretern zugleich entladen
werden kann, so werden sich die Lichtstralen noch weiter
ausbreiten, und der Schlag wird noch stärker seyn.

154. Versuch.

Man stecke den Drath, Fig. 10, mit den daran befestigten Federn mitten in das eine Bret, so werden sie

in

in dieser Stellung nicht so stark divergiren, als wenn sie an den Rand des Brets gesetzt werden. Legt man eine Pflaumfeder nahe an den Rand des Brets, so fliegt sie heraus, und dem nächsten Leiter zu; setzt man sie aber in die Mitte, so dauert es sehr lang, ehe sie sich bewegt, und sie giebt kaum das geringste Zeichen einer Anziehung von sich.

155. Versuch.

Man streue Kleyen oder kleine Stückchen Papier auf die Mitte des untern Brets; wenn nun die Maschine in Bewegung gesetzt wird, so werden dieselben sehr schnell wechselsweise angezogen und zurückgestoßen, und auf eine sehr belustigende Art hin und her getrieben. Eine angenehme Veränderung kan man mit diesem Versuche machen, wenn man die Kette von dem untern Brete abnimmt, und es von Zeit zu Zeit mit der Hand berührt: berührt man alsdann beyde Breter zugleich, so hört die Bewegung auf. Die auffallendste Erscheinung bey diesem Versuche aber ist, daß bisweilen, wenn die Elektricität stark ist, eine Menge Papier oder Kleyen sich auf einem Orte anhäufet, und eine Art von Säule zwischen beyden Bretern bildet, welche plötzlich eine schnelle horizontale Bewegung annimmt, und wie eine Wasserhose, nach dem Rande der Breter zuläuft, wo sie sich zerstreuet, und bis auf eine beträchtliche Weite im Zimmer herumgeworfen wird.

156. Versuch.

Man nehme zwo Flaschen, deren eine positiv, die andere negativ geladen ist, stelle sie auf das isolirte Bret so weit von einander, als die Größe des Brets zuläßt; und stelle eine Reihe Lichter in eine hölzerne Tülle, jedes zween Zoll weit von dem andern entfernt und so, daß die Flammen mit einander genau parallel laufen. Bringt man nun diese Lichter plötzlich zwischen die Knöpfe beyder Fla-

schen,

Flaſchen, ſo ſieht man den Funken durch alle Flammen durchſchlagen, und hat die Erſcheinung einer Linie von Feuer, die ſich in tauſenderley verſchiedene Krümmungen vertheilt.

Eilftes Kapitel.
Vom Elektrophor.

Fig. 74. zeigt einen Elektrophor. Der Erfinder dieſes Inſtruments iſt Herr Volta *) von Como in Italien. Es beſteht aus zwo kreisrunden Platten: die untere iſt von Meſſing mit einem Ueberzuge von einer idioelektriſchen Subſtanz bedeckt, insgemein von einem negativ elektriſchen Körper, z. B. Siegellak, Schwefel ꝛc. die obere iſt von Meſſing, und hat einen gläſernen in die Mitte ihrer obern Fläche eingeſchraubten Handgrif.

Harzige elektriſche Körper thun bey dem Elektrophor beſſere Dienſte, als Glas, nicht allein darum, weil ſie die Feuchtigkeit aus der Luft nicht ſo ſtark anziehen, ſondern auch, weil ſie allem Anſchein nach das Vermögen beſitzen, die ihnen mitgetheilte Elektricität länger an ſich zu halten.

Wenn

*) Zwar hat ſchon Herr Wilke in den Abhandl. der königlich ſchwediſchen Akademie der Wiſſenſchaften vom Jahre 1762 eine Vorrichtung beſchrieben, welche im Grunde nichts anders, als ein Elektrophor, iſt. Herr Volta aber gab 1775 dieſem Werkzeuge die gegenwärtige bequeme Einrichtung, und den Namen. Dieſes Werkzeug gehört jetzt unter die vornehmſten Theile der elektriſchen Geräthſchaft. Man ſ. darüber die Zuſätze des Ueberſetzers zu Cavallo's Abhandlung der Lehre von der Elektricität, zwote Aufl. S. 302. u. f. und die daſelbſt angeführten Schriften.   A. d. U.

Wenn man dieses Instrument gebrauchen will, so erregt man zuerst die Elektricität der untern Platte, indem man ihre überzogene Seite mit einem reinen und trocknen Stück Flanell oder Hasenfell reibt; hierauf legt man diese Platte auf den Tisch, den elektrischen Ueberzug oberwärts gekehrt. Zweytens stellt man die Metallplatte auf den elektrischen Ueberzug, wie bey Fig. 74. und 75. Drittens berührt man die Metallplatte mit dem Finger, oder mit einem andern Leiter. Viertens hebt man die Metallplatte mit dem gläsernen Handgrif von dem elektrischen Ueberzuge ab. Wenn nun dieselbe bis auf einige Weite von der untern Platte erhoben wird, so findet man sie stark elektrisirt, und zwar auf eine der Elektricität der untern Platte entgegengesetzte Art; sie giebt einem ihr genäherten Leiter einen Funken. Wiederhohlt man das Verfahren, d. i. setzt man die Metallplatte von neuem auf den elektrischen Ueberzug, und berührt sie mit dem Finger, so kan man ohne neue Reibung des elektrischen Ueberzugs eine große Menge Funken, einen nach dem andern, erhalten.

Folgende Versuche sind in der Absicht angestellet worden, um dieses merkwürdige kleine Instrument zu untersuchen, und finden sich in einer Abhandlung des Herrn Achard in den Schriften der Berliner Akademie vom Jahre 1776.

157. Versuch.

Herr Achard stellte eine kreisrunde Glasplatte, welche ohngefähr $\frac{1}{15}$ Zoll dick war, und einen Schuh im Durchmesser hatte, horizontal auf eine zinnerne Platte, welche das Glas nur in wenig Punkten berührte. Als er die Oberfläche des Glases gerieben hatte, that diese Vorrichtung alle Wirkungen des Elektrophors, woraus er schließt, es sey nicht nöthig, daß die untere Metallplatte den elektrischen Ueberzug mit ihrer ganzen Fläche genau berühre.

158.

158. Verſuch.

Er iſolirte in horizontaler Stellung eine Glasplatte von einem Schuh Durchmeſſer, rieb ſie, ſetzte die obere Platte auf die gewöhnliche Art auf, und erhielt eine Reihe ſchwacher Funken, einen nach dem andern; doch mußte er, wenn Funken entſtehen ſollten, den Finger eine Zeitlang auf der obern Platte liegen laſſen. Wenn er die Glasplatte nicht mit Glas, ſondern mit Siegellak oder Pech iſolirte, ſo fand er die Funken allezeit ſtärker. Aus dieſem Verſuche ſchließt er, daß zu der Hervorbringung der Wirkungen dieſes Inſtruments die untere Platte nicht nöthig ſey, und daß es, wenn auch dieſe fehlet, dennoch alle ſeine Eigenſchaften behalte.

159. Verſuch.

Er rieb die Oberfläche eines Harzelektrophors, ſtellte die Metallplatte darauf, und hob ſie eine kleine Zeit hernach mit dem iſolirenden Handgrif auf, ohne ſie vorher mit dem Finger zu berühren. Sie gab in dieſem Zuſtande keinen Funken, zeigte auch nicht das geringſte Anziehen oder Zurückſtoßen; woraus erhellet, daß der Elektrophor die Metallplatte nicht elektriſiren könne, wenn ſie nicht von einem Körper berührt wird, der ihr Elektricität geben, oder dieſe von ihr annehmen kan.

160. Verſuch.

Man ſtelle die Metallplatte auf einen geriebenen Elektrophor, und bringe den Finger daran, ſo wird ſich zwiſchen beyden ein Funken zeigen. Da nun die elektriſche Materie niemals als ein Funken erſcheint, auſſer wenn ſie plötzlich und mit Gewalt aus einem Körper in den andern übergeht, und da die Metallplatte keine elektriſchen Erſcheinungen zeigt, wenn ſie nicht vorher von einem Leiter iſt berührt worden, ſo können wir hieraus ſchließen, daß der Elektrophor die obere Platte nur alsdann elektriſire,

wenn

wenn dieselbe einen Theil ihrer Elektricität abgegeben oder
neue angenommen hat.

161. Versuch.

Man befestige ein messingenes Stäbchen mit herab-
hangenden Korkkugeln an die Metallplatte, und stelle beydes zusammen auf den Elektrophor, so werden die Kugeln sogleich ein wenig auseinander gehen; man berühre
die obere Platte mit dem Finger, so werden sie wieder zusammenfallen; wenn man aber diese Platte mit ihrem gläsernen Handgriff von dem Elektrophor aufhebt, so gehen
die Kugeln sehr stark, und unter einem großen Winkel,
auseinander; zieht man aber einen Funken heraus, so fallen sie sogleich zusammen. Das Auseinandergehen der Kugeln zeigt deutlich, daß die obere Platte der untern Elektricität entziehet, oder etwas von ihrem natürlichen Vorrathe mittheilet; es zeigt auch, daß die erstere, sobald sie
auf den Elektrophor gelegt wird, einen geringen Grad
von Elektricität erhält, den sie wieder verliert, wenn sie
mit dem Finger berührt wird; sie wird aber aufs neue
elektrisirt, wenn man sie von dem Elektrophor trennt.

162. Versuch.

Man isolire einen Elektrophor, und hänge eine Korkkugel an einem leinenen Faden so auf, daß sie ohngefähr
¼ Zoll von einem mit der untern Platte verbundenen Stück
Metall absteht. Die Kugel bewegt sich nicht, wenn die
obere Platte auf den Elektrophor gelegt wird; wenn man
aber dieselbe mit dem Finger berührt, so wird die Kugel
angezogen. Sobald die obere Platte weggenommen wird,
so zieht die untere metallische Belegung die Kugel an, läßt
sie aber wieder gehen, wenn man die Belegung mit dem
Finger berührt. Auch wird die Kugel angezogen, wenn
man die obere Platte aufsetzt, ehe der Funken aus derselben gezogen ist, obgleich das Anziehen länger dauert und

Adams Vers. d. Elek.   J   stär-

ſtärker iſt, wenn man den Funken herauszieht, ehe man
die Platte auf den Elektrophor ſetzt.

163. Verſuch.

Man elektriſire die untere Seite des Elektrophors,
indem man die untere Platte mit dem Conductor einer
Maſchine verbindet; ſo wird die obere Platte der Hand,
oder einem andern Leiter, ſtarke Funken geben. Berührt
man die obere Platte mit einer, und die untere mit der
andern Hand, ſo erhält man einen Schlag. Eben dieſe
Wirkung erfolgt, wenn die obere Platte durch die Maſchine elektriſiret wird.

164. Verſuch.

Man iſolire einen nicht geriebenen Elektrophor, ſtelle
die obere Platte darauf, und elektriſire die untere durch
eine mit dem erſten Leiter verbundene Kette. Man ziehe
hierauf einen Funken aus der Kette, ſo wird der Elektrophor alle die Eigenſchaften erhalten, welche er ſonſt durch
das Reiben ſeiner Oberfläche bekömmt.

165. Verſuch.

Man verbinde die obere Platte durch eine Kette mit
dem erſten Leiter, elektriſire ſie, und ziehe hierauf einen
Funken aus der Kette, ſo wird auch in dieſem Falle der
Elektrophor alle Eigenſchaften annehmen, welche er ſonſt
durch Reiben erhält.

166. Verſuch.

Eben dieſe Wirkung erfolgt, wenn man eine leidner
Flaſche auf die obere Platte eines nicht geriebenen Elektrophors ſetzt, und dieſelbe auf der Platte ladet und entladet.

Aus den drey letzten Verſuchen ſieht man, daß der
Elektrophor eben ſowohl durch Mittheilung, als durch
Reiben, in Wirkſamkeit geſetzt werden könne.

167.

167. Versuch.

Herr **Achard** stellte die obere Platte auf einen geriebenen Elektrophor, und auf diese Platte einen metallenen
Würfel mit einem gläsernen Handgriffe; wenn er diesen
Würfel mit dem Handgriffe abnahm, ohne ihn vorher zu
berühren, so zog er eine leichte Kugel an. Wiederholte
er den Versuch, berührte aber, die Platte vorher, ehe er
den Würfel abnahm, so fand er nicht das geringste Zeichen von Elektricität.

168. Versuch.

Wenn man den Elektrophor mit einem Elektrometer
von Korkkugeln untersucht, so findet man folgendes:

1) Sobald die obere Platte auf einen Harzelektro-
phor gesetzt wird, so erhält sie eine schwache positive Elektricität; setzt man sie aber auf einen Glaselektrophor, so
wird sie negativ elektrisiret.

2) Berührt man die obere Platte mit dem Finger,
so verliert sie alle ihre Elektricität.

3) Wird die obere Platte mit dem Finger berührt,
und von dem Elektrophor weggenommen, so erhält sie eine starke negative Elektricität, wenn der Elektrophor von
Glas, hingegen eine positive, wenn er von Harz ist.

Man kann sich den Elektrophor in mehrere horizontale Schichten getheilt, vorstellen, so daß beym Elektrisiren durch Mittheilen oder Reiben die obere Schicht vermittelst der untern isolirt wird. Nun behalten alle isolirte
elektrische Körper ihre Elektricität eine beträchtliche Zeitlang, und dies ist die Ursache, warum die Elektricität des
Elektrophors sich so lang erhält.

Isolirtes und geriebenes Glas giebt Körpern, welche
in seinen Wirkungskreis gebracht werden, die negative
Elektricität; da hingegen negative elektrische Körper im
ähnlichen Falle positive Elektricität hervorbringen. Daher muß die Oberfläche des Elektrophors, wenn er von

Harz

Harz ist, die positive, wenn er hingegen von Glas ist,
die negative Elektricität hervorbringen, welches mit den
Versuchen vollkommen übereinstimmt. Wird nun die obere Platte mit dem Finger berührt, so hört die Oberfläche
des Elektrophors auf, isolirt zu seyn, und giebt der obern
Platte die negative Elektricität, wenn sie von Glas, und
die positive, wenn sie von Harz ist, wie dies mit den verschiedenen im vierten Kapitel beschriebenen Versuchen übereinstimmt.

So lange elektrische Körper mit leitenden Substanzen
in Berührung stehen, setzen sie niemals die elektrische Materie in denjenigen Grad von Bewegung, welcher nöthig
ist, um einen Funken zu erzeugen, oder die Phänomene
des Anziehens und Zurückstoßens hervorzubringen. Dies
ist die Ursache, warum die obere Platte kein Zeichen einer Elektricität von sich giebt, so lange sie mit der untern in Berührung ist, obgleich diese Zeichen augenblicklich
sichtbar werden, sobald man die obere Platte abhebt.

Da man die Theorie des Elektrophors für sehr verwickelt hält, so will ich noch eine andere Erklärung derselben aus dem *Monthly Review* mittheilen.

„ Daher wirkt (bey einem Glaselektrophor, weil die-
„ ser Fall eine deutlichere Erläuterung zuläßt) die geriebe-
„ ne Platte so auf die in der obern messingenen Platte von
„ Natur enthaltene elektrische Materie, daß sie einen Theil
„ des natürlichen Vorraths derselben in Form eines Fun-
„ kens an der Stelle, wo der Finger angehalten wird, aus-
„ treibt. Hebt man in diesem Zustande die messingene
„ Platte an ihrem Handgriffe auf, so nimmt sie diesen
„ Funken aus dem Finger wieder an sich. Wird sie wie-
„ der aufgesetzt, und das Verfahren wiederholt, so erhält
„ man dasselbe Resultat von neuem wieder, und kann da-
„ mit eine sehr lange Zeit fortfahren, ohne die Kraft des
„ geriebenen elektrischen Körpers zu vermindern, indem der-
„ selbe in der That nichts von seiner eignen Elektricität
„ mit-

„ mittheilt, sondern nur einen Theil derjenigen elektrischen
„ Materie, welche sich in der obern Platte befindet, zu-
„ rückstößt, welcher Verlust dieser Platte von Zeit zu Zeit
„ durch die mit der Erde verbundene Person, die sie mit
„ dem Finger berührt, wieder ersetzt wird. "

169. Versuch.

Man stelle ein Stück Metall auf einen geriebenen
Elektrophor. Die Gestalt desselben ist gleichgültig. Man
elektrisire dieses Stück Metall mit derjenigen Kraft, welche der Elektricität des Elektrophors entgegen gesetzt ist,
nehme es alsdann mit Hülfe eines elektrischen Körpers hinweg, und streue feingestoßenen Harzstaub auf den Elektrophor, so werden sich auf der Oberfläche desselben sonderbare strahligte Figuren bilden. Ist die Platte negativ und
das Metall positiv, so legt sich der Staub hauptsächlich
auf diejenigen Stellen, wo das Metall gestanden hat; ist
hingegen die Platte positiv und das Metall negativ, so
bleiben die vom Metall berührten Stellen vom Staube
frey, und es fällt derselbe mehr auf die übrigen.

170. Versuch.

Man isolire ein blechernes Quartmaaß, hänge ein
Paar Korkkugeln an seidnen Fäden so auf, daß das ganze
Elektrometer innerhalb des Maaßes stehe, und elektrisire
das Maaß, so wird das Elektrometer nicht die geringste
Elektricität zeigen. Die gleichartigen Atmosphären wirken gegen einander, und da keine entgegengesetzte Elektricität im Elektrometer Statt finden kann, so bleibt es un-
elektrisirt. Berührt man aber das Maaß mit einem Leiter, so zieht es die Kugeln augenblicklich an.

171. Versuch.

Man hänge einen kleinen Cylinder von Goldpapier
an Stanniol auf, und berühre damit das elektrisirte und

J 3

sol-

ifolirte Maaß , so entsteht ein Funken zwischen beyden ,
und die Elektricität vertheilt sich unter beyde nach dem Ver=
hältniß ihrer Capacitäten. Nur senke man den ifolirten
Cylinder auf den Boden des Maaßes herab , so giebt er
demselben die Elektricität, die er von ihm bekommen hat=
te, wieder, und man bemerkt an ihm, wenn er heraus=
genommen wird, nicht das geringste Merkmal einer Elek=
tricität.

172. Versuch.

Man verbinde ein Paar Korkkugeln mit einem ifolir=
ten metallenen Gefäß , in welchem eine metallene Kette
liegt , und hebe die Kette mit einem seidnen Faden in die
Höhe , so wird das Auseinandergehen der Kugeln immer
schwächer werden, je mehr man die Kette erhebt, und aus=
einanderziehet. Man sieht hieraus , daß die Elektricität
geschwächt, und ihre Dichtigkeit vermindert wird, je mehr
sie sich von der Oberfläche des Gefäßes gegen die ausge=
breitete Kette verbreitet. Dies bestätigt sich auch dadurch,
daß die Kugeln wieder auseinanderfahren, wenn man die
Kette im Gefäße niederleget. Dieser Versuch giebt eine
leichte Erklärung von vielen Phänomenen der atmosphäri=
schen Elektricität, z. B. warum die Dämpfe des elektri=
sirten Wassers so wenig Elektricität zeigen , und warum
die Elektricität einer Wolke durch die Zusammendrückung
oder Verdichtung derselben stärker wird.

173. Versuch.

Man reibe einen Streif weißen Flanell oder ein sei=
nes Band, ziehe so viel Funken aus demselben, als man
erhalten kann und lege oder rolle es alsdann zusammen,
so wird es unter dieser Gestalt noch stark elektrisch seyn,
Funken geben, und Lichtbüschel ausströmen.

Von

Von den Vortheilen des unvollkommenen Isolirens und wie man sehr geringe Grade der natürlichen und künstlichen Elektricität merklich machen könne, von Herrn Volta.

Ein zur Beobachtung der atmosphärischen Elektricität eingerichteter Conductor wird bey heiterm Himmel sehr selten auf das Elektrometer, wenn es auch noch so empfindlich wäre, wirken. Vermittelst des nunmehr zu beschreibenden Apparatus aber kann man zeigen, daß ein solcher Conductor fast allezeit elektrisch, und also die Luft, die ihn umgiebt, zu jeder Zeit elektrisirt sey. Diese Methode zeigt auch nicht allein das Daseyn, sondern auch die Beschaffenheit der Elektricität, ob sie positiv oder negativ sey, und dies selbst in allen Fällen, in welchen der Conductor nicht einmal den feinsten Faden anzieht; ist das Anziehen an dem Conductor nur einigermassen merklich, so giebt dieser Apparatus schon sehr lange Funken.

Man kann dem Elektrophor, der hierzu geb aucht wird, sehr schicklich den Namen eines **Mikro-elektrometers**, oder eines **Condensators** der Elektricität, geben.

Wenn der atmosphärische Conductor schon an sich hinlängliche Merkmale der Elektricität giebt, so wird dieser condensirende Apparatus unbrauchbar. Denn wenn die Elektricität stark ist, so fügt sichs oft, daß ein Theil der Elektricität der Metallplatte der andern Platte mitgetheilt wird, in welchem Falle der Apparatus als ein Elektrophor wirkt, und zu der hier vorkommenden Absicht ungeschickt wird.

Der zu dieser Absicht dienende Apparatus besteht aus der obern Metallplatte eines Elektrophors und einer halbelektrischen oder sehr unvollkommenen leitenden Platte, welche den Durchgang der Elektricität nur in einem gewissen Grade hindert. Man findet vielerley solche Leiter z. B. eine reine trockne Marmorplatte, eine hölzerne mit

J 4 　　　　　　Fir-

Firniß überzogene Tafel u. dgl. Da die Oberfläche sol=
cher Körper keine Elektricität annimmt, oder wenn sich auch
einige daran hinge, sie wegen ihrer halbleitenden Natur
bald wieder verliert, so können sie nicht zu Elektrophoren,
wohl aber zu Condensatoren der Elektricität gebraucht werden.

Inzwischen muß man sich bey der Auswahl solcher
Platten wohl hüten, daß man nicht allzufreye Leiter oder
solche Körper wähle, die durch den Gebrauch gute Leiter
werden, weil es schlechterdings nothwendig ist, daß die
Elektricität beym Uebergange über ihre Oberfläche be=
trächtlichen Widerstand finde. Wenn man eine solche
Platte durch Trocknen, oder auf andere Art, zubereitet,
so ist es weit besser, sie der Natur der elektrischen Kör=
per näher zu bringen, als ihr zu viel von den Eigenschaf=
ten der Leiter zu lassen. Eine wohlgetrocknete Marmor=
platte oder hölzerne Tafel thut sehr gute Dienste und ist
allen andern Platten vorzuziehen; sonst ist aber auch die
Platte eines Elektrophors selbst besser, als alle unzuberei=
tete Körper.

Auch die schlechteste Sorte von Marmor, wenn sie
mit Copal=Bernstein= oder Lackfirniß überzogen, und auf
kurze Zeit auf einem Ofen erwärmt wird, thut die besten
Dienste, auch ohne bey jedem Versuche besonders erwärmt
zu werden. Dies, könnte man sagen, hieße sie zur Natur
eines Elektrophors zurückbringen: denn Marmor, Holz u.
dgl. wenn es überfirnißt und erwärmt wird, läßt sich
durch ein sehr gelindes Reiben, und oft sogar durch das
bloße Aufsetzen einer Metallplatte elektrisch machen; allein
eben um dieses zu verhüten, darf man diese Platten beym
Gebrauch nicht erwärmen.

Die Vortheile, welche Platten von dieser Art vor
dem gewöhnlichen Elektrophor voraus haben, sind folgen=
de: 1) Daß der Firniß allezeit dünner ist, als die ge=
wöhnliche Harzschicht eines Elektrophors. 2) Daß er
eine

eine glättere und ebnere Oberfläche annimmt: daher die
Metallplatte besser anpasset.

Mit eben so vielem Vortheile kann man jede Sorte
von Platten, mit Wachstuch, Wachstaffet, Sattin, oder
einem andern nicht allzustarken seidnen Stoff überzogen,
gebrauchen, wenn sie vorher ein wenig erwärmt wird.
Seidne Zeuge sind zu dieser Absicht besser, als baumwol-
lene oder wollene, und beyde besser als leinene. Papier,
Leder, Holz, Elfenbein, Knochen, und alle Arten von
unvollkommenen Leitern kann man in gewissem Grade dazu
geschickt machen, wenn man sie vorher trocknet, und während des Versuchs warm erhält.

Noch einfacher wird der Apparatus, wenn man die
Seide re. an die obere Metallplatte mit dem gläsernen
Handgriffe anbringt, wobey die Marmorplatte oder die
untere unnöthig wird, indem man an ihrer Statt jede
Fläche gebrauchen kann, z. B. eine gemeine hölzerne oder
Marmortafel, wenn sie auch nicht ganz trocken ist, eine
Metallplatte, ein Buch, oder jeden Leiter, der eine ebne
Oberfläche hat.

Es wird überhaupt zu diesen Versuchen nichts weiter
erfordert, als daß die Elektricität, welche aus der einen
Fläche in die andere übergehen will, in der einen Fläche
einigen Widerstand finde, wie man im folgenden deutlich
sehen wird.

Daher ist es gleichgültig, ob die nicht-leitende oder
halb-leitende Schicht auf der einen oder auf der andern
Fläche liegt; nur dies ist nothwendig, daß beyde auf einander passen; daher es sehr bequem ist, zwo aneinander
geschliffene Flächen zu gebrauchen, wovon die eine überfirnißt ist. Zu den gewöhnlichen Versuchen kann man
auch eine einzelne mit Seide überzogene Metallplatte mit
drey seidnen Schnüren, mit welchen sie sich aufheben läßt,
gebrauchen.

Um nun von diesem Apparatus Gebrauch zu machen, stellt man die obere Metallplatte auf die un-

elek-

elektrisirte Platte, und in vollkommene Berührung mit
derselben.

In dieser Stellung der Platten läßt man einen mit
dem Conductor verbundenen Drath die Metallplatte des
Elektrophors, oder diese nur allein, berühren. Läßt man
nun den Apparatus eine Zeitlang in diesem Zustande, so
erhält er einen hinreichenden Grad von Elektricität, jedoch nur sehr langsam.

Man nehme nun den Drath von der Metallplatte
hinweg, und hebe sie mit dem isolirenden Handgriffe von
der untern ab; so wird sie nunmehr Fäden anziehen, auf
das Elektrometer wirken, wenn die Elektricität stark ist,
Funken geben u. s. w., wenn gleich der atmosphärische
Conductor nicht die geringste Elektricität zeiget.

Es läßt sich nicht leicht genau bestimmen, wie lange
diese Geräthschaft in Verbindung mit dem Conductor bleiben müsse, weil dies von vielerley Umständen abhängt;
giebt der Conductor gar kein Zeichen einer Elektricität, so
werden 8 bis 10 Minuten Zeit erfordert; zieht er hingegen
einen feinen Faden an, so sind eben so viel Secunden hinreichend.

Eben so schwer ist es, den Grad genau zu bestimmen,
bis auf welchen man die Elektricität condensiren, oder die
elektrischen Erscheinungen verstärken kann; auch dies hängt
von mancherley Umständen ab. Inzwischen ist die Verstärkung desto größer, je mehr der Conductor, der der
Metallplatte Elektricität zuführt, Capacität hat, ingleichen, je schwächer die Elektricität ist. So ist z. B. der
atmosphärische Conductor, wenn er gleich kaum die Kraft
hat, einen Faden anzuziehen, dennoch im Stande, der
Metallplatte des Elektrophors so viel Elektricität zu geben,
daß sie nicht allein auf das Elektrometer wirkt, sondern auch
starke Funken giebt. Ist hingegen die Elektricität des atmosphärischen Conductors stark genug, um Funken zu geben, oder den Zeiger des Elektrometers 5 bis 6 Grad zu
erheben, so erhebt zwar die Platte des Elektrophors nach;

dies

dieſer Methode den Zeiger auf den höchſten Grad, und giebt
einen ſtärkern Junken ; man ſieht aber dennoch deutlich, .
daß die Condenſation in dieſem Falle verhältnißmäßig we⸗
niger beträgt, als im vorigen; denn die Elektricität kann
niemals bis über einen gewiſſen Grad angehäuft werden,
d. i. bis über denjenigen, da ſie ſich nach allen Richtungen
zerſtreuet. Wenn daher die elektriſche Kraft, welche in
den Condenſator wirkt, dem höchſten Grade am nächſten
iſt, ſo iſt die Condenſation im Verhältniß ſchwächer. In
dieſem Falle aber iſt auch der Condenſator unnöthig; ſeine
vornehmſte Abſicht iſt, die kleinen Quantitäten von Elek⸗
tricität anzuhäufen und merklich zu machen, welche ohne
dieſes Hülfsmittel unmerklich bleiben würden.

Bis hierher haben wir unſern Condenſator nur zu
Entdeckung der ſchwachen atmoſphäriſchen Elektricität
gebraucht, welche der Conductor aus der Luft herabbringt;
dies iſt nun zwar die Hauptabſicht, aber nicht der einzige
Gebrauch deſſelben. Er entdeckt eben ſowohl die künſtli⸗
che Elektricität, wenn ſie ſo ſchwach iſt, daß ſie ſich durch
kein anderes Mittel bemerken läßt.

Wenn man eine leidner Flaſche ladet, und hierauf
durch Berührung beyder Seiten mit dem Auslader oder
der Hand entladet, ſo ſcheint ſie aller Elektricität gänzlich
beraubt zu ſeyn; berühet man aber ihren Knopf mit der
Metallplatte des Condenſators (indeß dieſelbe auf einer
unvollkommen leitenden Subſtanz liegt,) und hebt man
ſie ſogleich ab, ſo giebt ſie merkliche Kennzeichen der Elek⸗
tricität von ſich. Iſt aber noch ſo viel Ladung in der
Flaſche geblieben, daß ſie einen feinen Faden anziehet,
und bringt man nun die Metallplatte auf einen Augen⸗
blick mit dem Knopfe in Berührung, ſo giebt ſie, aufge⸗
hoben, einen Funken, und wieder berührt, einen faſt eben
ſo ſtarken, und ſo kann man eine lange Zeit hindurch ei⸗
nen Funken nach dem andern erhalten.

Man kann durch dieſe Methode, Junken vermittelſt
einer Flaſche hervorzubringen, welche nicht ſtark geladen

iſt,

ist, um für sich selbst Funken zu geben, verschiedene angenehme Versuche anstellen, z. B. die Pistole mit entzündbarer Luft losbrennen, oder ein Licht anzünden, besonders, wenn man eine Flasche nach der Erfindung des Herrn Cavallo besitzt, welche man geladen in der Tasche tragen kann. Diese Flaschen halten eine merkliche Ladung mehrere Tage, und eine unmerkliche mehrere Wochen und Monate lang; die letztere zeigt sich freylich ohne Condensator gar nicht, kann aber durch diesen sehr merklich gemacht werden, so daß sie zu dem Versuche mit der elektrischen Pistole hinreichend ist.

Zweytens. Ist eine Elektrisirmaschine in so schlechtem Stande, daß ihr Conductor keinen Funken geben und keinen Faden anziehen will, so bringe man die Metallplatte des Condensators an diesen Conductor, und lasse sie einige Minuten lang daran (indem die Maschine immerfort gedrehet wird). Hebt man alsdann die Metallplatte auf, so wird man einen starken Funken daraus erhalten.

Drittens. Wenn zwar die Maschine gute Wirkung thut, aber der Conductor so schlecht isolirt ist, daß er keinen Funken giebt, weil er entweder mit den Wänden des Zimmers, oder durch eine Kette mit dem Boden verbunden ist, so berühre man den Conductor in diesem Zustande mit der Metallplatte des Condensators, indem die Maschine immer in Bewegung bleibt, und diese Platte wird hierauf ziemlich starke Kennzeichen der Elektricität von sich geben; woraus man auf das Vermögen dieses Apparatus, die Elektricität auszuziehen und anzuhäufen, schließen kann.

Viertens. Wenn ein Elektrometer nicht empfindlich genug ist, um die Stärke einer erregten Elektricität anzugeben, so kann man diese Elektricität leicht durch den Condensator prüfen. In dieser Absicht reibe man die Körper an der Metallplatte des Condensators, welche hiebey nicht überzogen seyn darf; wenn man nunmehr diese Platte gegen ein Elektrometer hält, so wird

man

man daſſelbe beträchtlich elektriſirt finden, wenn gleich
der geriebene Körper wenig oder gar keine Elektricität erhalten hat. Ob die Elektricität poſitiv oder negativ ſey,
kann man leicht beſtimmen, weil die Elektricität der Metallplatte die entgegengeſetzte von der im geriebenen Körper ſeyn muß. Nach dieſer Methode hat Herr Cavallo
die Elektricität vieler Körper unterſucht. Wenn aber die
zu unterſuchenden Körper ſich nicht leicht an die Metallplatte bringen laſſen, ſo kann man ſich noch beſſer folgender Methode bedienen. Man legt die Metallplatte auf
die unvollkommen leitende Fläche, reibt oder ſtreicht den
zu unterſuchenden Körper dagegen, und hebt alsdann die
Platte ab, um ſie mit dem Elektrometer zu unterſuchen.
Iſt der unterſuchte Körper Leder, eine Schnur, Leinwand,
Sammet, oder ein anderer ähnlicher unvollkommener Leiter, ſo wird man die Platte gewiß elektriſirt finden, und
zwar auf dieſe Art viel ſtärker, als wenn ſie iſolirt in der
Luft ſchwebend mit eben dem Körper wäre getrieben worden. Kurz durch die eine oder die andere Methode wird
man Elektricität aus Körpern erhalten, von welchen man
kaum irgend einige erwarten ſollte; auch wenn ſie nicht
ſehr trocken ſind. Alle Körper, nur Kohlen und Metalle
ausgenommen, werden einige Elektricität geben. Man erhält
oft ſogar einige durch Streichen mit der bloßen Hand.

Die Metallplatte hat, wie man aus den vorhergehenden Verſuchen ſieht, ein weit größeres Vermögen, die
Elektricität an ſich zu halten, wenn ſie auf einer dazu gehörigen Fläche liegt, als wenn ſie ganz iſolirt iſt.

Man ſieht leicht, daß die Stärke der Elektricität
in Proportion geringer ſeyn muß, wenn die Capacität,
Elektricität zu halten, größer iſt; denn es iſt alsdann eine
größere Menge erforderlich, um ſie bis auf einen beſtimmten Grad der Stärke zu erheben; daß ſich alſo die Capacität umgekehrt verhält, wie die Intenſität, wor-
unter wir das Beſtreben verſtehen, mit welchem die Elektricität eines elektriſirten Körpers aus allen ſeinen Theilen

aus-

auszugehen sucht, mit welchem Bestreben die elektrischen Phänomene des Anziehens und Zurückstoßens, und besonders der Grad der Erhebung des Elektrometers übereinstimmen.

Daß sich die **Intensität** der Elektricität umgekehrt wie die **Capacität** des elektrisirten Körpers verhalte, wird aus folgendem Versuche deutlich erhellen.

174. Versuch.

Man nehme zween metallene Stäbe von gleichem Durchmesser, den einen 1 Schuh, den andern 5 Schuh lang; elektrisire den ersten so lange, bis der Zeiger des Elektrometers auf 60° steigt, und bringe ihn sodann mit dem andern Stabe in Berührung, so ist in diesem Falle klar, daß die Intensität der Elektricität, die sich jezt durch beyde Stäbe vertheilt, desto mehr abnehmen muß, je mehr die Capacität zunimmt; daß also der Zeiger des Elektrometers, der sich vorher bis 60° erhob, nun auf 10° herabfallen, d. i. nur den sechsten Theil der vorigen Intensität zeigen muß. Eben so müßte die Intensität, wenn man eben so viel Elektricität einem 60 Schuh langen Stabe mitgetheilt hätte, auf einen Grad herabfallen; hätte man hingegen die Elektricität des langen Conductors in den 60sten Theil der Capacität dessen zusammengedrängt, so würde die Intensität bis 60° gewachsen seyn.

Nicht allein Conductoren von verschiedener Größe haben verschiedene Capacitäten, Elektricität in sich zu halten, sondern es wird auch die Capacität eines und eben desselben Conductors vergrößert oder vermindert, je nachdem man seine Oberfläche größer oder geringer macht; wie man aus D. Franklin's Versuche mit dem Becher und der Kette sieht, aus welchem man geschlossen hat, daß die Capacität der Conductoren im Verhältniß ihrer Oberfläche, und nicht ihrer Masse, wachse.

Man

Man hat die oben angeführten Umstände, durch welche die natürliche Capacität der Conductoren so beträchtlich verstärkt wird, bisher gänzlich übersehen, und daher noch keine Vortheile daraus gezogen. Der folgende Versuch wird diese Verstärkung der Capacität auf die einfachste Art zeigen.

175. Versuch.

Man nehme die Metallplatte eines Elektrophors, halte sie bey ihrem Handgriffe in der Luft, und elektrisire sie so stark, daß der Zeiger eines damit verbundenen Elektrometers bis 60° steigt; hierauf lasse man diese Platte nach und nach gegen den Tisch, oder eine andere ebne leitende Fläche zu sinken, so wird der Zeiger nach und nach von 60° auf 50°, 40°, 30° u. s. w. fallen. Dennoch bleibt in der Platte immer eben dieselbe Menge von Elektricität, sie müßte denn so nahe an den Tisch gebracht werden, daß dadurch ein Uebergang der Elektricität aus der Platte in den Tisch veranlasset würde; wenigstens bleibt sie in so fern immer von gleicher Größe, als ihr durch die Feuchtigkeit der Luft u. dgl. nichts entzogen wird. Die Abnahme der Intensität kömmt also bloß von der verstärkten Capacität der Platte her, welche nicht mehr völlig isolirt, oder abgesondert, sondern combinirt, oder einigermassen mit einem andern Leiter verbunden ist: denn wenn man die Platte nach und nach wieder von dem Tische entfernet, so steigt das Elektrometer wieder auf den vorigen Grad, nämlich 60°; den Verlust abgerechnet, den sie während des Versuchs durch die Luft ec. kann gelitten haben.

Diese Ursache dieser Erscheinung läßt sich leicht aus der Wirkung der elektrischen Atmosphären erklären. Die Atmosphäre der Metallplatte, die ich jezt für positiv elektrisiret annehmen will, wirkt auf den Tisch, oder sonst auf den Leiter, dem dieselbe genähert wird: so, daß die elektrische Materie im Tische, in dem sie sich gegen die entfernten

fernteen Theile deſſelben zurückziehet, in benjenigen Thei=
len, welche ſich gegen die Metallplatte zu kehren, dünner
wird, und dieſe Verdünnung zunimmt, je näher die Me=
tallplatte dem Tiſche gebracht wird. Iſt dieſe Platte ne=
gativ elektriſirt, ſo findet die entgegengeſetzte Wirkung
ſtatt. Kurz, die Theile, welche in den Wirkungskreis
der elektriſirten Platte kommen, erhalten eine entgegenge=
ſetzte Elektricität, und geben dadurch der Elektricität der
Metallplatte Anlaß, ſich auszubreiten, daher die Inten=
ſität derſelben vermindert wird, wie ſich dies durch das
Herabſinken des Zeigers am Elektrometer deutlich an den
Tag leget.

Die beyden folgenden Verſuche verbreiten noch mehr
Licht über die gegenſeitige Wirkung der elektriſchen At=
moſphären.

176. Verſuch.

Man elektriſire zween flache Leiter, beyde entweder
poſitiv oder negativ, und nähere ſie einander allmählich,
ſo wird man an den damit verbundenen Elektrometern ſe=
hen, daß ihre Elektricitäten immer ſtärker werden, je nä=
her ſie einander kommen, indem alle elaſtiſche Körper in
eben dem Verhältniſſe widerſtehen, in welchem auf ſie
gewirkt wird; woraus man ſieht, daß jede von den bey=
den mit einander **verbundenen** Kräften, jetzt weit we=
niger Capacität hat, mehr elektriſche Materie anzuneh=
men, als vorher, da beyde einzeln iſolirt waren, und kei=
nen Einfluß auf einander hatten. Aus dieſem Verſuche
läßt ſich erklären, warum die Spannung der elektriſchen
Atmoſphäre bey einem elektriſirten Leiter größer wird,
wenn man ſie in einen engern Raum zuſammenziehet; in=
gleichen, warum ein lang ausgedehnter Leiter bey gleicher
Oberfläche und gleicher Menge von Elektricität weniger
Intenſität zeigt, als ein mehr compakter; weil im erſten
Falle die gleichartigen Atmoſphären der Theile des Leiters
weiter aus einander liegen, als im letztern, und alſo, da

die

die Wirkung schwächer ist, auch die Gegenwirkung geringer seyn muß.

177. Versuch.

Man elektrisire den einen von diesen flachen Leitern positiv, und den andern negativ, so werden die Wirkungen gerade die entgegengesetzten seyn; d. i. die Intensität der Elektricitäten wird abnehmen, weil die Capacitäten, oder die Kräfte sich auszubreiten, desto größer werden, je näher die Leiter zu einander kommen.

Man kann nunmehr die Erklärung dieses letztern Versuchs auch auf den vorher erwähnten Fall anwenden, da man nämlich die elektrisirte Metallplatte gegen eine nicht isolirte leitende Fläche bringt. Denn, da diese Fläche eine entgegengesetzte Elektricität erhält, so folgt, daß die Intensität der Elektricität in der Metallplatte abnehmen müsse, und das mit ihr verbundene Elektrometer fällt immer weiter herab, je mehr die Capacität der Platte zunimmt, oder die Dichtigkeit ihrer Atmosphäre vermindert wird; folglich ist die Platte unter diesen Umständen im Stande, eine größere Menge Elektricität anzunehmen. Dies wird noch deutlicher durch folgenden Versuch:

178. Versuch.

Man isolire die leitende Fläche, indem die andere elektrisirte Platte darauf liegt, und trenne dann beyde von einander, so wird man beyde, sowohl die Metallplatte, als auch die leitende Fläche (welche man auch die untere Platte nennen kann) elektrisirt finden, aber, wie die Elektrometer zeigen werden, mit entgegengesetzten Elektricitäten.

Wird die untere Platte erst isolirt, und dann die elektrisirte Platte darauf gesetzt, so wird die letztere in der ersten ein Bestreben nach entgegengesetzter Elektricität erregen, welche aber wegen der Isolirung nicht wirklich ent-

stehen kann; daher wird die Intensität der Elektricität in
der Platte nicht verringert, wenigstens zeigt das Elektrometer nur ein sehr geringes und fast unmerkliches Fallen,
welches von der Unvollkommenheit der Isolirung der untern Platte, und von der geringen Verdünnung und Verdichtung der elektrischen Materie in den verschiedenen Stellen dieser Platte herkömmt. Wenn man aber unter diesen Umständen die untere Platte so berührt, daß die Isolirung auf einen Augenblick unterbrochen wird, so erhält
sie die entgegengesetzte Elektricität, und die Intensität in
der Metallplatte wird schwächer.

Wäre die untere Platte, anstatt isolirt zu seyn, selbst
eine nicht leitende Substanz, so würden eben die Phänomene erfolgen, d. i. die Intensität der darauf liegenden
elektrisirten Metallplatte würde nicht vermindert werden.
Dennoch geschieht dies nicht allezeit; denn wenn die untere nicht leitende Platte sehr dünn ist, und auf einem Leiter liegt, so wird die Intensität der elektrisirten Metallplatte vermindert, und ihre Capacität vergrößert, wenn
sie auf den dünnen isolirenden Körper gelegt wird; weil in
diesem Falle die leitende Substanz, welche unter dem nicht
leitenden Körper liegt, eine der Metallplatte entgegengesetzte Elektricität erhält, und also ihre Intensität vermindert u. s. w. Der isolirende Körper vermindert hiebey
nur die wechselseitige Wirkung beyder Atmosphären mehr
oder weniger, je nachdem er sie weiter oder weniger aus
einander hält.

Die Intensität oder die elektrische Wirkung der Metallplatte, welche nach und nach abnimmt, je näher dieselbe an eine nicht isolirte leitende Fläche gebracht wird,
verschwindet fast gänzlich, wenn die Platte beynahe in
Berührung mit der Fläche kömmt, weil hier das natürliche Gleichgewicht beynahe vollkommen wird. Wenn daher die untere Platte dem Durchgange der Elektricität nur
den geringsten Widerstand entgegensetzt (es mag nun der-

sel-

selbe von einem dünnen elektrischen Ueberzuge, oder von
der unvollkommen leitenden Natur der Fläche, wie bey
trocknem Holz, Marmor ꝛc. herrühren), so kann dieser
Wiederstand, verbunden mit dem, obgleich geringen Zwi-
schenraume zwischen beyden Platten, von der geringen Intensität der Elektricität in der Metallplatte nicht überwunden werden. Daher giebt diese Platte der untern Fläche
keinen Funken (es müßte denn ihre Elektricität sehr stark,
oder ihr Rand nicht wohl abgerundet seyn) und behält
vielmehr ihre Elektricität; daß also das Elektrometer,
wenn man sie von der untern Platte abhebt, beynahe wieder auf seine vorige Höhe steigt. Die elektrisirte Platte
kann sogar mit der unvollkommen leitenden Fläche in Berührung gebracht werden, und eine Zeit lang in dieser
Stellung verbleiben; in welchem Falle die Intensität beynahe bis auf Nichts herabsinkt, und daher die Elektricität nur sehr langsam in die untere Platte übergeht. Ganz
anders aber ist der Fall, wenn bey Aufstellung dieses Versuchs die elektrisirte Metallplatte die untere mit der Schärfe des Randes berührt; denn alsdann ist ihre Intensität
größer, als wenn sie flach liegt, wie das Elektrometer
zeigt, die Elektricität überwindet also den schwachen Widerstand, und geht in die untere Fläche über, auch wohl
durch einen dünnen elektrischen Ueberzug, weil die Elektricität der einen Platte von der Elektricität der andern
nur im Verhältniß der Menge von Oberfläche, welche sie
einander innerhalb einer gegebenen Distanz entgegenstellen,
im Gleichgewicht erhalten wird, daß sich also die Elektricität gar nicht zerstreuet, wenn die Platten einander flach
und in vielen Punkten berühren. Dieses anscheinende Pa-
radoxon erklärt sich sehr deutlich aus der Theorie der elektrischen Atmosphären.

Noch sonderbarer scheint es, daß nicht einmal die Berührung mit dem Finger oder mit einem Metallstabe, die
Metallplatte ihrer ganzen Elektricität beraubt, wenn sie
auf der untern Fläche aufstehet; sie bleibt gemeiniglich noch

so stark elektrisirt, daß sie nach dem Aufheben noch einen Funken giebt. In der That würde dieses Phänomen ganz unerklärbar seyn, wenn man den Finger oder
die Metalle für vollkommene Leiter annehmen müßte. Da
wir aber gar keinen Körper kennen, der ein vollkommener
Leiter wäre, so läßt sich annehmen, daß das Metall oder
der Finger hinreichend wiederstehe, um die Zerstreuung
der Elektricität der Platte zu verhindern, welche auch in
diesem Falle durch einen sehr geringen Grad von Intensität oder Bestreben nach Ausbreitung angetrieben wird.
Man nehme z. B. an, das Metall oder der Finger,
der die Platte berührt, nehme so viel von ihrer Elektricität hinweg, daß dadurch die Intensität des Ueberrests
auf den 50sten Theil eines Grades herabgesetzt werde,
so wird dieser Ueberrest jezt kaum merklich seyn; wenn aber
die Platte aufgehoben und dadurch ihre Capacität so sehr
vermindert wird, daß ihre Elektricität eine 100mal größere Intensität erhält, so steigt sie auf 2 Grad und drüber,
d. i. sie wird stark genug, um einen Funken zu geben.

Wir haben nunmehr die Wirkung der elektrischen Atmosphären auf die Elektricität der Metallplatte in verschiedenen Stellungen betrachtet, und es wäre noch übrig, die
Wirkungen zu untersuchen, welche statt finden, wenn eine
Metallplatte auf der untern Fläche stehend, elektrisiret
wird. Da die ganze Sache im vorigen völlig ausgeführ-
ret ist, so ist es sehr leicht, die Anwendung auch auf
diesen Fall zu machen; inzwischen wird es doch nicht ohne
Nutzen seyn, diese Anwendung beyspielsweise durch einen
Versuch zu erläutern.

179. Versuch.

Man setze, eine leidner Flasche oder ein Conductor
sey so schwach elektrisirt, daß seine Intensität nur einen
halben Grad oder noch weniger betrage. Wenn nun die auf
ihrer untern Fläche stehende Metallplatte des Condensators

tors mit dieser Flasche oder diesem Conductor berührt
wird, so ist klar, daß ihr beyde einen so großen Theil ihrer Elektricität mittheilen werden, als der Capacität der
Platte proportional ist, d. i. so viel, daß dadurch die
Elektricität der Platte eine gleiche Intensität mit der Elektricität des Conductors erhält, beyde nämlich einen halben Grad. Da aber die Capacität der Platte anjetzt, da
sie auf einer gehörig zubereiteten Fläche liegt, z. B. 100
mal größer ist, als wenn sie isolirt in der Luft schwebte,
so nimmt sie auch 100mal mehr Elektricität aus der Flasche oder dem Conductor an. Hieraus folgt natürlich,
daß, wenn die Metallplatte von der untern Fläche auf
$\frac{1}{100}$ ihrer vorigen Größe herabgesetzt wird, die Intensität
100mal größer werden, also bis auf 50 steigen müs-
se, da sie in der Flasche oder im Conductor nur $\frac{1}{2}$ Grad
betrug.

Da eine so geringe Elektricität die Metallplatte des
Condensators in Stand setzt, einen starken Funken zu geben, so könnte man fragen, was eine stärkere Elektricität
thun werde. Warum thut diese letztere nichts mehr?
Die Antwort ist, weil die der Metallplatte mitgetheilte
Elektricität zerstreuet wird, so bald sie so groß ist, daß
sie den schwachen Widerstand der untern Platte überwinden kann.

Man begreift leicht, daß die Metallplatte, wenn sie
gleich aus einer leidner Flasche oder einem großen Conductor, wenn er auch schwach elektrisirt ist, eine große
Menge Elektricität annehmen kann, dennoch keine beträchtliche Menge aus einem Conductor von geringer Capacität
erhalten könne; denn dieser Conductor kann ihr das nicht
geben, was er selbst nicht hat, er müßte denn beständig
einen neuen, obgleich schwachen, Zufluß erhalten. Dies
ist der Fall bey einem atmosphärischen Conductor, oder
bey dem Conductor einer Maschine, welche zwar schwach,
aber doch unaufhörlich fortwirkt. In diesen Fällen aber

K 3 ist

iſt eine ziemliche Zeit nöthig, ehe die Metallplatte einen hinreichenden Grad von Elektricität erhält.

Da ein großer, aber ſchwach elektriſirter Conductor der Metallplatte des Condenſators eine beträchtliche Menge Elektricität mittheilt, und dieſe Elektricität nach aufgehobener Platte ſehr verdichtet und verſtärkt erſcheint; ſo kann man, wenn auch dieſe Platte noch zu wenig Elektricität enthält, um einen Funken zu geben oder das Elektrometer zu bewegen, dieſe Elektricität merklicher machen, wenn man ſie einer andern kleinen Platte oder einem zweyten Condenſator mittheilt.

Auf dieſe Verbeſſerung verfiel zuerſt Herr **Cavallo** durch Nachdenken über die Verſuche des **Volta**. Er gebrauchte dazu eine kleine Metallplatte, welche nicht größer war, als ein Schilling. Dieſer zweyte Condenſator iſt in vielen Fällen brauchbar, wo die Elektricität ſo ſchwach iſt, daß man ſie durch einen Condenſator allein gar nicht, oder doch nicht deutlich, bemerkt. Bisweilen erhält die gewöhnliche Metallplatte meines Condenſators ſo wenig Elektricität, daß ſie, von der untern Fläche weggenommen, und gegen ein höchſt empfindliches von Herrn **Cavallo** verfertigtes Elektrometer gehalten, gar nicht auf dieſes letztere wirkt. Wenn ich in dieſem Falle dieſe ſo ſchwach elektriſirte Platte an die gehörig aufgeſtellte kleinere Platte bringe, und dieſe alsdann gegen ein Elektrometer halte, ſo iſt die Elektricität gemeiniglich ſtärker, als zu Beſtimmung ihrer Beſchaffenheit nöthig wäre.

Wenn nun mit Hülfe beyder Condenſatoren die Elektricität 1000mal verſtärkt wird (welche Angabe gar nicht übertrieben iſt), wie ſchwach muß dann die Elektricität des unterſuchten Körpers ſeyn, und wie ſchwach diejenige, welche durch das Reiben des Metalls mit der Hand erzeugt wird? Dieſe Elektricität wirkt nur mit Mühe aufs Elektrometer, wenn ſie gleich durch beyde Condenſatoren verſtärkt iſt; ſie iſt gerade nur hinreichend, die Ueberzeugung

gung

gung zu verschaffen, daß sich das Metall durch Reiben
mit der Hand elektrisiren lasse.

Vor der Entdeckung des Condensators und des so
empfindlichen Elektrometers b s Herrn Cavallo waren
wir nicht im Stande, so schwache Elektricitäten zu bemerken; da wir hingegen jetzt Grade der Elektricität beobachten können, welche ohne alle Vergleichung geringer sind,
als die schwächsten, die sich damals bemerken ließen.

Zwölftes Kapitel.

Von der atmosphärischen Elektricität.

In Absicht auf den Gegenstand dieses Kapitels haben
wir das meiste dem P. Beccaria zu danken, welcher viele Jahre lang die verschiedenen Abwechselungen
der Elektricität der Atmosphäre und ihre Verbindung mit
den übrigen Phänomenen der Witterung genau beobachtet
hat. Sein Apparatus war zu dieser Absicht ungemein geschickt, und übertrifft bey weitem alle bisher bekannte An-
stalten zu leichter und ungehinderter Beobachtung der Luftelektricität. Da man anfänglich nicht glaubte, daß die
Elektricität mit allen Wirkungen der Natur so innig verbunden sey, als wir es jetzt wissen, so ist die Anzahl
der in diesem Fache arbeitenden Naturforscher noch nicht
groß gewesen; die vornehmsten derselben sind der P. Beccaria, Herr Ronayne und Herr Cavallo.

Ich habe hier die Resultate der Beobachtungen des
P. Beccaria in einen Auszug und eine gehörige Ordnung gebracht, und gelegentlich die Beobachtungen anderer Gelehrten eingeschaltet, um den Leser mit den Haupt-
sachen bekannt zu machen, und zu aufmerksamer Untersuchung dieses so wichtigen und feinen Gegenstandes anzu-
locken; denn man kann nie von einem meteorologischen

Sy-

System einige Gewißheit erwarten, wofern nicht dabey die Wirkung der Elektricität, als einer der vornehmsten Trieb⸗ federn, besonders in Betrachtung gezogen wird.

Der Apparatus des P. Beccaria zu Untersuchung der Elektricität der Atmosphäre bestand aus einem 132 Schuh langen eisernen Drathe, den er den Explorator nennet. Das eine Ende desselben befestiget er an eine über den Schorstein hervorragende Stange; das andere an den Gipfel eines Kirschbaums. Die Enden des Draths waren isolirt und mit einem kleinen zinnernen Knöpfchen versehen. Ein andrer Drath ward von dem vorigen (durch eine dicke mit Siegellak überzogne Glasröhre) ins Zim⸗ mer geführt; wodurch man beständig in Stand gesetzt ward, den Zustand der Elektricität in dem Explorator zu beobachten. Beccaria verband mit diesem letztern Drathe einen kleinen Streif Metall; an jeder Seite des⸗ selben befand sich eine Korkkugel von 1 Linie Durchmes⸗ ser; diese Kugeln waren an seidnen 16 Linien langen Fä⸗ den aufgehangen.

Bey heiterm Himmel ist die Elektricität gemeiniglich so stark, daß die Kugeln ohngefähr 6 Linien von der Me⸗ tallplatte abstehen; ist sie sehr stark, so stehen sie 15 bis 20 Grad ab; ist sie schwach, so ist die Divergenz sehr gering.

Bey heiterm Himmel braucht der Drath, wenn man ihn berührt hat, eine Minute Zeit oder noch mehr, ehe er wieder Zeichen einiger Elektricität von sich giebt; ob er gleich zu andern Zeiten schon in einer Sekunde wieder elek⸗ trisirt wird.

Die Elektricität ist bey heiterm Himmel allezeit po⸗ sitiv. Nur höchst selten ist sie negativ, und alsdann bringt sie der Wind aus andern (vielleicht vom Beob⸗ achtungsorte sehr entfernten) Gegenden der Atmosphäre, wo es zu derselben Zeit Nebel, Schnee, Regen oder Wolken giebt. Diesen Satz bestätiget die ganze Reihe der von Beccaria gemachten Beobachtungen. Nur

nicht

zwey oder dreymal hat er Beyspiele vom Gegentheil gefunden.

Nach D. Franklin's Beobachtungen sind die Wolken bisweilen negativ, welches gewiß sehr richtig ist; sie
verschlucken bisweilen aus und durch den Apparatus eine
große und vollgeladene Flasche positiver Elektricität, von
welcher der Apparatus nicht den 100sten Theil hätte annehmen und behalten können. Man kann sich auch leicht
vorstellen, wie eine stark geladene große positive Wolke
kleinere Wolken negativ machen könne.

Die Elektricität der Atmosphäre steht mit dem Zustande der Luft in Absicht auf Feuchtigkeit und Trockenheit
in der genauesten Verbindung, daß man also nothwendig
auf das Hygrometer Acht haben muß, wenn man über
die verschiedenen Grade der Elektricität zu verschiedenen
Zeiten ein gegründetes Urtheil fällen will. Das Hygrometer des Herrn Coventri von Papier wird hiebey die
besten Dienste thun; es ist sehr empfindlich, zieht die
Feuchtigkeit bald an sich, theilt sie auch leicht wieder mit;
und läßt sich mit andern Hygrometern eben dieser Art vergleichen. Auch ist es nöthig, ein Thermometer neben
das Hygrometer zu stellen, um zu bestimmen, wie viel
Feuchtigkeit die Luft bey einem jeden gegebnen Grade der
Wärme aufgelöset enthalten könne; obgleich diese Absicht
sich noch besser möchte erreichen lassen, wenn man genau
beobachtete, wie viel Feuchtigkeit zu verschiedenen Zeiten
aus einer gegebnen Oberfläche ausdünstet. Auch ist zu
bemerken, daß die Dichtigkeit der Luft auf die Menge der
darinn enthaltenen Feuchtigkeit Einfluß hat.

Die Feuchtigkeit in der Luft ist der beständige Leiter
der atmosphärischen Elektricität bey heiterm Himmel; daher steht auch die Menge der Elektricität im Verhältniß
mit der Menge von Feuchtigkeit, welche den Explorator
umgiebt; bis deren endlich so viel wird, daß sie die Isolirung des Draths und der Atmosphäre unvollkommen
macht. Bey trockner Luft wird es oft über eine Minute

K 5   lang

lang dauren, ehe die Kugeln, wenn der Drath berührt worden ist, wiederum einige Elektricität zeigen; da hingegen bey feuchterer Luft kaum eine Sekunde vergangen ist, wenn die Kugeln schon wieder zwischen dem Finger und der messingenen Platte, an welcher sie hängen, schnelle Oscillationen machen *).

Wenn sich der Himmel aufklärt, ist die Elektricität allezeit positiv. Geschieht dies plötzlich, und wird die Luft schnell trocken, so steigt die Elektricität auf einen hohen Grad, und giebt häufige Gelegenheit, die Beobachtungen zu wiederholen. Bisweilen hält die durch Aufklärung des Himmels verursachte Elektricität eine lange Zeit mit gleicher Intensität an; fängt auch wohl nach einiger Unterbrechung von neuem an, stark zu werden. Dies scheint von derjenigen Elektricität herzurühren, welche der Wind aus großen Entfernungen herbey führt.

P. Beccaria sagt, wenn er beobachtet habe, daß die über seinem Scheitel befindlichen dicken niedrigen Wolken sich zu zertheilen, und die darüber stehenden dünnern und gleichförmigern dünner zu werden angefangen hätten, daß der Regen aufgehört, und das Elektrometer positive Elektricität gezeigt hätte, so habe er seinen Beobachtungen allezeit beygeschrieben: Zuverläßiger Uebergang zu heiterm Wetter.

Starke positive Elektricität nach dem Regen ist ein Zeichen, daß die gute Witterung einige Tage lang anhalten werde. Ist die Elektricität schwach, so zeigt dies an,

das

---

*) Bey heiterm Himmel muß man die Beobachtungen über die Elektricität der Atmosphäre sehr oft wiederholen, um die Geschwindigkeit zu beobachten, mit welcher die Elektricität, wenn man sie aufgehoben hat, wieder steigt; welches der P. Beccaria gemeiniglich nach der Anzahl von Sekunden bestimmt, welche verfließen mußten, ehe die Kugeln wieder ihre Elektricität zeigten.

das gute Wetter werde nicht den ganzen Tag über anhalten, es werde bald trüb werden und regnen.

Wenn sich der Himmel über dem Orte der Beobachtung trübet, und eine hohe Wolke entsteht, welche keine
niedrige Wolken unter sich hat, auch kein Theil einer schon
anderwärts regnenden Wolke ist, so bemerkt man entweder gar keine, oder eine positive Elektricität.

Entstehen die Wolken in Gestalt wollener Flocken,
und bewegen sich erst näher an einander, und dann aus
einander; oder liegt die entstehende große Wolke sehr hoch,
und streckt sich dann niederwärts, wie ein herabsinkender
Rauch, so zeigt sich gemeiniglich positive Elektricität, deren Stärke sich verhält, wie die Geschwindigkeit, mit
welcher die Wolke entsteht; und man kann aus derselben
die Menge und Geschwindigkeit des darauf folgenden Regens oder Schnees in voraus abnehmen.

Bildet sich eine dünne, ebne und weit ausgebreitete
Wolke, welche den Himmel trübt, und eine graue Farbe
zeigt, so bemerkt man eine starke und sich schnell wieder
ersetzende positive Elektricität; je langsamer aber die Entstehung der Wolke erfolgt, desto schwächer wird diese Elektricität; bisweilen verschwindet sie gänzlich. Entsteht
hingegen die dünne ausgebreitete Wolke nach und nach
aus kleinen Wolken, die sich wie Flocken, beständig daran
hängen, und einander abstoßen, so hält die positive Elektricität gemeiniglich an.

Niedrige und dicke Nebel (besonders, wenn die Luft
um den Ort, wo sie aufsteigen, von Feuchtigkeit frey ist)
geben dem Explorator eine Elektricität, welche zu wieder-
holtenmalen kleine Funken giebt, und eine Divergenz der
Kugeln von 20° — 25° oder wohl 30° hervorbringt. Entsteht der Nebel schnell, und bleibt er eine Zeit lang in der
Gegend des Explorators, so verschwindet diese Elektricität bald; führt er aber fort, zu steigen, und tritt eine
neue Wolke an die Stelle der vorigen, so elektrisiret dieselbe

selbe den Drath von neuem, obgleich nicht so stark, als vorher. Läßt man Racketen durch solche dicke, niedrige und anhaltende Nebel gehen, so erhält man oft Zeichen einer Elektricität. Der P. Beccaria hat unter den oben angeführten Umständen niemals ein Beyspiel von negativer Elektricität gefunden; außer vielleicht ein einziges mal, da er eine Rackete mit einer Schnur durch einen niedrigen dicken Nebel gehen ließ: ob er gleich nachher sehr gegründete Ursachen erhielt, zu glauben, daß er sich in Absicht auf den an der Spitze bemerkten Stern geirrt habe.

Herr Ronayne fand die Luft in Irland beym Nebel, auch beym Reif, gemeiniglich elektrisirt, und das so wohl bey Tag als bey Nacht, vorzüglich aber im Winter; im Sommer selten, und nur von positiven Wolken, oder kalten Nebeln. Die Elektricität der Luft beym Reif oder Nebel ist allezeit positiv. Auch hat er beym Uebergange einer Wolke oft Abwechselungen von negativer und positiver Elektricität beobachtet.

Die meisten Nebel haben einen Geruch, der dem Geruche einer geriebenen Glasröhre sehr ähnlich ist.

Herr Henly hat gezeigt, daß die Nebel bey oder gleich nach einem Froste stärker elektrisirt sind, als zu anderer Zeit, und daß ihre Elektricität oft, gleich nach ihrer Entstehung, am stärksten ist.

Wenn ein dicker Nebel aufsteigt, und zugleich die Luft scharf und kalt ist, so ist der Nebel stark positiv elektrisirt.

Den Regen hält er nicht für eine unmittelbare Ursache der Luftelektricität, aber er vermuthet, daß er eine entfernte Folge derselben sey. Gemeiniglich fand er, daß, wenn die Luft sehr stark elektrisirt war, zwey oder drey Tage darauf Regen oder andere üble Witterung erfolgte.

Wenn bey heiterm Himmel eine niedrige Wolke, die sich langsam bewegt, und von andern Wolken entfernt ist, über den Drath geht, so wird die positive Elektricität gemeiniglich

meiniglich fehr fchwach, jedoch nicht negativ; fobald die
Wolke vorüber ift, kömmt fie auf den vorigen Grad zurück. Wenn viele weißliche Wolken, wie Flocken, über
dem Drathe ftehen, die fich bald mit einander vereinigen,
bald wieder von einander entfernen, und zufammen ein
weit ausgebreitetes Ganzes ausmachen, fo nimmt die pofitive Elektricität gemeiniglich zu. In allen angeführten
Fällen geht die pofitive Elektricität niemals in die negative
über.

Wolken, welche fich fortbewegen, fchwächen die Elektricität des Explorators; doch fcheinen auch diejenigen,
welche niedrig ftehen, diefe Wirkung hervorzubringen.

Von der täglichen atmofphärifchen Elektricität.

Des Morgens, wenn das Hygrometer eben fo viel
oder etwas weniger Trockenheit zeiget, als Tages vorher,
entfteht vor Sonnenaufgang einige Elektricität. Sie zeigt
fich durch Zufammengehen, Anhängen oder auch durch
einige Divergenz der Kugeln, und ift defto größer, je
trockner die Luft, und je geringer der Unterfchied ihres
Zuftandes von dem am vorigen Tage ift. Ift die Luft
nicht trocken genug, fo nimmt man keine Elektricität vor
oder kurz nach Sonnenaufgang wahr. Da die Luft gewöhnlicher Weife die Nacht über feucht ift, fo kann man
diefe Elektricität bey Sonnenaufgang nur felten bemerken.
P. Beccaria fand bey dreymonatlichen Beobachtungen
nur an achtzehn Morgen Elektricität vor Sonnenaufgang;
und aus der ganzen Reihe feiner zahlreichen Beobachtungen erhellet, daß diefe Erfcheinung im Winter häufiger
vorkomme, als im Sommer, befonders wenn man den
Apparatus vor dem Reif und aller Feuchtigkeit bewahret.

Des Vormittags wird die Elektricität nach und nach
ftärker, je höher die Sonne fteigt, fie mag nun vor Sonnenaufgang, oder erft nachher, fichtbar geworden feyn.
Diefes

Dieses stufenweise Zunehmen der vormittäglichen Elektricität fängt früher an, wenn das Hygrometer nach Sonnenaufgang fortfährt, größere Grade der zunehmenden
Trockenheit zu zeigen. Die Stärke und das Wieder-
kommen der Elektricität (wenn man sie durch Berührung
des Draths weggenommen hat) bleibt an heitern Tagen,
an welchen kein heftiger Wind wehet, und das Hygrometer an der höchsten Stelle, die es erreichet, ruhig stehen bleibt, so lange einerley, bis die Sonne bald unter-
gehen will. Kömmt die Sonne ihrem Untergang nahe,
so nimmt diese tägliche Elektricität desto mehr ab, je mehr
Feuchtigkeit das Hygrometer in sich zieht.

Wenn gleich das Hygrometer an verschiedenen Tagen um 12 Uhr gleiche Grade der Trockenheit zeigt, so
erscheint doch die Elektricität nach der Berührung des
Draths immer an einem Tage früher wieder, als am andern; und dieß steht großentheils mit der Wärme im Verhältniß. An solchen Tagen fängt auch die Elektricität des
Morgens früher an, und hört des Abends früher auf.

Das Reiben der Winde an der Erdfläche ist nicht
die Ursache der atmosphärischen Elektricität. Heftige
Winde schwächen die Elektricität bey heiterm Himmel.
Sind sie feucht, so schwächen sie ihre Intensität desto
stärker, je mehr sie die vollkommene Isolirung des Draths
und der Atmosphäre vermindern.

Von der Elektricität beym Abendthaue.

In den kühlern Jahrszeiten entsteht, wenn der Himmel heiter ist, ein wenig Wind wehet und die Trockenheit
stark zunimmt, nach Sonnenuntergang mit Anfang des
Thaues eine Elektricität von beträchtlicher Stärke. Diese
Elektricität kömmt sogar weit schneller wieder, als die
tägliche selbst, und vergeht sehr langsam.

In gemäßigten oder warmen Jahrszeiten, zeigt sich
unter eben den Umständen eine der vorigen völlig ähnliche

Elek-

Elektricität sogleich mit Sonnenuntergange; nur ist ihre Intensität nicht so beständig: sie fängt mit größerer Geschwindigkeit an, vergeht aber auch früher.

Ist unter obigen Umständen die Trockenheit der Luft, im Durchschnitt genommen, geringer, so ist die Abends mit dem Thaue entstehende Elektricität desto schwächer, je mehr sie die Vollkommenheit der Isolirung des Draths und der Atmosphäre vermindert; sie kömmt aber, wenn man den Drath berührt hat, desto schneller wieder, je größer die Menge des Thaues ist.

Die Elektricität des Thaues scheint von der Menge desselben abzuhängen, und bey ihren verschiedenen Veränderungen eben denjenigen Verhältnissen zu folgen, welche zwischen der Elektricität des stillen und sanften Regens, und der stürmischen Platzregen statt findet; auch verändert sie sich nach den Jahrszeiten.

So wie der Regen, die Platzregen, das Nordlicht und das Zodiakallicht stets einige Tage nach einander von eben denselben charakteristischen Umständen begleitet zu erscheinen pflegen, so sucht sich auch die Elektricität des Thaues einige Abende nach einander mit eben denselben Charakteren zu erhalten.

180. Versuch.

Man elektrisire die Luft, d. i. die in derselben schwebende Feuchtigkeit und andere Dämpfe, in einem wohl verwahrten Zimmer, und erhebe eine Flasche, welche man mit kältern Wasser, als die Luft im Zimmer ist, gefüllt, und in einer gläsernen Röhre isolirt hat, sehr hoch in diesem Zimmer. Die Isolirung des Glases muß man mit warmen leinenen Tüchern zu unterhalten suchen. Die elektrischen Phänomene zweyer an der Flasche hängenden Fäden werden die Erscheinungen der Elektricität des Thaues sehr genau darstellen. Hieraus werden sich die verschiedenen

denen Arten an den Tag legen, auf welche diese Elektricität entsteht, je nachdem die elektrisirten Dämpfe im Zimmer dünner oder dichter sind, nachdem der Unterschied
zwischen der Wärme der Luft im Zimmer und des Wassers
in der Flasche größer oder geringer, und die Isolirung der
Flasche mehr oder weniger vollkommen ist.

Herr Ronayne hat bemerkt, daß bey Gewittern
die Blitze schnelle Veränderungen bewirken. Oft wird dadurch die Elektricität weiter verbreitet, bisweilen vermindert; bald verstärkt, bald sogar in die entgegengesetzte
verwandlet; bisweilen kömmt sie, wenn vorher gar keine
da war, mit einem Blitze plötzlich zum Vorschein. Eine
große Gewitterwolke, welche den ganzen Himmel verdun-
kelt, bringt nicht soviel Elektricität hervor, als ein Theil
von ihr, oder ein gewöhnlicher Schauer; auch geht ein
Gewitter nicht der regelmäßigen Richtung des Windes
nach, sondern schief und im Zikzak, d. i. es regnet an Orten, wo das Gewitter gar nicht hinkommen sollte.

Versuche und Beobachtungen über die atmosphäri-
sche Elektricität, von Herrn Cavallo.

Diese sind größtentheils mit dem elektrischen Drachen angestellt, welcher die Elektricität aus der Luft zu jeder Zeit aufsammlet. Das Vermögen dieses Werkzeugs
kömmt auf die Schnur desselben an. Die beste Methode,
diese Schnur zu verfertigen, ist diese, daß man zween
dünne hänfene Windfaden mit einem Kupferfaden, dergleichen zu unächten Stickereyen gebraucht werden, zu-
sammendrehet: ein gemeiner Drache, wie die, womit die
Knaben spielen, mit dieser Schnur, thut eben so gute
Dienste, als irgend ein anderer. Wenn Herr Cavallo
einen auf diese Art eingerichteten Drachen steigen ließ, so
fand er allezeit an der Schnur Merkmale der Elektricität,
nur ein einzigesmal ausgenommen, wobey das Wetter
warm und der Wind so schwach war, daß er den Drachen
                                        nur

nur mit Mühe zum Steigen brachte, und kaum einige
Minuten lang in der Höhe erhalten konnte: als hernach
der Wind stärker ward, erhielt er, wie gewöhnlich, eine
starke positive Elektricität.

Stieg der Drache zu einer Zeit, da wegen der großen Menge der Elektricität einige Gefahr zu befürchten
war, so band Herr **Cavallo** an die Schnur das eine
Ende einer Kette, ließ das andere auf den Boden fallen,
und stellte sich auf ein isolirendes Stativ. Den Fall ausgenommen, da man den Drachen bey einem Gewitter steigen läßt, läuft der Operator nicht sehr Gefahr, einen
Schlag zu bekommen. Ob er gleich den Drachen hun-
dertmal ohne die geringste Vorsicht steigen ließ, bekam er
doch nur höchst selten einige schwache Schläge in die Arme. Nur ist nicht rathsam, ihn steigen zu lassen, wenn
Gewitterwolken über dem Scheitel stehen; dies ist aber
auch nicht nöthig, da man alsdann andere Mittel hat,
die Elektricität zu beobachten. Oft zog er, wenn der
Drache stieg, die Schnur durch ein Fenster ins Zimmer,
und befestigte sie mit einer andern starken seidnen Schnur
an einen schweren Stuhl im Zimmer In Fig. 78 stellt
A B einen Theil der ins Zimmer gezogenen Schnur des
Drachen, C die seidne Schnur, D E einen kleinen Conductor vor, der durch einen dünnen Drath mit der Schnur
des Drachen verbunden ist; F ist ein Quadrantenelektrometer auf einem isolirenden Stativ neben dem Conductor
gestellt; G eine etwa 18 Zoll lange Glasröhre, g n ein
in diese Glasröhre gekitteter messingener Drath mit ein m
Knopfe. Man kann hiedurch die Beschaffenheit der Elektricität sehr leicht bestimmen, wenn man nicht sicher nahe
an die Schnur kommen darf. Man berührt in dieser Absicht die Schnur mit dem Knopfe des Draths, welcher soviel Elektricität aus ihr in sich nimmt, daß man ihre Beschaffenheit entweder durch das Anziehen und Abstoßen
leichter Kügelchen, oder durch die Erscheinungen des elektrischen Lichts untersuchen kann. Man kann sie auch ver-

mittelſt einer leidner Flaſche beſtimmen, welche ſo eins
gerichtet iſt, daß ſie die Ladung eine ſehr lange Zeit hält;
in dieſem Falle braucht man den Drachen nicht länger in
der Luft zu laſſen, als es nöthig iſt, um die Flaſche zu
laden, welche dann die Beſchaffenheit der Elektricität auch
noch nach Verlauf einiger Tage zeigen wird.

Wenn man von einer geladenen Flaſche alles dasjenige, was ſie entladen könnte, ſorgfältig abhält, ſo wird
ſie ihre Ladung eine lange Zeit behalten. Auf dieſem
Grundſatze beruhet die Einrichtung der erwähnten Flaſche.
Sie iſt auf die gewöhnliche Art belegt: der unbelegte Theil
des Glaſes aber iſt mit Siegellak oder ſonſt mit Firniß
überzogen. In den Hals dieſer Flaſche iſt eine an beyden
Enden offene Glasröhre eingekittet, an deren unterm Ende
ein Stück Stanniol bis an die innere Belegung herüber-
geht. In dieſe Glasröhre geht ein Drath mit einem
Knopfe, an welchem ſich ein gläſerner Handgriff befindet;
der Drath iſt ſo lang, daß er den mit der innern Seite
verbundenen Stanniol berühret. Man lade die Flaſche,
wie gewöhnlich, und ziehe dann vermittelſt des gläſernen
Handgriffs den Drath aus der Glasröhre, welches man
thun kann, ohne die Flaſche zu entladen. Da in dieſem
Zuſtande die elektriſche Materie nicht leicht herauskann, ſo
bleibt eine ſolche Flaſche viele Wochen lang geladen.

Fig. 80 iſt ein ſehr einfaches, ebenfalls von Herrn
Cavallo erfundenes Inſtrument zu Verſuchen über die
Elektricität der Atmoſphäre, welches in verſchiedenen
Rückſichten das beſte zu dieſer Abſicht zu ſeyn ſcheinet.
A B iſt eine gemeine aus verſchiedenen Gliedern zuſam-
mengeſetzte Angelruthe, von der jedoch das letzte dünnſte
Glied abgenommen iſt. Aus dem Ende dieſer Ruthe geht
eine dünne mit Siegellak überzogne Glasröhre C hervor.
An ihr befindet ſich ein Stück Kork D, von welchem ein
Elektrometer mit Korkkügelchen herabhängt. H G I iſt
ein Bindfaden, welcher an das andere Ende der Röhre
befeſtiget iſt, und bey G von einem Schnürchen F G ge-

hals

halten wird. Am Ende des Bindfadens bey T ist eine
Stecknadel befestiget. Wenn man diese in den Kork D
steckt, so ist das Elektrometer E unisolirt. Will man nun
mit diesem Instrumente die Elektricität der Atmosphäre
beobachten, so stoße man die Stecknadel T in den Kork D,
halte den Stab bey dem untern Ende A, stecke ihn zu einem Fenster im obersten Stockwerke des Hauses heraus,
und halte das andere Ende der Röhre mit dem Elektrometer so hoch, daß der Stab mit dem Horizont einen Winkel von 50° — 60° macht. In dieser Stellung halte man
das Instrument einige Secunden, ziehe dann an dem
Bindfaden bey H, und mache dadurch die Stecknadel von
dem Korke D los, wodurch der Bindfaden in die punk-
tirte Lage K L fällt, das Elektrometer aber isolirt, und
auf die der Elektricität der Atmosphäre entgegengesetzte
Art elektrisiet bleibt. Hierauf ziehe man das Elektrometer
ins Zimmer, so kann man die Beschaffenheit der Elektricität untersuchen, ohne durch Wind oder Dunkelheit gehindert zu werden.

Fig. 81 ist das ebenfalls vom Herrn **Cavallo** er-
fundene **Regenelektrometer**. A B C T ist eine starke
Glasröhre, ohngefähr $2\frac{1}{4}$ Schuh lang, an deren Ende
ein zinnerner Trichter D E angelüttet ist, welcher einen
Theil der Röhre vor dem Regen beschützet. Die äußere
Oberfläche der Röhre von A bis B ist mit Siegellak überzogen, so wie auch der Theil, der von dem Trichter bedeckt wird. F D ist ein Stück Rohr, um welches einige
messingene Dräthe in verschiedenen Richtungen geflochten sind,
so daß sie leicht etwas Regen auffangen, und doch dem
Winde nicht Widerstand thun. Dieses Stück Rohr ist an
die Röhre befestiget; aus ihm geht ein dünner Drath
durch die Röhre hindurch, und ist mit dem stärkern Drathe A G verbunden, der in einem Stück Kork steckt, welches in das Ende der Röhre A befestiget ist. Das Ende
G des Drathes A G ist in einen Ring g bogen, an welchen man ein empfindliches Korkelektrometer hängen kann.

L 2   Dies

Dieses Instrument wird an die Seite des Fensterrahmens befestiget, wo es von starken messingenen Haken getragen wird. In dieser Absicht wird die Röhre bey C B mit einer seidnen Schnur umwunden, damit die Haken desto besser fassen können. Der Theil F G ragt zu dem Fenster heraus, und das Ende F ist ein wenig über die Horizontallinie erhöhet. Der übrige Theil des Instruments geht durch ein Loch in dem Fensterrahmen in das Zimmer hinein, und innerhalb des Rahmens selbst befindet sich blos der Theil C B. Wenn es regnet, und vorzüglich bey vorübergehenden Platzregen, wird dieses Instrument öfters elektrisiret, und man kann durch die Divergenz der Kügelchen des Elektrometers die Stärke und Beschaffenheit der Elektricität des Regens beobachten, ohne dabey einem Irrthume ausgesetzt zu seyn. Herr Cavallo ist im Stande gewesen, mit diesem Instrumente am Drathe A G eine kleine belegte Flasche zu laden. Es muß so befestiget werden, daß man es leicht vom Fenster abnehmen und wieder darauf stellen kann; denn man muß es sehr oft abwischen und trocknen, besonders wenn sich ein Platzregen nähert.

Beschreibung eines kleinen portativen atmosphärischen Elektrometers, von Herrn Cavallo.

Der vornehmste Theil dieses Instruments ist eine gläserne Röhre C D M N Fig. 76. Diese ist an ihrem untern Theile in das messingene Stück A B eingeküttet, an welchem man das Instrument halten kann, wenn es zur Untersuchung der Atmosphäre gebraucht werden soll; auch dient es, um das Instrument in das messingene Gehäuse A B O einzuschrauben. Der obere Theil der Röhre C D M N läuft in ein schmales cylindrisches Ende aus, welches ganz mit Siegellack überzogen ist; in dieses Ende ist eine kleine Glasröhre eingeküttet, deren unteres ebenfalls mit Siegellak überzogenes Ende ein wenig in die Röhre C D M N hineinreicht; in diese kleine Röhre ist ein Drath ein-

eingelüttet, deſſen unteres Ende das flache Stück Elfenbein H, welches durch einen Kork in die Röhre befeſtiget
iſt, berührt; das obere Ende des Draths geht ohngefähr
$\frac{1}{4}$ Zoll weit über die Röhre hinaus, und läßt ſich in die
meſſingene Haube E F einſchrauben, welche am Boden
offen iſt, und den Regen von dem mit Siegellak überzo-
genen Theile des Inſtruments abhält.

T M und K N ſind zween ſchmale Streifen Stanniol an der innern Seite der Röhre C D M N befeſtiget;
ſie ſtehen mit dem meſſingenen Boden A B in Verbindung, und dienen, die Elektricität abzuleiten, welche ſich
den Korkkugeln, wenn ſie das Glas berühren, mittheilet,
und welche ſonſt, wenn ſie ſich anhäufte, die freye Bewegung dieſer Kugeln hindern möchte.

Will man dieſes Inſtrument zur künſtlichen Elektricität gebrauchen, ſo elektriſire man die meſſingene Haube durch eine elektriſirte Subſtanz, und die Divergenz oder
Convergenz der Korkkugeln bey Annäherung eines geriebenen elektriſchen Körpers wird die Beſchaffenheit der Elektricität zeigen. Die beſte Art das Inſtrument zu elektriſiren iſt dieſe, daß man geriebenes Siegellak ſo nahe
an die meſſingene Haube bringt, daß eine oder beyde Korkkugeln die Seiten der Flaſche C D M N berühren; nach
dieſer Berührung werden ſie ſogleich zuſammen fallen und
unelektriſirt ſcheinen. Nimmt man nun das Siegellak
wieder hinweg, ſo werden ſie wiederum divergiren, und
poſitiv elektriſiret bleiben.

Will man aber dieſes Elektrometer zu Unterſuchung
der Elektricität des Nebels, der Luft, der Wolken u. dgl.
gebrauchen, ſo darf man es nur von dem Gehäuſe A B O
abſchrauben, und es bey dem Boden A B in die Luft
halten, ſo hoch, daß es ein wenig über dem Kopfe ſteht,
und man die Korkkugeln P bequem ſehen kann. Dieſe Kugeln werden, wofern einige Elektricität vorhanden iſt, ſogleich divergiren; und ob dieſe Elektricität poſitiv oder
negativ ſey, wird man beſtimmen können, wenn man eine

L 3　　　　　　　　　　　gerie-

geriebene Stange Siegellak oder einen andern geriebenen
elektrischen Körper gegen die messingene Haube E F bringet.

Allgemeine Gesetze, aus den Versuchen mit dem elektrischen Drachen hergeleitet.

1) Es scheint allezeit einige Elektricität in der Luft
zu geben. Ihre Elektricität ist allezeit positiv, und weit
stärker bey kaltem als bey warmem Wetter; auch ist sie
keineswegs in der Nacht geringer, als am Tage.

2) Die Gegenwart der Wolken vermindert gemeiniglich die Elektricität des Drachen; bisweilen hat sie gar
keinen Einfluß auf dieselbe, und sehr selten verstärkt sie
sie ein wenig.

3) Wenn es regnet, ist die Elektricität des Drachen
mehrentheils negativ, und sehr selten positiv.

4) Das Nordlicht scheint auf die Elektricität des
Drachen keinen Einfluß zu haben.

5) Der elektrische Funken, den man aus der Schnur
des Drachen oder aus einem damit verbundenen isolirten
Leiter ziehet, ist, besonders wenn es nicht regnet, sehr selten länger als ¼ Zoll, aber außerordentlich stechend. Wenn
der Zeiger des Elektrometers auch nicht höher als 20°
steht, so wird die Person, die den Funken ziehet, dennoch
denselben bis in die Schenkel fühlen; er ist also mehr dem
Schlage einer geladenen Flasche, als dem Funken aus dem
ersten Leiter einer Elektrisirmaschine ähnlich.

6) Die Elektricität des Drachens ist überhaupt stärker oder schwächer, je nachdem die Schnur länger oder
kürzer ist, doch bleibt sie nicht in Proportion mit der Länge der Schnur. Wenn z. B. die durch eine Schnur von
100 Yards erhaltene Elektricität den Zeiger des Elektrometers bis 20° erhebt, so wird ihn die durch eine doppelt so lange Schnur herabgeleitete nicht höher als auf
25° erheben.

7) Wenn

7) Wenn das Wetter feucht und die Elektricität ftark ift, fo fteigt der Zeiger des Elektrometers, wenn man einen Funken aus der Schnur gezogen, oder den Knopf einer belegten Flafche gegen diefelbe gehalten hat, mit groffer Gefchwindigkeit wieder an feine Stelle; aber bey trocknem und warmem Wetter fteigt er außerordentlich langfam.

Aus denen über die Elektricität der Atmofphäre angeftellten Beobachtungen erhellet, daß die Natur von der elektrifchen Materie bey Beförderung der Vegetation Gebrauch mache.

1) Im Frühling, wenn die Pflanzen zu wachfen anfangen, fangen auch von Zeit zu Zeit elektrifche Wolken an zu erfcheinen, und elektrifchen Regen auszugießen. Die Elektricität der Wolken und des Regens nimmt zu bis in diejenige Zeit des Herbftes, in welcher die letzten Früchte eingefammelt werden.

2) Die elektrifche Materie verfieht das natürliche Feuer mit derjenigen Feuchtigkeit, durch deren Hülfe es die Vegetation bewirkt und belebet; fie ift die Triebfeder, welche die Dünfte fammelt, die Wolken bildet, und dann wieder gebraucht wird, fie zu zerftören und in Regen aufzulöfen.

3) Aus eben diefem Grundfatze läßt fich das Sprichwort erklären, daß kein Begießen fo fruchtbar fey, als der Regen. Die Regenwolken wirken durch ihre elektrifche Atmofphäre auf die Pflanzen, und machen die Oefnungen und Zwifchenräume derfelben gefchickter, das Waffer aufzunehmen, welches mit diefer durchdringenden und ausdehnenden Materie imprägnirt ift. Ueberdies ift es auch fehr natürlich, anzunehmen, daß die pofitive Elektricität, welche bey gutem Wetter allezeit die Oberhand hat, zur Beförderung der Vegetation beytrage, da man dies auch bey der künftlichen Elektricität in der That fo befunden hat.

Ueber die Nothwendigkeit der Beobachtungen der atmosphärischen Elektricität zur Meteorologie, von Herrn Achard.

Da es nunmehr sehr deutlich erwiesen ist, daß die Elektricität die Ursache verschiedner meteorologischen Phänomene sey, so muß man sich wundern, daß die Naturforscher noch nicht die unumgängliche Nothwendigkeit eingesehen haben, den Werkzeugen, welche die Schwere, Wärme und Feuchtigkeit der Luft angeben, auch eines zu Bestimmung ihrer Elektricität beyzufügen.

Ohne uns hier auf die verschiedenen Beweise des Einflusses der Elektricität auf die Meteore einzulassen, wird es genug seyn, zu bemerken, daß wir keine genaue Kenntniß von Phänomenen, die aus mehreren miteinander verbundenen Ursachen entstehen, erlangen können, ohne mit allen diesen Ursachen bekannt zu seyn; denn wird nur eine einzige davon vernachläßiget, so ist es unmöglich, die Phänomene durchgängig zu erklären. Wenn auch die Elektricität nicht die einzige Ursache verschiedener metrorologischer Erscheinungen ist, so ist sie doch gewiß bey ihrer Entstehung mitwirkend, und wenn wir sie also nicht eben so wohl, als das Barometer rc. beobachten, so verlieren wir alle Vortheile der übrigen, sonst noch so genauen meteorologischen Beobachtungen.

Der Einfluß der Elektricität auf die Vegetation ist durch Beobachtungen mehrerer Gelehrten außer Zweifel gesetzt; man sieht also deutlich, daß die botanischen Wetterbeobachtungen nie so brauchbar werden können, als sich erwarten läßt, wofern wir nicht Beobachtungen über den elektrischen Zustand der Atmosphäre hinzufügen. Vielleicht liegt darinn die Ursache, warum es unmöglich ist, aus denen von 1751 bis 1769 fortgesetzten botanischen Wetterbeobachtungen der Herren Gautier und Duhamel einige Folgen zu ziehen.

Herr

Herr Achard hat zwar nur Gelegenheit gehabt, einige wenige Beobachtungen zu machen; aber schon diese waren hinreichend, ihn von der genauen Verbindung zwischen den meisten Lusterscheinungen und der atmosphärischen Elektricität zu überzeugen.

Um zu entdecken, ob die Atmosphäre elektrisiret sey, gebrauchte er ein Paar leichte Korkkugeln an einer Stange Siegellak. Dieses Elektrometer ist wegen seiner Simplicität fast allen andern vorzuziehen, wenn es bloß darauf ankömmt, zu entdecken, ob Elektricität in der Atmosphäre sey.

Im Monat Julius 1778 beobachtete Herr Achard täglich die Elektricität der Atmosphäre Morgens, Mittags und Abends mit einem Paar kleiner Korkkugeln, welche über dem Dache des Hauses ohngefähr 40 Schuh hoch standen, und von Gebäuden, Bäumen ec. hinlänglich entfernt waren. Diese ganze Zeit über fand er nur 10 Tage, an welchen gar kein Zeichen einer Elektricität zu bemerken war; und 17 Tage, die vorigen 10 mit eingeschlossen, an welchen er keine Elektricität des Morgens bemerkte, ob sie gleich sonst des Mittags sichtbar ward, und gegen Sonnenuntergang stark zunahm. An allen übrigen Tagen zeigte sich die Luft den ganzen Tag elektrisch, aber allezeit am stärksten gegen Sonnenuntergang, nach welcher Zeit die Elektricität dann bald wieder anfieng abzunehmen.

Wenn sich der vorher heitere Himmel plötzlich mit Wolken überzog, so zeigte das Elektrometer beständige Veränderungen in der Elektricität der Atmosphäre an, welche bald stieg, bald verschwand, bald wieder erschien; in welchem letzteren Falle sie gemeiniglich von der positiven zur negativen, oder umgekehrt, übergegangen war. Bey stürmischen Wetter fand er es wegen der beständigen Bewegung der Kugeln schwer, mit diesem Elektrometer zu beobachten. War die Luft schwer, aber nicht windigt, so schien es sich beträchtlich zu ändern. War das Wetter

L 5 sehr

sehr still, und der Himmel ohne Wolken, so änderte es
sich nicht im geringsten, außer daß es gegen Sonnenuntergang ein wenig stieg.

Merkwürdig ist es, daß in der Nacht kein Thau fiel,
wenn den Tag vorher keine Elektricität in der Luft bemerkt
worden war; in den übrigen Nächten fiel bald mehr, bald
weniger Thau. Er hält zwar seine Beobachtungen nicht
für hinreichend, zu erweisen, daß der Thau von der Elektricität entstehe; allein so viel glaubt er sicher daraus herleiten zu können, daß das Aufsteigen und Niederfallen des
Thaues durch die Elektricität der Luft befördert oder verhindert werden könne. Man kann sich leicht denken, auf
welche Art die Elektricität diese Wirkung hervorbringe.
Gesetzt, die Luft sey positiv oder negativ elektrisiret, die
Ertfläche aber nicht; so werden die wässerigen und flüch-
tigen Theile der Pflanzen, welche von den Sonnenstralen aufgezogen werden, und in der Luft schweben, durch die
Mittheilung elektrisiret. Wenn die Luft nach Sonnenuntergang abkühlet, so hält sie die wässerigen Theilchen
nicht mehr mit der vorigen Kraft an sich, und da diese
von den leitenden Körpern auf der Oberfläche der Erde angezogen werden, so legen sie sich in Gestalt des Thaues
an dieselben. Ist die Oberfläche der Erde elektrisirt, und
die Luft nicht, so wird die Wirkung eben dieselbe seyn.
Sind Erde und Luft beyde, aber auf entgegengesetzte Art,
elektrisirt, so wird die Anziehung stärker und der Thau
häufiger seyn; haben aber beyde einerley Elektricität, und
dies in gleichem Grade, so wird kein Thau fallen. Auch
ist bekannt, daß der Thau nicht auf alle Körper mit gleicher Leichtigkeit, und daß er auf elektrische Körper am
häufigsten fällt. Diese Erfahrung läßt sich sehr leicht
erklären, wenn wir annehmen, die Elektricität sey die Ursache des Thaues; denn elektrische Körper nehmen nicht
so leicht die Elektricität des sie umgebenden Mittels an,
daher findet sich allezeit ein größerer Unterschied zwischen
der Elektricität der Luft und der darinn liegenden elektri-

schen

fchen Körper, als zwifchen der Elektricität der Luft und
der darinn befindlichen Leiter. Da nun die Kraft der
elektrifchen Anziehung in der Verhältniß diefes Unterfchieds
wirkt, fo muß der Thau allerdings häufiger auf elektrifche Körper fallen.

Weil alfo die Elektricität oft, und vielleicht allezeit,
die Urfache des Thaues ift, fo kann man nicht zweiflen,
daß ihre Beobachtung zur botanifchen Meteorologie höchft
nöthig fey, indem der Einfluß des Thaus auf das Wachsthum der Pflanzen allgemein bekannt ift.

In den philofophifchen Transactionen vom Jahre
1773 findet man Beobachtungen über die Elektricität der
Nebel, woraus erhellet, daß diefelben gemeiniglich elektrifch find. Herr Achard hat einige Beobachtungen gemacht, welche damit vollkommen übereinftimmen: er fand
die Luft beym Nebel allezeit mehr oder weniger elektrifch.
Zwoymal bemerkte er, daß der Nebel in wenigen Minuten gänzlich aufhörete, und in Geftalt eines feinen Regens
herabfiel; und obgleich der Nebel fehr ftark war, ver-
fchwand er doch in fieben Minuten völlig. Es ift auch
fehr wahrfcheinlich, daß der Regen durch die Elektricität
veranlaffet werde. Wir werden hievon überführt, wenn
wir an das Anziehen und Zurückftoßen denken, welches
die irdifche und atmofphärifche Elektricität fo wohl zwifchen der Oberfläche der Erde und den in der Luft enthaltenen Dünften, als auch zwifchen den Theilen diefer
Dünfte felbft veranlaffen muß, welches nothwendig ftrebt,
die in der Atmofphäre fchwebenden Waffertheilchen zu zer-
ftreuen oder zu verbinden, und fie der Erde näher zu bringen, oder von derfelben weiter zu entfernen.

Nachdem Herr Achard bewiefen hat, wie nothwendig es fey, die Beobachtungen der Elektricität der Atmofphäre mit den übrigen meteorologifchen zu verbinden,
fo kömmt er nunmehr auf die Anzeige der Eigenfchaften,
welche von einem guten atmofphärifchen Elektrometer er-
for-

forbert werden, deffen Mangel fehr deutlich zeigt, wie nachläßig die Naturforscher bisher über diesen Punkt gedacht haben.

Nothwendige Eigenschaften eines atmosphärischen Elektrometers.

1) Sein Gebrauch muß leicht seyn.

2) Es muß nicht allein anzeigen, daß die Luft elektrisch sey, sondern auch, in welchem Grade sie es sey.

3) Es muß angeben, ob sie positiv oder negativ sey.

4) Es muß bey Gewittern den Beobachter keiner Gefahr aussetzen.

5) Es muß sich bequem tragen laffen.

Der Verfertigung eines Instruments, welches alle diese Vorzüge in sich vereinigen soll, stehen sehr viele Schwierigkeiten entgegen. Die größte besteht darinn, daß das Metall, welches die Elektricität aus der Luft erhält, so isolirt werden muß, daß der Regen keine Verbindung zwischen demselben und der Erde machen kann, und daß die Isolirung vollkommen genug seyn muß, um eine allzuschnelle Zerstreuung der Elektricität des Metalls zu verhüten. Herr Achard behauptet zwar nicht, alle diese Schwierigkeiten überwunden zu haben; er hat aber doch nach verschiednen Versuchen ein Instrument erfunden, das sich leicht genug tragen, und ohne alle Gefahr zu Beobachtungen gebrauchen läßt.

Beschreibung eines tragbaren atmosphärischen Elektrometers.

Dieses Instrument besteht aus einem hohlen abgekürzten Kegel von Zinn, deffen oberes Ende offen, das untere aber durch eine zinnerne Platte verschloffen ist. Diese Platte ist auf der innern Seite mit einer 2 Zoll dicken dſen Lage von Pech überzogen: an die untere Fläche bieſer Lage von Pech iſt eine zinnerne Röhre geküttet, welche man auf ein hölzernes Stativ ſetzen, und dadurch den Kegel ſo ſtellen kann , daß ſeine größere niederwärts gekehrte Grundfläche horizontal ſteht; das Pech iſolirt den Kegel vollkommen, und hindert den Verluſt ſeiner Elektricität, wenn er elektriſiret wird. Der Kegel muß hoch genug , und ſeine untere Grundfläche in Vergleichung mit der obern groß genug ſeyn , um den Regen, wenn er auch ſchief auffallen ſollte , abzuhalten , daß er nicht entweder im Falle ſelbſt , oder beym Abſpritzen vom Fußgeſtelle die untere Fläche des Pechs beſpritze , mit welchem der Boden des abgekürzten Kegels inwendig bedeckt iſt ; ſonſt würde der Kegel nicht mehr iſolirt ſeyn , und das Elektrometer ſich in einen Conductor verwandeln. An den ſchmalen Theil des Kegels befeſtigt Herr Achard einen viereckigten eiſernen Stab, und hängt an denſelben ein Thermometer und zwey Elektrometer, von denen das eine ſehr leicht iſt, und ſich alſo durch ſehr geringe Grade der Elektricität in Bewegung ſetzen läßt, das andere aber mehr Schwere hat , und ſich daher nur dann bewegt , wenn die Elektricität für das leichtere Elektrometer zu ſtark wird. Außer dieſen beyden Elektrometern bindet Herr Achard noch einen Faden an den eiſernen Stab , welcher durch ſein Aufſteigen die geringſten Grade der Elektricität anzeigt. Das Ganze iſt in eine oben und unten ofne gläſerne Glocke eingeſchloſſen: der Grund dieſer Glocke iſt ebenfalls mit Pech iſolirt, damit er keine Elektricität von dem zinnernen Kegel ableite; der Zwiſchenraum am obern Ende der Glocke, zwiſchen der eiſernen Stange, welche durch daſſelbe hindurchgeht, und dem Glaſe, wird ebenfalls mit Pech ausgefüllt, um die Mittheilung der Elektricität an das Glas zu verhüten; um aber dieſes Pech vor dem Regen zu beſchützen, welcher ſonſt daſſelbe befeuchten, und eine Communication zwiſchen dem Stabe und der Glocke machen würde, wird das Pech mit einem gläſernen Trichter bedeckt,

deckt, durch welchen der Stab durchgeht, und der den
Regen von dem Peche abhält. Diese Glocke ist auch uns
entbehrlich, um den Wind von den Elektrometern abzuhalten, welcher es sonst unmöglich machen würde, sie genau zu beobachten. Ans Ende des durch die Glocke hin-
durchgehenden metallenen Stabes kann man hohle zinnerne Röhren befestigen, die aber nur einen kleinen Durchmesser haben dürfen, damit sie so leicht, als möglich, werden, und mit diesen kann man eine Höhe von 10, 20 bis
30 Schuhen erreichen. Die letzte Röhre endigt sich oben
in eine eiserne sehr scharfe und wohl vergoldete Spitze;
die Vergoldung ist nothwendig, damit die Spitze, welche
allzeit eben und glatt bleiben muß, nicht rost. Die Höhe, die man diesen zinnernen Röhren zu geben hat, muß
sich nach der Höhe der Gebäude oder Bäume an den verschiedenen Beobachtungsorten richten; das oberste Ende der
Röhre muß allezeit wenigstens 6 Schuhe über alle in der
Nähe befindliche Körper hervortragen. Herr Achard verbindet mit dieser Maschine ein Thermometer, das man zugleich beobachten und dadurch vielleicht die Verbindung
zwischen der Elektricität und der Temperatur der Luft entdecken kann. In ähnlicher Absicht kann man auch leicht
noch ein Barometer und ein Hygrometer hinzusetzen.

Um zu bestimmen, ob die Elektricität der Luft positiv oder negativ sey, hängt Herr Achard eine Korkkugel
an einem leinenen Faden an den Drath, welcher mit dem
eisernen Stabe verbunden ist, und durch das Pech am
Boden des abgekürzten Kegels hindurchgeht. Dieser Drath
muß so lang seyn, daß man positiv oder negativ elektrische Körper bequem an die daranhängende Korkkugel bringen kann; je nachdem nun diese Körper die Kugel anziehen oder zurückstoßen, ist die Elektricität, welche das
Instrument von der Luft angenommen hat, positiv oder
negativ.

Um

Um den Beobachter gegen die plötzlichen Anhäufungen der Elektricität, welche bisweilen erfolgen, ficher zu ftellen, befeftiget Herr Achard an den Grund des Fußgeftells einen eifernen Stab, der mit der Erde nicht allein in Verbindung fteht, fondern fogar einige Schuhe tief in diefelbe hineingeht. Das obere Ende diefes Stabs ift mit einem runden Knopfe oder Balle verfehen, der nur einen Zoll weit von dem Kegel abftehen darf. Wenn fich die Elektricität fo anhäuft, daß das Inftrument fie nicht mehr faffen kann, fo entladet fie fich von felbft in den metallenen Stab, der fie unter die Erde führt. Eben dies gefchieht, wenn der Blitz auf das Inftrument fällt, wobey der Beobachter in einer Entfernung von wenigen Schuhen nicht die geringfte Gefahr läuft. Steht das Inftrument in einem Garten, fo hat diefe Art, eine Verbindung mit der Erde zu machen, nichts unbequemes; will man aber das Inftrument lieber im Haufe gebrauchen (wobey man die zinnerne Röhre durch eine Defnung im Dache führen, und die Mafchine in eine Dachkammer ftellen muß) fo läßt fich die angezeigte Methode nicht leicht anbringen: in diefem Falle muß man die Verbindung durch einen metallenen Stab machen, der von der Dachkammer einige Schuh tief unter die Erde hinab geht. Zu größerer Sicherheit gegen ein herannahendes Gewitter würde es dienen, wenn man den metallenen Stab mit dem zinnernen Kegel in Berührung brächte: fo würde das Inftrument ein wirklicher Ableiter werden, und anftatt das Haus der Gefahr auszufetzen, daffelbe vielmehr vor aller Befchädigung durch den Blitz befchützen.

Wenn das Inftrument in einer Dachkammer oder auf dem Platform eines Haufes fteht, fo hat man nichts von dem Auffteigen des Thaues zu befürchten; fteht es aber in einem Garten, fo hängt fich der Thau an das Pech, welches die abgeftumpfte Grundfläche des Kegels bedeckt, und macht auf diefe Art eine Communication zwifchen dem Kegel und der Erde, wodurch das Inftrument

ment die Elektricität, mit der es gelaben ist, verlieret.
Um diesen Zufall zu verhüten, muß man den Boden um
die Stelle des Instruments herum so pflastern, daß sich
das Pflaster nach allen Seiten zu, wenigstens 2 bis 3
Schuh über die Peripherie der untern Grundfläche des Kegels hinaus erstrecke: so wird das Aufsteigen des Thaues, welcher sich an das Pech hängen und das Instrument
beschädigen könnte, mit dem besten Erfolge verhindert
seyn.

Wenn die Luft elektrisirt ist, so muß sie nothwendig
ihre Elektricität den in ihr enthaltenen Dämpfen mittheilen. Dies erhellet augenscheinlich aus der Entstehung des
Blißes, welcher nicht durch Entladung der elektrischen
Materie aus der Luft, sondern aus den in ihr schwebenden Dünsten erzeugt wird. Hieraus folgt, das Regen,
Schnee, Hagel, Reif und Thau sehr oft elektrisch seyn müssen. Da es Herrn Achard von großer Wichtigkeit zu seyn
scheinet, die Elektricität dieser Meteore genau zu kennen und
zu beobachten, so hat er zu Entdeckung ihrer Natur und des
Grades ihrer Stärke eine eigne Maschine erfunden. Diese
besteht aus einem abgekürzten Kegel von Zinn, der am
obern Ende verschlossen, unten aber offen, und eben so,
wie die Maschine zur Luftelektricität auf einem Fußgestell
isolirt ist. Mitten in den obern abgestumpften Theil des
Kegels befestiget Herr Achard eine mit einer Kugel geen-
dete eiserne Stange, bedeckt das Ganze mit einer isolirten
gläsernen Glocke, welche mit ihrem obern Ende noch 3
Zoll weit über die Kugel hinausreicht: an die Kugel bringt
er ein sehr empfindliches Elektrometer, und überdieß
einen leinenen Faden, um die geringsten Grade der Elektricität zu entdecken. Da dieses Instrument wenig Höhe, und kein zugespißtes Ende hat, so nimmt es nicht
leichtlich die Elektricität der Luft an, welche so nahe bey
der Erde allezeit unmerklich ist; hingegen der Regen,
Schnee, Hagel, Reif und Thau, welcher auf den Kegel
fällt, macht es elektrisch, und der Grad dieser Elektrici-

tät,

wird von dem untern der Glocke befindlichen Elektrometer
angegeben. Um nun zu erfahren, ob sie positiv oder negativ sey, darf der Beobachter nur eben so verfahren, wie
eben bey Erklärung des Instruments zur Luftelektricität
angewiesen worden ist. Außer den Beobachtungen der
Elektricität wässeriger Meteore kann dieses Instrument
auch noch zu andern Absichten gebraucht werden. Man
kann es auf eine sehr vortheilhafte Art mit dem atmosphärischen Elektrometer vergleichen, und den wahren Ursprung
der Luftelektricität zu entdecken, und zu sehen, ob sie unmittelbar aus der Luft oder aus den fremden in der Atmosphäre schwebenden Körpern komme; denn das atmosphärische Elektrometer kann auch durch Regen, Schnee,
Hagel ꝛc. elektrisch werden, und die Vergleichung beyder
Instrumente ist das einzige Herrn Achard bekannte Mittel, zu erfahren, ob das atmosphärische Elektrometer seine Elektricität unmittelbar aus der Luft, oder mittelbar
durch die in derselben schwebenden leitenden Körper erhalte. Wenn während des Regens, Schnees, Hagels ꝛc.
das atmosphärische Elektrometer elektrisch, hingegen das
zur Elektricität wässeriger Meteore bestimmte nicht elektrisch ist, so kann man mit Gewißheit schließen, daß
die Elektricität des ersten bloß aus der Luft komme;
sind hingegen beyde elektrisch, so muß man untersuchen,
ob sie es in gleichem Grade sind; ist dies der Fall, so
muß man die Elektricität lediglich dem Regen oder Schnee
u. s. w. zuschreiben. Ich habe nicht erst nöthig, anzu-
führen, daß in Ermangelung des Regens, Schnees u.
s. w. das atmosphärische Elektrometer allezeit die Elektricität der Luft anzeige.

Dreyzehntes Kapitel.

Von der Ausbreitung und Zertheilung flüßiger Materien durch die Elektricität.

Wir sind die Kenntnisse des Gegenstandes, der den Inhalt dieses Kapitels ausmacht, größtentheils dem Abt Nollet schuldig, welcher diese Materie mit unglaublichem Fleiße und anhaltender Gebuld untersucht hat. Ich habe hier bloß die vornehmsten Resultate seiner Versuche anführen können, und muß die Leser, in Absicht auf umständlichere Nachrichten, auf Nollet's eigne Schriften oder auf des D. Priestley Geschichte der Elektricität verweisen.

Die Elektricität vermehrt die natürliche Ausdünstung flüßiger Materien; alle flüßige Körper, mit welchen man den Versuch angestellt hat, nur Quecksilber und Oele ausgenommen, haben dabey eine Verminderung erlitten, die man keiner andern Ursache, als der Elektricität, zuschreiben könnte.

Sie verstärkt auch die Ausdünstung derjenigen flüßigen Materien am meisten, welche von Natur leicht zur Ausdünstung geneigt sind. Flüchtiger Salmiakgeist verliert mehr, als Weingeist, dieser mehr als Wasser u. s. w.

Die Elektricität wirkt am stärksten auf flüßige Materien, wenn die Gefäße, worinn sie sich befinden, Leiter sind. Die Ausdünstung war am stärksten, wenn die Gefäße große Oefnungen hatten, sie nahm aber nicht im Verhältniß der Oefnungen zu. Inzwischen bewirkt die Elektricität nie eine Ausdünstung durch die Zwischenräume der Metalle oder des Glases.

Um diesen Grundsätzen noch mehrern Umfang zu geben, stellte der Abt Nollet eine große Anzahl Versuche mit elektrisirten Haarröhren an, und fand, daß der

aus denselben ausgehende Strom sich zwar theilte, aber
doch nicht merklich beschleuniget wurde, wenn die Röhre
nicht weniger als $\frac{1}{10}$ Zoll Weite im Lichten hatte. Ist
der Durchmesser kleiner, aber doch noch weit genug, um
die flüßige Materie in einem Strome fortrinnen zu lassen,
so beschleunigt die Elektricität die Bewegung in einem
geringen Grade. Ist aber die Röhre so eng, daß das
Wasser nur in einzelnen Tropfen heraus geht, so verwandlet sich dieses Tröpfeln durch das Elektrisiren in einen beständigen Strom, theilt sich sogar in mehrere kleine Ströme, und die Bewegung wird beträchtlich beschleuniget:
je enger die Röhre, desto größer ist die Beschleunigung.
Ist die Oefnung weiter als $\frac{1}{12}$ Zoll, so scheint die Elektricität die Bewegung vielmehr aufzuhalten.

181. Versuch.

Fig. 77. zeigt ein metallnes Gefäß, an welches eine
Haarröhre angebracht ist, aus der das Wasser nur in unterbrochenen Tropfen heraus gehen kann. Man fülle das
Gefäß mit Wasser, hänge es an den ersten Leiter der Maschine, und drehe den Cylinder derselben, so wird das
Wasser in einem unterbrochenen Strome durch die Röhre laufen; auch wird sich dieser Strom in mehrere andere zertheilen, und im Finstern leuchten.

182. Versuch.

Man hänge ein Gefäß an einen positiven und ein
anderes an einen negativen Conductor so, daß die Enden
der Röhren etwa 3 — 4 Zoll von einander abstehen, so
wird der Strom, der aus der einen hervorgeht, von dem un-
dern angezogen werden, und beyde werden einen einzigen
im Finster leuchtenden Strom ausmachen.

Werden die Gefäße an zween positive, oder an zween
negative Conductoren gehangen, so stoßen sich die Ströme
zurück, und weichen einander aus.

183. Versuch.

Man stelle ein metallnes Becken auf ein isolirendes Stativ, verbinde es mit dem ersten Leiter, und lasse einen schwachen Strom Wasser in dasselbe rinnen, so wird sich im Dunkeln ein sehr schönes Schauspiel zeigen, und der Strom wird sich in eine grose Anzahl leuchtender Tropfen zu vertheilen scheinen.

184. Versuch.

Man tauche einen Schwamm in Wasser, und hänge ihn an den Conductor; so wird das Wasser, welches vorher nur herabtröpfelte, nunmehr sehr häufig herabfliessen, und im Dunklen eine Art von Feuerregen bilden.

185. Versuch.

Man halte ein Gefäß, welches mit mehrern in verschiedenen Richtungen gestellten Haarröhren versehen ist, nahe an einen elektrisirten Conductor, so wird das Wasser aus den gegen den Conductor gekehrten Röhren ausströmen, aus den vom Conductor abgewendeten hingegen nur unterbrochen und tropfenweise herabfallen.

186. Versuch.

Der Knopf einer geladenen Flasche zieht einen Tropfen Wasser aus einem Napfe an sich. Sobald man die Flasche von dem Napfe hinwegnimmt, so nimmt dieser Tropfen eine conische Gestalt an, und wenn man ihn einem Leiter nähert, so wird er mit Gewalt in kleinen Strömen fortgetrieben, welche im Finstern leuchten.

Man sieht aus diesem Versuche, daß die elektrische Materie nicht allein die Wassertheilchen von einander zu trennen, und eben so, wie das Feuer, in Dämpfe zu zerstreuen suche, sondern auch, daß sie dies mit ungemeiner Gewalt und Geschwindigkeit thue.

187. Versuch.

Man entlade eine Batterie durch einen Wassertropfen, den man vorher auf den Knopf einer von ihren Fla-

schen

schen hat fallen laffen, so wird der ganze Tropfen augenblicklich in Dampf zerstreut; auch sind die Funken weit
länger und dichter als gewöhnlich.

Beccaria bemerkt, wenn man einen Schlag auf
eine gewiffe Weite durch einen oder mehrere Tropfen
Queksilber gehen laffe, so verbreite sich der Schlag durch
die Tropfen und treibe sie in Dämpfen auf; ein Theil dieser Dämpfe steige in Form eines Rauchs in die Luft,
ein anderer Theil bleibe am Glase hängen.

188 Versuch.

Ein Waffertropfen, der von der condensirenden Kugel eines elektrisirten Conductors herabhängt, streckt sich,
wenn man einen Becher mit Waffer darunter setzt, gegen
daffelbe aus, und verlängert und verkürzt sich nach der jedesmaligen Stärke der Elektricität.

189. Versuch.

Man bringe einen Waffertropfen an den ersten Leiter, und drehe die Maschine, so wird man lange im Zikzak gehende Funken aus demselben ziehen können; der Tropfen wird eine conische Gestalt annehmen, der Körper,
der den Funken erhält, wird befruchtet werden, und die
Funken werden beträchtlich länger seyn, als man sie ohne
Waffer aus dem Conductor erhalten kann.

190. Versuch.

Man stelle eine Stange Siegellak so auf den Conductor, daß man sie leicht mit einem Lichte anzünden
kann, und drehe den Cylinder, indem das Siegellak
brennt, so wird das schmelzende Ende spitzig werden, und
einen feinen fast unsichtbaren Faden, der über eine Elle
lang ist, in die Luft auswerfen. Wenn man die Fäden,
welche das Siegellak auf diese Art ausstößt, mit einem
Bogen Papier auffängt, so wird das Papier davon auf
eine sonderbare Art bedeckt, und die Theilchen des Siegellaks werden in so feine Fäden zertheilt, daß man es für

M 3   feine

seine Baumwolle halten sollte. Um das Siegellak schicklich auf den Conductor zu befestigen, klebe man es auf einen dünnen Streif Papier, und beuge die Enden des Papiers so, daß es in eine der Höhlungen des Conductors einpaßt; so kann man es bequem aufstellen, und mit dem Lichte anzünden.

191. Versuch.

Man isolire einen kleinen Springbrunnen, (wie man dergleichen durch Verdichtung der Luft leicht machen kann), der nur einen einzigen Strom ausfendet, und elektrifire denselben, so wird sich der Strom in sehr viele andere theilen, die sich gleichförmig über einen sehr großen Raum auf dem Boden verbreiten werden. Durch abwechselndes Auflegen eines Fingers auf den Conductor und Wegnehmung desselben, kann man nach Gefallen befehlen, ob das Wasser in einem Strome, oder in mehreren, springen soll.

192. Versuch.

Man elektrifire zween isolirte Springbrunnen mit entgegengesetzten Elektricitäten, so werden sich die Ströme aus beyden in sehr kleine Theilchen zertrennen, die sich oben mit einander vereinigen, und in schwerern Tropfen wie ein Plußregen, herabfallen werden,

Vierzehntes Kapitel.
Vom elektrischen Lichte im luftleeren Raume.
193. Versuch.

Man nehme eine hohe trockne gläserne Glocke, kütte in den obern Theil derselben einen Drath mit einem abgerundeten Knopfe ein, ziehe die Luft aus der Glocke, und halte den Knopf des Draths gegen einen Conductor;

so wird jeder Funken in Gestalt eines breiten Lichtstroms
durch den luftleeren Raum gehen, und längst der ganzen
Glocke sichtbar seyn. Oft trennet sich der Strom in mehrere Aeste vom schönsten Ansehen, die sich auf eine höchst
angenehme Art theilen und wieder vereinigen. Legt man
die Hand an die Glocke, so fühlt man bey jedem Funken
eine kleine Erschütterung, wie einen Pulsschlag, und das
Feuer lenkt sich gegen die Hand. Diese Erschütterung
fühlt man sogar in einiger Entfernung von der Glocke, und
im Dunkeln sieht man ein Licht zwischen der Hand und
dem Glase.

Vor einigen Jahren bemerkte Herr Wilson bey einigen mit einer vortreflichen Smeatonschen Luftpumpe angestellten Versuchen, daß die geringsten Verschieben-
heiten der Luft einen sehr beträchtlichen Unterschied in dem
durch die Elektricität hervorgebrachten Lichte veranlasseten;
denn wenn alle Luft, welche die Pumpe auszuziehen ver-
mochte, aus der Glocke gezogen war, so zeigte sich im
Dunkeln gar kein elektrisches Licht. Ließ man durch einen Hahn ein wenig Luft hinzu, so erschien ein sehr
schwaches Licht, bey etwas mehr Luft verstärkte sich dasselbe, aber noch mehr Luft machte es wieder schwächer,
bis es zuletzt bey Hinzulassung vieler Luft völlig verschwand. Aus diesem Versuche erhellet, daß zu Hervorbringung des stärksten Leuchtens eine gewisse eingeschränk-
te Quantität Luft nothwendig sey.

194. Versuch.

Fig. 82. stellt eine auf dem Teller der Luftpumpe
stehende luftleere Glocke vor, a b ist der elektrisirte Drath,
der einen Strom elektrischer Materie b c auf den Teller
der Luftpumpe herabsenket. Wenn die an der äußern
Seite der Glocke anliegende Luftschicht durch Anlegung
des Fingers an die Glocke vermindert, und dadurch der
elektrischen Materie auf der äußern Seite Veranlassung
gegeben wird, heraus zu gehen, so wird die innere Mate-

rie

rie gegen diese Stelle getrieben, wie bey d c f. Man hat
aus diesem Versuche schließen wollen, daß zwischen den
Theilchen der elektrischen Materie keine zurückstoßende Kraft
statt finde; weil sie allem Ansehen nach, wenn sie an sich
selbst elastisch, oder mit einer repellirenden Kraft ihrer
Theile gegen einander versehen wäre, nach weggenomme-
nen Widerstande nicht in einem unterbrochenen Strome
fortfließen könnte, wie bey b c; sondern sich durch ihre
Elasticität nach allen Seiten ausbreiten müßte.

D. Watson sagt, es sey wahrscheinlicher, anzunehmen, daß die Repulsion der Theilchen, welche man in
freyer Luft wahrnimmt, von dem Widerstande der Luft,
und nicht von einem natürlichen Bestreben der Elektricität
selbst, herrühre.

Folgender Versuch des *Beccaria* giebt einen deut-
lichen Begriff von dem Widerstande, den die Luft dem
Durchgange der elektrischen Materie entgegengesetzt, und
von der Verminderung dieses Widerstandes in der luftleeren Glocke.

195. Versuch.

Ehe die Luft aus der Glocke ausgezogen war, gieng
aus dem an ihrem obern Theile befindlichen elektrisirten
Drathe ein divergirender Stralenbüschel hervor, der ohngefähr einen Zoll lang war. Zog man nun die Luft aus
der Glocke, so zeigten sich folgende Veränderungen. Zuerst wurden die Stralen des Büschels länger; hierauf di-
vergirten sie weniger, ihre Anzahl verminderte sich, und
die übrigbleibenden Stralen wurden größer; endlich verei-
nigten sie sich alle mit einander, und bildeten eine ununterbrochene Lichtsäule, welche von dem Drathe bis in den
Teller der Luftpumpe übergieng.

Aus diesem Versuche ist klar, daß die Luft das Mittel sey, wodurch wir mit Hülfe anderer idioelektrischer Körper im Stande sind, die Elektricität sowohl den elektrischen Körpern, als den Leitern mitzutheilen; denn wenn
man

man die Luft wegnimmt, so geht die elektrische Materie durch den leeren Raum, und verbreitet sich bis auf die entferntesten Weiten.

169. Versuch.

Um die Veränderungen der Gestalt und Länge des elektrischen Junkens, wenn er durch eine Glocke geht, in der die Luft mehr oder weniger verdühnt ist, sehr genau zu unterscheiden, befestige man eine Kugel an den Drath, und lasse eine andere von dem Teller der Luftpumpe hervorgehen so, daß beyde etwa einen Zoll weit auseinander stehen. Wenn das Vacuum gut ist, so geht ein einziger einförmiger purpurfarbner Stral von einer Kugel zur andern; je mehr man aber Luft hinzuläßt, desto mehr erhält der Stral eine zitternde Bewegung, welche zeigt, daß seine Bewegung nunmehr anfange, Widerstand zu finden, hierauf folgt eine Theilung des Strales oder Stroms, das Licht wird lebhafter, und verwandelt sich endlich in den gewöhnlichen Funken, welcher mit mehr oder weniger Leichtigkeit ausgeht, je nachdem die Kraft der Maschine und der Widerstand der Luft größer ist.

197. Versuch.

Man bringe an den Conductor eine dünne luftleere Flasche, wie die Fig. 49. vorgestellte, aber ohne alle Belegung an der äußern Seite, so wird sie von einem Ende bis zum andern leuchten, und noch, wenn man sie von dem Conductor wegnimmt, zu leuchten fortfahren; das Licht wird sich eine lange Zeit nach krummlinigten Richtungen bewegen, und von Zeit zu Zeit gleich dem Nordlichte blitzen. Man kann das Licht von neuem wieder beleben, wenn man mit der Hand über das Glas fähet. In diesem Versuche hört und fühlt man das Schlagen der elektrischen Materie gegen das Glas sehr deutlich.

Man kann die krummlinigten Bewegungen der elektrischen Materie in einer luftleeren Glocke gewissermaßen nach Gefallen hervorbringe. Wenn man die äußere Seite

M 5 te

Seite der Glocke befeuchtet, so folgt das Feuer der Richtung der befeuchteten Linien, weil daselbst der Widerstand
auf einer Seite geschwächt wird; es kann sich nämlich die
elektrische Materie an der innern Seite anhäufen und anhängen, weil andre Materie vermittelst der Feuchtigkeit aus
der äußern Seite herausgetrieben wird.

Dieser Versuch fällt sehr angenehm aus, wenn man
die Torricellische Leere in einer 3 Schuh langen Glasröhre
hervorbringt, und alsdann dieselbe hermetisch verschließt.
Hält man das eine Ende dieser Röhre in der Hand,
und bringt das andere an den Conductor, so wird die
ganze Röhre von einem Ende bis zum andern erleuchtet,
und bleibt dies auch noch eine ziemliche Zeit, wenn sie
gleich vom Conductor weggenommen wird; sie leuchtet blick-
weise oft noch viele Stunden lang.

198. Versuch.

Ein anderes sehr schönes Schauspiel kann man im
Dunkeln hervorbringen, wenn man eine kleine leidner Flasche in den Hals einer hohen gläsernen Glocke bringt, so
daß die äußere Belegung in Vacuum steht. Zieht man
die Luft aus der Glocke, und ladet die Flasche, so wird
bey jedem Funken, der aus dem Conductor in die innere
Seite übergeht, ein Licht von allen Punkten der äußern
Fläche ausgehen, und die ganze Glocke auszufüllen scheinen. Entladet man wieder, so kehrt das Licht in Gestalt
eines compakten Funkens zurück.

199. Versuch.

Eine zum Uebergange der elektrischen Materie sehr
geschickte Leere kann man hervorbringen, wenn man ein
Doppelbarometer oder eine lange gebogne Glasröhre mit
Quecksilber füllet, und mit jedem Schenkel in einem Ge-
fäß mit Quecksilber stehend umkehret, wobey der gebogne
Theil der Röhre über dem Quecksilber ein vollkommnes
Vacuum wird. Entladet man eine Flasche durch diesen

Raum,

Raum, so erscheint ein durchaus gleichförmiges Licht, besto lebhafter, je stärker der Schlag ist. D. Watson isolirte diese Zubereitung, brachte das eine Gefäß mit Quecksilber mit dem Conductor in Berührung, und berührte
das andere mit einem Leiter; so gieng die elektrische Materie in einer unterbrochenen Flamme durch den leeren
Raum, ohne die geringste Divergenz; ward das eine Gefäß mit dem isolirten Küssen verbunden, so nahe man das
Feuer nach der entgegengesetzten Richtung durch das Vacuum gehen.

200. Versuch.

Fig. 83. ist eine Glasröhre, wie man sie gewöhnlich zu den Barometern gebraucht: am Ende b ist sie in
eine stählerne Haube gekittet, aus welcher ein eiserner
Drath mit einem Knopfe c d in die Röhre herabgeht.
Man fülle diese Röhre mit Queckfilber, lasse zu wieder-
holten mahlen eine Luftblase hinein, kehre dann die Röhre
um, und befreye dadurch das Queckfilber und den eisernen Drath von aller daran hängenden Luft, nach der gewöhnlichen Art, Barometer zu füllen. Hierauf lasse man
einen kleinen Tropfen Aether auf das Queckfilber fallen,
halte den Finger auf die Oefnung der Glasröhre, kehre
die Röhre um, und bringe das Ende f in ein Gefäß mit
Queckfilber, nehme aber den Finger nicht eher weg, als
bis das Ende der Röhre einen halben Zoll tief unter dem
Queckfilber steht. Nimmt man nun den Finger weg, so
fällt das Queckfilber, der Aether breitet sich aus, vermindert das Vacuum, und drückt das Queckfilber in der Röhre tiefer herab. Bringt man nun die metallene Haube
der Röhre gegen einen großen geladenen Conductor, so
wird man einen schönen grünen Funken von der Kugel
bis ans Queckfilber gehen sehen. Läßt man etwas Luft
in den leeren Raum, so zeigt sich eine den Sternschnup-
pen ähnliche Erscheinung. Diesen schönen Versuch habe
ich durch Herrn Morgan kennen gelernt.

Meh-

Mehrere Beobachtungen über die Erscheinungen des elektrischen Lichts im luftleeren Raume kann man vermittelst des 110ten und 111ten 119ten und 120ften Versuchs anstellen.

Funfzehntes Kapitel.
Von der medicinischen Elektricität.

Der Abt Noller versichert, er habe über keine seiner Erfindungen mehr Vergnügen empfunden, als über die Entdeckung, daß die Bewegung flüssiger Materien durch Haarröhren, und die unmerkliche Ausdünstung thierischer Körper durch die Elektricität verstärkt werde; weil ihm diese Entdeckung, bey gehöriger Anwendung durch geschickte Männer so ungemeine Vortheile für die menschliche Gesellschaft versprochen habe. Aber um wie viel größer würde sein Vergnügen gewesen seyn, wenn er die Erfüllung dieser Hofnung erlebt, und gesehen hätte, wie dieser Zweig der Elektricität fast eben so viel medicinische Zuverlässigkeit erreicht hat, als der Gebrauch der Chinarinde bey Wechselfiebern.

Zwar sind auch der Elektricität, so wie allen andern für die Menschheit wohlthätigen einfachen Arzneymitteln, theils aus eigennützigen Absichten, theils aus Unwissenheit, viele Hindernisse in den Weg gelegt worden; man hat sie verächtlich behandelt, und mit übelangebrachter Vorsichtigkeit herabgesetzt. Man muß aber denen, welche sich ihr auf diese Art entgegensetzen, anempfehlen, eine Sache nicht zu verdammen, die sie nicht kennen, und sie nicht ungehört zu verurtheilen; vielmehr sich um einige Kenntniß von der Natur der Elektricität zu bemühen, die Elektrisiemaschine auf eine wirksame Art gebrauchen zu lernen, und sie dann nur einige Wochen lang bey den Krankheiten anzuwenden, in welchen sie die besten Dienste thut. Auf

die

diese Art würden sie ohne Zweifel bald überzeugt werden,
daß die Elektricität unter den Arzneymitteln einen ausge-
zeichneten Rang behaupte.

Man hat der Arzneywissenschaft und den praktischen
Aerzten den Vorwurf der Unbeständigkeit und Veränder-
lichkeit in der Praxis gemacht, die einmal kalt wie das Eis
in Novazembla, ein andermal heiß wie die hitzige Zone
sey; man hat sie beschuldiget, daß sie sich von der Mode
leiten und von Vorurtheilen beherrschen ließen. Aus diesem Grunde hat man vorhersagen wollen, so vortheilhaft
auch der Gebrauch der Elektricität seyn möge, so werde
man sie doch nur für die Zeit der Mode beybehalten, und
dann der Vergessenheit überlassen. Ich kann aber dieser
Meinung nicht beypflichten, und mich nicht verleiten lassen zu glauben, daß eine Klasse von Männern, deren Ur-
theilskraft durch Wissenschaften und Erfahrung geschärft
ist, eine Kraft ganz vernachlässigen werde, welche allem
Ansehen nach den wichtigsten Theil der Constitution des
Körpers ausmacht. Die Elektricität ist ein wirkendes
Principium, das nie erzeugt und nie zerstört wird, das
überall und allezeit anzutreffen ist, wenn es auch gleich
verborgen und unmerklich bleibt, das sich zu jeder Zeit
bewegt, um ein stets veränderliches Gleichgewicht zu behaupten. Um nur ein einziges Beyspiel aus vielen andern
auszuheben, so ist der Regen, der bey Gewittern herabfällt, stark mit der Elektricität imprägnirt, und bringt auf
diese Art dasjenige herab, was die erhitzten Dämpfe in
die Luft hinaufgeführt haben, bis der Mangel in der
Erde durch den im Himmel befindlichen Ueberfluß wieder
ersetzt und aufgehoben ist. Unaufhörlich verbinden sich mancherley Ursachen, um das Gleichgewicht dieser Materie zu
ändern, woraus die beständige innere Bewegung entsteht,
welche soviel zur Ausführung der Naturbegebenheiten beyträgt. Wenn ferner durch eine jede Substanz eine gewisse ihr eigenthümliche Portion dieser Materie vertheilt
ist, so muß jede Veränderung ihrer Capacität, welche sich

durch

durch Hitze und Kälte beständig verändert, sie bewegen und auf sie wirken.

Da die Wärme oder die Bewegung des Feuers das erste Triebrad in der thierischen Maschine ist, und so lange diese Maschine dauert, das Hauptprincipium ihrer Erhaltung ausmacht, da ferner die Elektricität so viele Erscheinungen zeigt, welche man von den Phänomenen des Feuers gar nicht unterscheiden kann, so müssen wir uns nothwendig eine große Vorstellung von der Wichtigkeit der elektrischen Materie für die Medicin machen. Doch kann man, allgemein genommen, die Stärke der Lebenskräfte nicht nach dem Grade der Wärme beurtheilen, weil der Grad der Wärme bloß eine gewisse Menge derselben bestimmt, welche auf eine besondere Art wirket.

Es ist bekannt, daß dieses belebende Principium auch das Wachsthum der Pflanzen beschleuniget. Elektrisirte Myrthen blühten eher, als andere von eben derselben Art und Größe in eben demselben Gewächshause. Täglich elektrisirte Saamen sind in drey bis vier Tagen besser aufgegangen und gewachsen, als andere von eben derselben Art und unter übrigens vollkommen gleichen Umständen in eilf bis zwölf Tagen. Eben so hat Herr Achard gezeigt, daß man die Elektricität an statt der Wärme zu Beschleunigung des Auslaufens der Eyer gebrauchen könne. Die Vermuthung eines scharfsinnigen Schriftstellers ist gar nicht unwahrscheinlich, daß die vegetirende Kraft, welche in den immergrünenden Bäumen und Pflanzen das ganze Jahr hindurch wirkt, davon herrühre, weil diese Bäume mehr Harz enthalten, als diejenigen, deren Blätter im Herbste abfallen, und daß sie dadurch in den Stand gesetzt werden, die Säfte, welche ihre beständige Vegetation unterhalten, an sich zu ziehen und zu behalten, wodurch der Mangel der Sonnenwärme einigermassen ersetzt wird. Man kann dieses aus ihren natürlichen Eigenschaften schließen, und die starke elektrische Kraft ihrer Blätter bestätiget es. Eben dieser Schriftsteller glaubt, daß bey unsern Versu-

chen gesammlete elektrische Fluidum bestehe bloß aus den
Sonnenstralen, welche von der Erde aufgefangen und zu=
rückbehalten worden wären ; welcher Gedanke auch durch
die Beobachtungen über die atmosphärische Elektricität ,
und durch verschiedene aus der Verwandschaft zwischen Feuer ,
Licht und Wärme gezogne Schlüsse bestätiget wird.

Das Daseyn und die Wirksamkeit dieser Materie in
den thierischen Körpern ist durch die Versuche über den
Zitteraal und Zitterfisch vollkommen erwiesen worden; denn
die Aehnlichkeit zwischen der Elektricität des Zitterfisches
und derjenigen, die man in der Natur im Großen an=
trift, ist so groß, daß man in physikalischem Sinne bey=
de für einerley halten kann. Herr Hunter hat sehr
richtig bemerkt *), daß die Größe und Menge der Ner=
ven, welche sich in den elektrischen Organen des Zitterfi=
sches befinden, im Vergleich mit der Größe dieser Orga=
ne selbst ; eben so außerordentlich scheinen muß, als ihre
Wirkungen, und daß es, wenn wir die sinnlichen Organe
des menschlichen Körpers ausnehmen, in keinem Thiere,
selbst in den vollkommensten, irgend einen Theil gebe, der
so häufig mit Nerven versehen sey, als der Zitterfisch.
Dennoch scheinen diese Nerven seiner elektrischen Organe
zu keiner Empfindung, welche in dieselben eindringen könn=
te, nothwendig zu seyn ; und was die Kraft b.trift, so
bemerkt Herr Hunter ebenfalls, daß es keinen Theil in
irgend einem Thiere gebe, so stark und anhaltend auch die
Kraft desselben seyn möge, der eine so große Menge
Nerven enthalte. Da es also wahrscheinlich ist, daß diese
Nerven weder zur Empfindung noch zur Bewegung die=
nen, müssen wir nicht vermuthen, daß sie die Hervor=
bringung, Aufsammlung und Behandlung der elektrischen
Materie zur Absicht haben, besonders, da nach den Ver=
suchen des Hn. Walsh die elektrischen Wirkungen dieses

Or=

Organe von dem Willen des Thieres abhängen? Sind diese Bemerkungen richtig, so können wir mit vieler Wahrscheinlichkeit voraussagen, daß von den künftigen Naturforschern keine Entdeckung von Wichtigkeit über die Natur des Nervensafts werde gemacht werden, bey welcher sie nicht werden eingestehen müssen, daß sie dieselbe dem Lichte zu danken haben, welches die Versuche des Herrn Walsh über den lebenden Zitterfisch, und des Herrn Hunter Zergliederungen des todten Fisches über diese Materie verbreitet haben.

Sehr viele merkwürdige Beobachtungen überzeugen uns deutlich, daß die elektrische Materie mit dem menschlichen Körper in der genauesten Verbindung stehe, und ihren Einfluß auf denselben unaufhörlich fortsetze. Herr Brydone gedenkt einer Dame, welche bisweilen, wenn sie sich bey kaltem Wetter im Dunkeln gekämmt, feurige Funken aus ihrem Haare habe kommen sehen; dies brachte ihn auf den Gedanken, die elektrische Materie bloß aus den Haaren der Menschen, ohne einige andere elektrische Geräthschaft zu sammlen. In dieser Absicht ließ er ein junges Frauenzimmer auf Pech treten, und die Haare ihrer Schwester kämmen, die vor ihr auf einem Stuhle saß; kaum hatte jene zu kämmen angefangen, so ward ihr ganzer Körper elektrisirt, und warf gegen jeden Gegenstand, der sich ihr näherte, Funken aus. Das Haar war sehr stark elektrisch, und wirkte in beträchtlicher Entfernung auf das Elektrometer. Er lud einen metallnen Conductor mit dieser Elektricität, und sammlete in wenig Minuten soviel von derselben, daß er Weingeist anzünden, und mit Hülfe einer kleinen Flasche der ganzen Gesellschaft mehrere starke Schläge geben konnte.

Herr Cavallo erhielt vermittelst eines kleinen Condensators sehr merkliche Zeichen der Elektricität aus verschiedenen Theilen seines eignen Körpers, und aus den Haupthaaren vieler andern Personen.

Wenn

Wenn die Entdeckungen in dieser Wissenschaft, sagt Herr **Brydone**, höher steigen werden, so werden wir vielleicht finden, daß die sogenannten Nervenschwächen und andere Krankheiten, welche wir bloß dem Namen nach kennen, davon herkommen, daß sich in den Körpern entweder zu viel oder zu wenig von dieser feinen Materie befindet, welche vielleicht das Vehiculum aller unserer Empfindungen ist. Bekanntermassen wird bey feuchtem und nebligen Wetter diese Materie von der Feuchtigkeit geschwächt und absorbiret, ihre Wirksamkeit vermindert, und das, was man von ihr gesammlet hat, bald zerstreuet; alsdann ermatten unsere Lebenskräfte, und unser Gefühl wird stumpfer. Bey den schädlichen Winden in Neapel, wobey die Luft aller elektrischen Materie beraubt zu seyn scheinet, wird der ganze Körper erschlaffet, und die Nerven scheinen ihre Spannung und Elasticität zu verlieren, bis der Nordwestwind die belebende Kraft wiederherstellet, die dem Körper seine Spannung wiedergiebt, und die ganze in ihrer Abwesenheit ermattete Natur wieder verjünget. Es ist dies auch gar nicht zu verwundern, da die Spannung und Erschlaffung im menschlichen Körper von dem verschiednen Zustande der elektrischen Materie, und nicht von einer Veränderung der Fibern selbst, oder von einer Ausdehnung und Zusammenziehung derselben herrührt. Man hat sonst der Kälte eine solche zusammenziehende Kraft zugeschrieben, obgleich die Muskeln des thierischen Körpers mehr zusammengezogen werden, wenn sie warm sind, und in der Kälte hingegen erschlaffen.

Die Herren **Jallabert** und **de Saussüre** kamen auf ihren Alpenreisen in Gewitterwolken, und fanden dabey ihren ganzen Körper elektrisch. Aus ihren Fingern strömten freywillig Feuerstralen mit einem knisternden Geräusch, und ihre Empfindungen waren eben so, als ob sie durch Kunst sehr stark elektrisiret wären. Es fällt sehr deutlich in die Augen, daß diese Empfindungen von einem

Adams Vers. d. Elek.   N   allzu

allzugroßen Ueberfluß der elektrischen Materie in ihren Körpern herkamen; daher ist es sehr wahrscheinlich, daß viele Kranken ihre Empfindungen der entgegengesetzten Ursache zuzuschreiben haben.

· 201. Versuch.

Man lasse den Schlag einer großen geladenen Flasche oder einer Batterie durch den Kopf und Rücken einer Maus gehen, so wird er, wenn er stark genug ist, das Thier tödten. Wenn es todt ist, wiederhohle man den Versuch, so wird die elektrische Materie augenscheinlich über den Körper hinweg, und nicht durch denselben gehen, woraus erhellet, daß die Kraft oder das Mittel, welches den Schlag durch den Körper des Thieres leitete, mit dem Leben desselben verlohren gegangen sey. Dieser Versuch ist aus des Herrn Cavallo Abhandlung von der medicinischen Elektricität *) genommen. Seine Wichtigkeit fällt in die Augen, und er verdient ohne Zweifel von Männern, welche sowohl mit der thierischen Oekonomie, als mit der Elektricität bekannt sind, weiter untersucht zu werden.

Der folgende Versuch zeigt, daß die elektrische Materie durch diejenige Reihe von Muskeln gehe, welche ihr den kürzesten Weg darbietet, und deren leitende Kraft oder elektrische Capacität ihr am vortheilhaftesten ist.

202. Versuch.

Man lasse die Person A in ihrer rechten Hand eine leidner Flasche halten, und mit einem in der linken Hand gehaltenen messingenen Stabe den entblößten rechten Fuß von B berühren; der linke Fuß von B sey durch einen messingenen Stab mit dem rechten Fuße von C verbunden;

*) Versuch über die Theorie und Anwendung der medicinischen Elektricität, von Tib. Cavallo, aus dem Engl. übersetzt. Leipz. 1782. 8.

bunden; D halte mit seiner rechten Hand das linke Ohr
von C, und berühre den Knopf der Flasche mit der linken
Hand: so wird A den Schlag in den Muskeln der rechten
Hand und des Arms, der Brust, und des linken Arms
fühlen; B in den Muskeln des rechten und linken Fußes,
Schenkels und dicken Beins; C hingegen in derjenigen
Reihe von Muskeln, welche vom Schenkel bis zum Ohre
gehen, durch welches er mit D verbunden ist. Die Wirkung der elektrischen Materie auf den menschlichen Körper
beym Schlage ist die nämliche, wenn er mit gleicher Dichtigkeit durch ähnliche Theile geht. Sie ist stärker, wenn
die Materie dichter ist, und folglich am stärksten, wenn sie
Widerstand antrift.

Beccaria hat mit Hülfe eines Wundarztes verschie-
bene Versuche über die Wirkung der Elektricität auf die
Muskeln im linken Beine eines Hahns gemacht. Die Muskeln
wurden, wenn der Schlag hindurch gieng, stark zusammengezogen und dieses Zusammenziehen war allzeit mit einem
plötzlichen und proportionirten Aufschwellen derselben begleitet, denjenigen Theil ausgenommen, wo das Häutchen,
welches einen Muskel von dem andern trennet, anliegt, welcher Theil allezeit eingedrückt ward. Das Häutchen, welches
den Theil des Muskels, durch welchen der Schlag gieng,
bedeckte, ward trocken und schrumpfte zusammen, auch stieg
aus diesem Theile ein Dampf auf; wenn ein Muskel zusammengezogen ward, so äusserte sich zugleich ein allge-
meines Zusammenziehen in allen anliegenden Muskeln,
und dieselben blieben auch einige Zeit nach dem Schlage
in einer convulsivischen Bewegung.

Bey einem andern Versuche, wo der Muskel abge-
löset und vom Beine losgemacht worden war, zog sich
derselbe, als der Schlag durchgieng von selbst zusammen, und ward wiederum in seine vorige natürliche Stelle
zurückgeworfen, konnte auch nicht anders als mit Gewalt
von derselben getrennt werden, woraus die Kraft der Elektricität, erschlafften Fibern ihre Spannung wiederzugeben,

deutlich

deutlich erhellet. In der That, wenn wir bedenken, daß die elektrische Materie Musteln in Bewegung gebracht, vom Schlage gelähmte Glieder gestärkt, ja sogar bey vielen, deren Lähmungen nicht aus dem Rückenmark entsprangen, die Lebenskraft und Bewegung wiederhergestellet hat, ist dies nicht ein überzeugender Beweiß, daß die Ursache, welche die Musteln in Bewegung setzt, mit demjenigen Fluidum einerley sey, welches wir durch die Elektrisirmaschine einsammlen?

Da die Arzneykunde kein Universalmittel kennt, so können wir auch nicht annehmen, daß die Elektricität alle Krankheiten, gegen welche sie gebraucht wird, hebe. Ihre Wirkung wird immer im Verhältniß der Disposition des Kranken, und der Talente des Arztes stärker oder schwächer seyn; daher man sich auch gar nicht verwundern darf, wenn viele Krankheiten ihr den hartnäckigsten Widerstand gethan haben, und andere nur in einigem Grade gelindert worden sind, oder wenn der Fortgang der Cur oft durch Ungeduld oder Vorurtheil des Kranken gehemmet worden ist. Man muß hierbey dennoch eingestehen, daß der Fortgang der medicinischen Elektricität, selbst in ihrer Kindheit, und da sie noch mit Furcht, Vorurtheil und Eigennuß zu kämpfen hatte, in der That groß war, und daß wir uns jetzt die größte Hoffnung einer beträchtlichen Erweiterung derselben machen können, da sie durch Aerzte von den ausgezeichnetsten Verdiensten bearbeitet und befördert wird.

203. Versuch.

Dieser Versuch zeigt, daß man die Elektricität durch Wärme und Kälte in Bewegung setzen könne. Er schreibt sich ursprünglich von Canton her. Dieser nahm einige dünne Glaskugeln von etwa $1\frac{1}{2}$ Zoll Durchmesser, mit 8—9 Zoll langen Stielen oder Röhren, elektisirte sie, einige auf der innern Seite positiv, andere negativ, und verschloß sie hermetisch. Bald hierauf brachte er diese Bälle gegen das Elektrometer, und konnte nicht das geringste

singste Merkmal einer Elektricität wahrnehmen; wenn er
sie aber in einer Entfernung von 5 — 6 Zoll ans Feuer
hielt, so wurden sie in kurzer Zeit stark elektrisch, und
noch stärker, wenn sie abkühlten. Diese Kugeln gaben
auch jederzeit, wenn sie erhitzt waren, an andere Körper
Elektricität ab, oder nahmen sie von ihnen an, je nachdem die in ihnen befindliche Elektricität positiv oder negativ war. Allzuöfteres Erwärmen verminderte ihre Kraft;
wenn man aber eine davon eine Woche lang unter Wasser
legte, so schadete ihr dies im geringsten nicht. Sie behielten ihre Kraft auf sechs Jahre lang. Von dem Turmalin und vielen andern Edelsteinen ist ebenfalls bekannt,
daß sie durch Erwärmung elektrisch werden. Der Turmalin hat allemahl zugleich positive und negative Elektricität,
so, daß sich auf einer Seite die eine, auf der andern die entgegengesetzte befindet. Man kann diese Elektricität sowohl
durch Reiben, als durch Erwärmen, ja sogar durch Ein-
setzen des Steins in kochendes Wasser erregen,

204. Versuch.

Man isolire ein empfindliches Quecksilberthermome-
ter, und stelle die Kugel desselben zwischen zwo hölzerne
Kugeln, von denen die eine an den Conductor befestiget
ist, die andere aber mit der Erde in Verbindung steht,
so wird beym Durchgange der elektrischen Materie zwischen byden Kugeln das Quecksilber im Thermometer beträchtlich steigen. Bey einem Cylinder von $7\frac{1}{2}$ Zoll Durchmesser, erhob die elektrische Materie, indem sie aus einer Kugel von Lebensbaum in eine von Büchenholz übergieng, das
Quecksilber im Thermometer von 68° — 110°, und zum
2tenmal bis 150°. Beym Uebergange aus einer Spitze von
Buchsbaum in eine von Lebensbaum stieg das Thermometer
von 68° — 85°; aus einer Spitze von Buchsbaum in eine
Kugel von Buchsbaum von 67° — 100°; aus einer Kugel
von Buchsbaum in eine messingne Spitze von 66° — 100°;
aus einer Kugel in die andere, wenn die Kugel des Ther-
mometers mit Flanell bedeckt war, von 69° — 100°.

N 3 Einige

Einige Schriftsteller haben Verzeichniffe von Krankheiten gegeben, in welchen die Elektricität mit gutem Erfolg gebraucht worden ist; ich will aber hier diesem Beyspiele nicht folgen, da ich höre, daß man diese Krankheiten nach Anleitung der in den letzten vier Jahren angestellten Versuche, in ein ordentliches System gebracht hat, welches aber gehörig zu überfehen, eine genaue Kenntniß der Krankheiten und ihrer Ursachen und Symptome, erforderlich ist.

Man hat in diesem System die Elektricität unter die krampfstillenden Arzneyen geordnet, und fie als eines der wirkfamsten äufferlichen Mittel angefehen; fie dienet nach der verfchiedenen Art ihrer Anwendung bald als ein fchmerzstillendes, bald als ein reizendes, bald als ein zertheilendes Mittel. In der Arzneykunst läßt fie fich bey Lähmungen, beym Reißen, bey Wechfelfiebern, Krämpfen, Verstopfungen und Entzündungen gebrauchen. Dem Wundarzt leistet fie beträchtlichen Nutzen bey Vertrocknungen, Verrenkungen, Gefchwülsten, befonders bey angelaufenen Drüfen, Schwinden der Muskeln, und einer Menge von andern in die Augen fallenden Uebeln, welche ten Umstehenden fowohl als dem Patienten felst öfters großen Kummer verurfachen. Auch die Gicht und den Kropf, zwo Krankheiten, welche heut zu Tage das menfchliche Gefchlecht fo häufig plagen und den Aerzten ein Stein des Anstoßes find, rechnet man unter die Zufälle, bey welchen fich die Elektricität anwenden läßt, und befonders im Anfange der Krankheit, wie man mir gefaat hat, beynahe Wunder thut. Bey gichtifchen Anfällen an gefährlichen Theilen des Körpers fcheint fie weit beffer zu feyn, als irgend ein anderes Arzneymittel, da man fie unmittelbar an den Sitz der Krankheit bringen kann, wo fie stärker und fchneller, als alle andere Kräfte der Arzneykunst, wirket, und nach Befinden gemäßiget werden kann. Da fie überdieß ein Mittel ist, deffen Wirkung der Kranke durch Nachdenken beurtheilen und durchs Ge-

fühl

fühlt empfinden kann, so scheint sie mir die Aufmerksamkeit und fernere Untersuchung vernünftiger Männer weit mehr zu verdienen, als irgend eine zusammengesetzte Arzney, in die man wenig Vertrauen setzt, oder ein aufgelegtes Pflaster, auf das man gar nicht achtet.

Der gute Erfolg der Elektricität in Linderung der Uebel des menschlichen Körpers wird dadurch beträchtlich vermehrt, daß man sie auf so verschiedne Art und in so verschiednen Graden der Stärke anbringen kann, wodurch auch ihre Wirkungen schneller, empfindlicher und stärker werden. Die ehemals gebräuchlichen Methoden waren der Schlag, der Funken und bisweilen, obgleich sehr selten, das simple Elektrisiren. Jezt sind sie mannichfaltiger und zahlreicher geworden. Man kann den Strom der elektrischen Materie ohne Schlag durch jeden Theil des Körpers gehen lassen; man kann ihn auch in jeden Theil hineinbringen, oder aus jedem ausziehen, und die Wirkung in jedem Falle wieder dadurch abändern, daß man die Materie durch Körper gehen läßt, die ihr stärker oder schwächer widerstehen; man kann ihn auf die bloße Haut gehen lassen, oder dieselbe mit verschiedenen widerstehenden Substanzen bedecken; man kann die Kraft nach Gefallen verdünnen oder verdichten, auf eine Stelle einschränken, oder auf mehrere Theile des Körpers verbreiten.

Die hiezu nöthige Geräthschaft ist einfach und besteht aus folgenden Stücken.

1) Eine Elektrisirmaschine mit einem isolirten Küssen, durch welche man einen starken und anhaltenden Strom von elektrischer Materie erhalten kann.

2) Ein Stuhl mit isolirenden Füssen, oder vielmehr ein Armstuhl auf einem großen isolirenden Gestelle. Den innern Theil der Rücklehne muß man niederlassen oder wegnehmen können, um im erforderlichen Falle den Rücken eines Kranken elektrisiren zu können: auch müssen die Arme des Stuhls länger als gewöhnlich seyn.

N 4 3) Eine

3) Eine leidner Flasche mit einem Elektrometer.

4) Ein paar große Directoren und hölzerne Spitzen.

5) Einige Glasröhren von verschiedenen Durchmessern, deren einige sich in haarröhrenförmige Spitzen endigen.

Hiezu kann man noch einen etwas großen allgemeinen Auslader, ein paar kleine Directoren mit silbernen Dräthen und eine isolirende Zange setzen.

Fig. 93. zeigt die **Directoren**, deren Handgriffe von Glas sind. A ist ein messingener Drath mit einer Kugel am Ende. An dem einen Director ist der Drath gebogen, um die elektrische Materie desto bequemer ins Auge u. d. gl. gehen zu lassen. Die Kugeln kann man von den Dräthen abschrauben und die hölzerne Spitze B an ihre Stelle setzen, oder auch das zugespitzte Ende des messingenen Draths selbst gebrauchen. Die Directoren müssen allezeit an dem vom Messinge entferntesten Ende des gläsernen Handgriss gehalten werden, wobey man Sorge tragen muß, daß das Messing durch die Wärme der Hand nicht feucht werde.

Fig. 85. ist die Flasche zur medizinischen Elektricität, mit einem Elektrometer versehen, um die Gewalt des Schlags einzuschränken, und dem Operator es möglich zu machen, daß er mehrere Schläge von gleicher Stärke nach einander geben könne. C ist ein gebogenes Stück Glas, an dessen obern Theil eine messingene Hülse D mit einer federnden Röhre E angekittet ist; der Drath F ist in dieser Röhre beweglich, so daß man die Kugel G in jede beliebige Entfernung von der Kugel H bringen kann. Auch das Ende I des gebognen gläsernen Stücks ist mit einer federnden Röhre versehen, die sich an dem mit der innern Seite verbundenen Drathe K auf und ab schieben läßt.

Wenn man diese Flasche gebrauchen will, so stelle man die Kugel H in Berührung mit dem Conductor, oder verbinde sie mit demselben durch einen Drath, und lade

sie

sie auf die gewöhnliche Art. Wenn nun ein Drath von
der Kugel L bis an die äußere Belegung geht, so wird
die Flasche entladen, sobald nur die elektrische Materie
Kraft genug hat, durch die Luft zwischen den beyden Kugeln G und H durchzubrechen; folglich ist der Schlag desto
stärker, je weiter diese beyde Kugeln von einander abstehen.

Es fällt in die Augen, daß das Elektrometer in dieser Verbindung eben so, wie der gewöhnliche Auslader,
wirkt, und eine Communication zwischen der äußern und
innern Seite der Flasche macht; nur mit diesem Unterschiede, daß der Abstand von dem Ende, welches mit der
innern Seite in Verbindung steht, eingeschränkt und re-
guliret werden kann. Man kann nun den Schlag durch
jeden Theil des menschlichen Körpers gehen lassen, wenn
man diesen Theil mit in die zwischen beyden Seiten der
Flasche gemachte Verbindung bringet. Dies kann sehr
bequem geschehen, wenn man den einen Director durch
einen Drath mit dem Elektrometer, und den andern mit
der äußern Seite der Flasche verbindet; man hält alsdann
die Directoren bey ihren gläsernen Handgriffen, und bringt
ihre Kugeln an die Enden der Theile, durch welche die
Schläge gehen sollen.

Die Stärke des Schlags wird, wie wir bereits bemerkt haben, vermehrt oder vermindert, wenn man den
Abstand der beyden Kugln G und H von einander vergrößert oder verringert, welches der Operator nach der
Stärke und Empfindlichkeit des Patienten abmessen
muß.

Die Handgriffe der Directoren, das gebogne Stück
Glas C, und die über die Belegung hervorragenden Theile
der Flasche müssen sorgfältig getrocknet werden. Auch
muß man die Enden der Directoren gegen den leidenden
Theil ardrücken, um den Schlag leichter durch denselben
zu führen.

Einige haben auch die elektrische Zange für ein sehr
bequemes Instrument zu Leitung des Schlags durch ein-

N 5   zelne

jelne Theile des Körpers gehalten. Ihre Einrichtung und
ihr Gebrauch erhellet genugsam aus Fig. 86.

Auch hat man folgende Methode, die condensirte elektrische Materie aus der innern Seite einer geladenen leidner
Flasche zu ziehen, unter gewissen Umständen vorzüglich
vortheilhaft gefunden. Man verbinde einen Director durch
einen Drath mit dem Knopfe einer leidner Fasche, lade
die Flasche entweder völlig oder zum Theil, und halte
dann die Kugel oder Spitze des Directors an den Theil
des Körpers, den man elektrisiren will, so wird die in der
Flasche condensirte elektrische Materie in einem dichten und
langsamen Strome in diesen Theil übergehen und eine
stechende Empfindung verursachen, welche eine beträchtliche
Wärme hervorbringt. Hält man gegen das Ende des
Directors einen mit der Erde verbundenen Drath, so wird
der Uebergang der Materie schneller, und die Empfindung
stärker. Man sieht leicht, daß in diesem Falle die Verbindung zwischen der innern und äußern Seite der Flasche
nicht vollständig ist, daher man auch keinen Schlag fühlt.
Die condensirte Materie geht in einem dichten langsamen
Strome durch den erforderlichen Theil, indem die äußere
Seite eine hinreichende Menge elektrischer Materie aus den
umliegenden leitenden Substanzen an sich nimmt, um das
Gleichgewicht wieder herzustellen.

Um einen Strom von elektrischer Materie durch
einen Theil des menschlichen Körpers hindurchgehen zu
lassen, verbinde man den einen Director durch einen
Drath mit dem positiven, den andern mit dem negativen
Conductor oder mit einem isolirten Küssen, stelle die Enden der Directoren an die Enden des leidenden Theils,
und drehe die Maschine, so wird die elektrische Materie
aus dem einen Director in den andern durch den gedachten Theil überströmen.

Um den Strom der elektrischen Materie auf einen
Theil des Körpers zu leiten, verbinde man den Director
mit

mit dem positiven Conductor, drehe die Maschine und
halte das messingene Ende des Directors gegen den Körper des Kranken, so wird die Materie aus der Kugel in
den Körper übergehen. Oder man isolire den Kranken,
und ziehe die ihm mitgetheilte Elektricität vermittelst der
Directoren aus seinem Körper. In diesem Falle muß
ein Drath von dem messingenen Theile des Directors auf
die Erde oder in die Hand des Operators gehen. In
beyden Fällen kann man die Menge und Wirkungsart
der Materie verändern, wenn man sie durch messingene
oder hölzerne Kugeln oder Spitzen gehen läßt, oder, die
Haut mit Flanell bedeckt; in allen Fällen, in welchen
sonst die Friction angerathen wird, kann man sehr wahrscheinlich vermuthen, daß die Bedeckung des leidenden
Theils mit Flanell, und das Reiben desselben mit der Kugel eines mit der Elektrisirmaschine verbundenen Directors, eine vortreffliche Wirkung thun werde. Der Widerstand, den die Bewegung der Materie leidet, läßt
sich verschiedentlich abändern, wenn man eine dickere Bedeckung wählt, oder statt des Flanells eine andere Substanz nimmt, durch welche die Materie durchgehen muß.

Einige besondere Wirkungen finden statt; wenn
man den unterbrochenen Funken gebraucht, d. i. wenn
man den Funken aus einem zweyten Conductor nimmt,
der innerhalb der Schlagweite des ersten Conductors
steht. Es ist sehr wahrscheinlich, daß in diesem Falle
die Verdichtung und Ausdehnung des Funkens weit heftiger sey, als wenn er bloß aus dem ersten Conductor
allein gezogen wird. Wenn ein unterbrochner Funken
erforderlich ist, so wird der Director mit dem zweyten
Conductor verbunden, und dann, wie gewöhnlich, gebraucht.

Fig. 87. zeigt einen etwas großen allgemeinen Auslader, mit einem zwischen den beyden Säulen desselben
sitzenden Kranken; wobey die eine Kugel bey A, die andere bey B stehet. Wie bequem dieser Apparatus sey, fällt

bey

bey Betrachtung der Figur in die Augen; denn da die
Gelenke sowohl eine horizontale als eine verticale Bewe=
gung zulassen, und die Dräthe durch zwo federnde Hülsen
durchgehen, so können diese letztern in jede Richtung, und
die Kugeln in jede beliebige Stellung gebracht werden.
Wenn man daher den einen Drath mit einem positi=
ven, den andern mit einem negativen Conductor, oder
auch den einen mit dem Boden einer leidner Flasche, und
den andern mit dem Elektrometer verbindet, so kann der
Schlag oder Strom mit der größten Leichtigkeit auf
jeden Theil geführet werden. Man sieht auch leicht, daß
ein jeder vermittelst der zwey Gelenke dieses höchst ein=
fachen Apparatus sehr leicht sich selbst oder einen Kran=
ken, ohne Beyhülfe einer andern Person elektrisiren
kann; er kann nämlich mit einer Hand die Maschine
drehen, indem er vermittelst dieses allgemeinen Ausladers
den Strom oder Schlag der elektrischen Materie erhält.
Man kann eben dieses leicht auch so bewirken, daß man
an den einen Conductor einen Drath befestiget, und das
andere Ende desselben an das Ende des Theils, durch
welchen man den Schlag oder den Strom führen will,
ansteckct; dann aber einen Director mit dem andern Con=
ductor verbindet, und ihn an das andere Ende dieses
Theils hält. Kommen etwa dabey die Dräthe mit dem
Tische in Berührung, so darf man nur eine kleine Glas=
röhre darüber stecken, welche die Zerstreuung der elektri=
schen Materie verhindern wird.

L und M, Fig. 84, sind Glasröhren, durch welche
dünne Dräthe gehen, um die elektrische Materie in das
Ohr oder den Schlund zu führen.

Fig. 88. zeigt eine andere etwas größere Glasröhre,
welche am Ende in eine Haarröhre ausläuft; darein wird
etwas weniges Rosenwasser oder eine andere flüßige Ma=
terie gegossen, hierauf die Röhre durch einen Drath mit
dem ersten Conductor verbunden und der Cylinder
gedreht, so kann man einen zertheilten, sanften und er=

frischen=

frischenden Strom von dieser flüßigen Materie auf den
leidenden Theil führen.

In allen Fällen ist es sehr rathsam, mit den gelin-
desten Operationen anzufangen, und sie nur nach und
nach so zu verstärken, wie es die Stärke und Constit: tion
des Patienten, oder die Natur der Krankheit erforb-rt.
Zuerst kann man das Ausströmen aus einer hölzernen
Spitze, einer hölzernen Kugel, oder aus einer messingenen Spitze gebrauchen, dann, wofern es nöthig ist, Funken ziehen, oder schwache Schläge geben.

Bey rheumatischen Zufällen wird insgemein die elektrische Friction gebraucht. Bleiben die Schmerzen auf
einer Stelle, so kann man auch schwache Sch.äge geben.
Zur Linderung der Zahnschmerzen kann man sehr schwache
Schläge durch den Zahn gehen lassen; oder den leitenden
Theil mit Flonell bedecken, und mit einem mit der Maschine verbundenen Director reiben.

Bey Augenentzündungen und andern Augenkrankhei-
ten muß man die elektrische Materie aus einer hölzernen Spitze strömen lassen: dies erregt eine Empfindung,
die dem Gefühl eines sanften kühlenden Windes ähnlich
ist, erzeugt aber auch zugleich eine gelinde Wärme in dem
leitenden Theile.

Bey Lähmungen wird die elektrische Friction nebst
schwachen Schlägen gebraucht. Man muß auch allezeit
Ströme von elektrischer Materie durch den kranken Theil
gehen lassen.

Die einzige Abhandlung, die wir noch bisher von
einem Arzte über die medicinische Elektricit't erhalten haben, ist eine kleine Schrift des Herrn Birch unter dem
Titul: Betrachtungen über die Wirksamkeit der Elektricität bey Verstopfungen der monatlichen Reinigung. Ich
habe diesem würdigen Manne viele wichtige Beobachtungen und praktische Bemerkungen über verschiedene zur
Elektricität gehörige Gegenstände zu danken. Wären
auch die Vortheile der Elektricität bloß auf diese einzige

Krank-

Krankheit (bey welcher man sie für ein specifisches Mittel rechnen kann) eingeschränkt, so würde sie doch schon beswegen allein die Aufmerksamkeit der praktischen Aerzte verdienen; wir haben aber sehr viel Ursache, noch weit mehr von ihr zu erwarten, da jezt die Vorurtheile der Aerzte ausgerottet scheinen, und der Gebrauch der Elektricität sich täglich mehr und mehr ausbreitet.

Sechszehntes Kapitel.

Vermischte Versuche und Beobachtungen.

Die Streitigkeit über die Vorzüge der zugespitzten Blißableiter vor den stumpfgeendeten gab die Veranlassung zu einem elektrischen Apparatus, der an Pracht alle vorher bekannten übertraf. Auf Kosten der Admiralität ward unter der Direction des Herrn Wilson ein Conductor von ungeheurer Größe errichtet und im Pantheon aufgehangen. Er bestand aus einer großen Anzahl Trommeln, welche mit Stanniol überzogen waren, und einen ohngefähr 155 Schuh langen und mehr als 16 Zoll im Durchmesser haltenden Cylinder ausmachten; diesem großen Cylinder wurden gelegentlich noch 4800 Yards Drath beygefügt. Der elektrische Strom aus dieser Maschine zündete Schießpulver selbst unter den ungünstigsten Umständen, nämlich wenn er aus einer scharfen Spitze gezogen ward. Es geschahe dies aber auf folgende Art. Eine messingene Säule ward auf einem hölzernen Fußbrete befestiget, und endigte sich oben in eine eiserne Spitze; diese Spitze ward in das Ende einer kleinen papiernen Rolle gesteckt, welche ohngefähr die Form einer Patrone $\frac{1}{10}$ Zoll Durchmesser und $1\frac{1}{4}$ Zoll Länge hatte, und mit gemeinen Schießpulver gefüllt war: an den untern Theil der messingenen Stange ward ein mit der Erde verbundener Drath gezogen. Die Ladung des großen

Cylin-

Cylinders ward durch beständiges Umdrehen des Rades unterhalten, und der obere Theil der Patrone dem Staniol genähert, so daß er denselben oft berührte. Hiebey sahe man oft einen schwachen leuchtenden Strom zwischen dem obern Theile der Patrone und dem Metalle. Bisweilen entzündete dieser Strom das Schießpulver im ersten Augenblicke, zu andern Zeiten aber währte es auch wohl eine halbe Minute oder drüber, ehe diese Wirkung erfolgte. Diesen Unterschied in der Zeit schrieb man einiger im Papiere oder im Pulver enthaltenen Feuchtigkeit zu.

Sonst kann man das Schießpulver auch durch einen Strom aus einer großen leidner Flasche auf folgende Art entzünden.

205. Versuch.

Man befestige eine kleine Patrone an eine metallene Spitze, welche einen hölzernen oder gläsernen Handgrif hat, verbinde die Spitze mit dem Boden, halte hierauf die Patrone an den Knopf der Flasche, so wird sich das Schießpulver durch den Uebergang des elektrischen Stroms in die Patrone entzünden. Man kann auch Zunder oder Schwamm in einer metallenen Schale anzünden, wenn man den Strom aus der innern Seite der Flasche, wie im vorigen Versuche, durch denselben gehen läßt, ohne die Verbindung vollständig zu machen.

Da man also sieht, daß die elektrische Materie die Körper entzündet, wenn sie sich entweder mit großer Geschwindigkeit oder in großer Menge durch dieselben beweget, so kann man schwerlich daran zweifeln, daß diese Materie mit dem Elemente des Feuers einerley sey.

206. Versuch.

Um die kleine elektrische Canone abzufeuern, lade man dieselbe auf die gewöhnliche Art mit Schießpulver,

schütte

schütte Pulver auf das elfenbeinerne Zündloch, stampfe
dasselbe wohl hinunter, und stecke die messingene Nadel
hinein, so daß ihr Ende nahe an den Boden der Höhlung
kömmt. Man mache nun eine Verbindung zwischen der
äußern Seite einer geladenen Flasche oder Batterie und
dem Körper der Canone, indem man das eine Ende des
Ausladers an die Nadel, welche in das Zündloch hineingeht, das andere Ende aber an den Knopf der Flasche setzt,
so wird der Schlag das Pulver entzünden.

207. Versuch.

Fig. 89. zeigt eine perspectivische Abbildung des
Pulverhauses, wobey die dem Auge zugekehrte Seiten-
wand weggelassen ist, damit man das Innere besser sehen
könne. Die Vorderseite dieses Modells wird so, wie
beym Donnerhause aufgestellt, und eben so gebraucht; die
Seitenwände, die Vor- und Rückwand sind durch Hacken mit dem Boden verbunden; das Dach ist in zwey
Theile getheilet, welche ebenfalls mit Hacken an die Seitenwände befestiget sind; das Ganze wird durch einen
Riegel am Dache zusammen gehalten; wenn das Dach
herabgeworfen wird, so fällt es nebst allen Wänden zusammen. Um dieses Modell zu gebrauchen, fülle man
die kleine Röhre a mit Schießpulver, und stecke den Drath
c etwas fest hinein, verbinde den Hacken e mit dem Boden einer großen Flasche oder einer Batterie, und mache,
wenn diese geladen ist, eine Verbindung zwischen dem
Hacken d und dem Knopfe der Flasche, so wird der
Schlag das Pulver entzünden, die Explosion desselben
wird das Dach abwerfen, und die Seitenwände, Vor-
und Rückwand werden zusammenfallen.

Fig. 90. ist eine hölzerne Pyramide, welche zu den
Versuchen mit dem Donnerhause bestimmt ist, und auf
ebendieselbe Art gebraucht wird. Wenn durch die Entladung das Stück a heraus geschlagen wird, so fällt der
obere Theil der Pyramide herab.

208. Verſuch.

Man befeſtige den Löffel I, Fig. 33. in die Höh-
lung am Ende des Conductors, lege ein kleines Stück
Campher in denſelben, zünde es an, und drehe das Rad
der Maſchine, ſo wird der Campher eine Menge kleine
Zweige ausſenden, und eine Art von unvollkommener
Vegetation darſtellen.

209. Verſuch.

Man wickle etwas lockere Baumwolle, welche man
vorher in fein geſtoßenen Colophonium herumgerollet hat,
um eine von den Kugeln eines Ausladers, halte das andere Ende deſſelben an die äußere Belegung einer geladenen Flaſche, und bringe die umwickelte Kugel gegen den
Knopf der Flaſche, ſo wird ſich das Colophonium durch
die Entladung entzünden, und die Baumwolle anbrennen.

Fig. 91. zeigt die von Herrn Volta erfund_ne Lampe mit entzündbarer Luft. A iſt eine gläſerne Kugel zur
entzündbaren Luft, B ein gläſernes Becken oder Behältniß, um Waſſer hineinzugießen; D ein Hahn, um erforderlichen Falls eine Communication zwiſchen dem Waſſer-
behältniß B und dem Luftbehältniß A zu eröfnen; das
Waſſer geht in das letztere durch die metallene Röhre gg,
welche an den obern Theil des Behältniſſes A befeſtiget
iſt; s iſt ein kleiner Hahn, um die Communication zwiſchen der Luft in der Kug_l und dem Sprungrohre K zu
verſchließen oder zu eröfnen. N iſt eine kleine Spitze,
worauf man ein Stück Wachslicht ſetzen kann; L eine
meſſingene Säule, oben mit einer meſſingenen Kugel ver-
ſehen; a eine Glasſäule, oben mit einer Hülſe, in welcher
ſich der Drath b hin und her ſchieben läßt, ans Ende dieſes D aths läßt ſich eine Kugel anſchrauben. F iſt der
Hahn, durch welchen die Kugel A mit entzündbarer Luft
gefüllt werden kann, und welcher hernach dienet, um die
Luft, und das Waſſer, welches aus dem Baſſin B in die
Kugel A fällt, zu verſchließen.

Um dieses Instrument zu gebrauchen, fülle man das Behältniß A mit reiner entzündbarer Luft, und das Bassin B mit Wasser, und drehe die Hähne D und s auf, so wird das aus B herabfallende Wasser entzündbare Luft aus A heraus, und durch die Sprungröhre K in die Luft treiben. Läßt man einen elektrischen Funken aus der messingenen Kugel m in die Kugel n gehen, so wird der brennbare Luftstral, der aus der Röhre K hervorgeht, entzündet. Um die Lampe auszulöschen, verschließe man zuerst den Hahn s, und dann den Hahn D.

Um das Behältniß A mit brennbarer Luft zu füllen, welche auf die gewöhnliche Art und mit dem gewöhnlichen Apparatus zubereitet wird, fülle man vorläufig A mit Wasser, stelle den Fuß R unter Wasser auf ein Bret in einer großen mit Wasser gefüllten Wanne, damit die gebogne Glasröhre, durch welche die brennbare Luft geht, bequem unter den Fuß der Lampe gebracht werden könne. Wenn die Luft fast alles Wasser ausgetrieben hat, drehe man den Hahn F zu, so ist der Apparatus zum Gebrauch fertig. Man kann dieses Instrument auch sehr bequem gebrauchen, um eine Quantität brennbare Luft zu gelegentlichen Versuchen, z. B. zu Ladung der elektrischen Pistole ꝛc. leicht aufzubewahren. Auch ist es bequem ein Licht zum gemeinen Gebrauche daran anzuzünden, da der geringste Funken aus einem Elektrophor, oder einer kleinen Flasche schon hinreichend ist, die brennbare Luft zu entzünden.

Man kann auch nach Gelegenheit eine kleine Batterie von Pistolen mit brennbarer Luft machen, wodurch man sich viel Vergnügen verschaffen kann, da man entweder eine Pistole nach der andern, oder alle zusammen, nach Gefallen abfeuern kann.

Folgenden Versuch hat Herr **Kinnersley** mit seinem elektrischen Lustthermometer angestellt, welches wir oben im zweyten Kapitel S. 26 beschrieben haben.

210. Versuch.

Er hatte in die weite Röhre seines Luftthermometers etwas gefärbtes Wasser gegossen, stellte die beyden in der Röhre befindlichen Dräthe mit einander in Berührung, und ließ eine starke elektrische Ladung von ohngefähr 30 Quadratfuß belegter Fläche hindurchgehen, welche aber keine Ausdehnung der Luft hervorbrachte, und also zeigte, daß die Dräthe bey dem Durchgange der elektrischen Materie nicht erhitzt wurden. Standen aber die Dräthe etwa zween Zoll weit von einander, so ward die Luft durch die Entladung einer Drey-Pinten-Flasche merklich verdünnet und ausgedehnet. Der Schlag aus einer Flasche, welche ohngefähr 5½ Gallons enthielt, veranlassete eine sehr beträchtliche Ausdehnung der Luft; und der aus einer Batterie von 30 Quadratschuh belegter Glasfläche würde das Wasser in der kleinen Röhre bis ganz an die Spitze hinauf treiben. Wenn die Luft sich nicht weiter ausdehnet, so bleibt die Wassersäule einen Augenblick stehen, bis sie mit der verdünnten Luft im Gleichgewicht ist; alsdann fällt sie wieder nach und nach bis an ihren vorigen Ort, indem sich die Luft abkühlet. Wenn man genau bemerkt, in welcher Höhe das Wasser zuerst stehen bleibt, so kann man den Grad der Verdünnung leicht bestimmen.

211. Versuch.

Man nehme eine Glasröhre, etwa 4 Zoll lang und ¼ Zoll im Durchmesser, welche an beyden Enden offen ist; befeuchte ihre innern Wände mit zerflossenem Weinsteinöl (Oleum Tartari per deliquium), stecke zwey Stücke Kork in die Enden der Röhre, und durch jedes einen Drath, so daß die Enden der Dräthe innerhalb der Röhre ohngefähr ¼ Zoll aus einander kommen. Den einen Drath verbinde man mit der äußern Belegung einer geladenen Flasche, und den andern mit dem Knopfe derselben, so daß die Entladung der Flasche durch die Röhre geht;

man

man wiederhole dieses eingemahl, so wird das Weinsteinöl sehr oft deutliche Merkmale einer Crystallisation
zeigen.

212. Versuch.

Man lade eine leidner Flasche (deren Knopf in die
Flasche eingekittet ist), stelle sie auf ein isolirendes Sta-
tiv, hebe sie beym Knopfe auf, und halte die äußere Be-
legung gegen die condensirende Kugel eines ersten Leiters,
indem die Maschine gedrehet wird, so wird ein langer
Stralenbüschel und Funken zwischen der Belegung der
Flasche und der Kugel des ersten Leiters entstehen, dessen
Länge 4 — 12 Zoll und drüber betragen wird.

213. Versuch.

Man nehme etwas gestoßenen Cantonschen Phosphorus, und streiche ihn, mit etwas Weingeist vermischt, über
die ganze innere Seite einer reinen gläsernen Phiole, verstopfe dieselbe, und entferne sie vom Lichte. Wenn man
einige starke Funken aus einem Conductor zieht, und die
Phiole 2 — 3 Zoll von diesen Funken abhält, daß das
Licht der Funken auf sie fallen kann, so wird die Phiole
leuchten, und dies eine lange Zeit fortsetzen.

214. Versuch.

Man entlade eine Flasche über ein dünnes Stückgen
Holz, welches die Gestalt eines halben Monds hat, und
mit dem gedachten Phosphorus bestrichen ist, so wird der
halbe Mond im Finstern leuchten.

Man lege einen kleinen Schlüssel auf den Phosphorus, entlade eine leidner Flasche über denselben, und nehme den Schlüssel herab, so wird sich im Finstern die
Form des Schlüssels mit allen seinen Theilen vollkommen
deutlich zeigen.

Da die Versuche mit dem Phosphorus nicht allein
an sich sehr merkwürdig sind, sondern auch mit der Natur
der Elektricität in der genauesten Verbindung zu stehen

schei-

ſcheinen, ſo hoffe ich mich nicht allzuweit von dem Gegen-
ſtande dieſes Werks zu entfernen, wenn ich noch einige
von Herrn **Wilſon** hierüber angeſtellte Verſuche anfüh-
re; und dies um deſto mehr, da die Hervorbringung der
prismatiſchen Farben keineswegs ſchwer iſt, und nichts
weiter, als einige Auſterſchalen, und ein ſtarkes Feuer erfordert. Denn wenn dieſe Schalen nur ganz nachläßig
mitten ins Feuer geworfen, und die gehörige Zeit über
darinn gelaſſen werden (welche Zeit von 10 Min. einer-
bis 2 oder 3 Viertelſtunden, bis 1, 2, 3 Stunden
geht, je nachdem die Schalen ſtärker und dichter ſind,
und der Grad des Feuers größer oder geringer iſt), ſo
zeigen ſie ſehr lebhafte prismatiſche Farben, wenn man
ſie aus der Sonne plötzlich ins Dunkle bringt, und die
Augen vorher ein wenig vorbereitet ſind. Herr **Wilſon**
erregte das Licht dieſer Schalen durch die Elektricität auf
folgende Art.

215. Verſuch.

Er ſtellte eine präparirte Auſterſchale, welche die
prismatiſchen Farben ſehr lebhaft zeigte, auf ein metalle-
nes, oben abgerundetes Stativ, welches ohngefähre einen
halben Zoll im Durchmeſſer hatte; an die Oberfläche dieſer Schale, und nahe an das Mittel, wo die farbenerre-
genden Theile am häufigſten beyſammen waren, brachte
er das Ende eines metallenen Stabs, und verband hierauf beyde Metalle gehörig mit den Belegungen einer geladenen Flaſche, als ob er dieſelbe entladen wollte. Doch
ließ er in dieſer Verbindung mit Vorſatz eine Lücke von
etwa drey Zollen zunächſt an der einen Seite des Glaſes;
die Entladung erfolgte, ſobald er dieſe Lücke mit Metall
ausfüllte. Im Augenblicke der Entladung ſelbſt fieng
die Schale an mit der größten Schönheit zu leuchten, ſo
daß alle Farben vollkommen deutlich erſchienen, und jede
nach der verſchiedenen Lage der farben-erregenden Theile
an ihrer gehörigen Stelle ſtand. Dieſe Farben blieben

einige

einige Minuten lang sichtbar, und wenn sie verschwanden, so trat ein weißliches und ins purpurrothe fallendes Licht an ihre Stelle, welches eine lange Zeit anhielt. Und wenn gleich der Versuch mit ebenderselben oder andern Schalen einigemahl wiederhohlet wurde, so blieben doch die Farben an ihren gehörigen Stellen, und behielten fast ebendenselben Grad des Glanzes; nur wurden bisweilen in der Gegend, wodurch der Schlag gieng, einige Schuppen abgeschlagen.

216. Versuch.

Körper von einerley Art, aber von verschiedenen Größen und Massen, werden mit elektrischer Materie bloß in Proportion ihrer Oberfläche geladen, ohne daß die Größe der Masse in diesem Falle einigen Einfluß oder Mitwirkung zeigt.

Die Naturforscher sind zwar hierüber sehr verschiedener Meinung gewesen; aber folgender Versuch, den ich mit Herrn Achard's eignen Worten vortragen will, scheint die Frage völlig zu entscheiden.

Ich elektrisiete, sagte er, einen hohlen cylindrischen messingenen Conductor, der 7 Zoll lang war, und 1½ Zoll im Durchmesser hatte. Als er 40 Grad Elektricität erhalten hatte, zog ich einen Funken aus ihm, mit einem ebenfalls 7 Zoll langen und 1½ Zoll im Durchmesser haltenden hohlen messingenen Conductor, welcher acht Unzen wog, und sorgfältig isolirt war. Der erste Conductor verlor dadurch 15 Grad Elektricität. Ich wiederholte den Versuch, da der Conductor 30 Grad Elektricität hatte, und hiebey verlor er 10 Grad. Endlich, wenn er nur 20 Grad hatte, verlor er durch eine augenblickliche Berührung mit eben demselben Cylinder nur 7 Grad. Ich füllte nunmehr diesen Cylinder mit Bley aus, wodurch er um 5 Pfund schwerer ward, und also eben soviel Masse mehr erhielt, wiederholte eben dieselben Versuche, und erhielt noch immer eben dieselben Resultate.

Es

Es folgen hierauf noch andere Versuche, welche Herrn Achard's Meynung noch mehr bestätigen.

Diese Versuche zeigen, 1) daß Körper von gleichen Oberflächen, aber verschiedenen Massen, unter gleichen Umständen mit gleichen Mengen von elektrischer Materie geladen werden; 2) daß Körper von gleichen Massen, oder verschiedenen Oberflächen, unter übrigens gleichen Umständen mit ungleichen Mengen von elektrischer Materie geladen werden, und daß der Körper von größerer Oberfläche stärker geladen wird, als der von geringerer Oberfläche. Daher erhalten die Körper mehr oder weniger Elektricität, nicht in Proportion ihrer Massen, sondern in Proportion ihrer Oberflächen.

Noch ehe diese Versuche angestellt wurden, hatte man bemerkt, daß die ungemeine Feinheit und die in den meisten Fällen statt findende Unsichtbarkeit der elektrischen Materie, alle Beobachtungen und Muthmaßungen über ihre Geschwindigkeit unmöglich mache. Inzwischen ist es doch unglaublich, daß diese Materie durch die wirkliche Substanz metallischer Körper durchgehen, und doch durch ihre festen Theile nicht aufgehalten werden sollte. In solchen Fällen, wo die festen Theile der Metalle wirklich und augenscheinlich durchdrungen werden, z. B. wenn der elektrische Schlag durch Drath geht, sieht man den Widerstand deutlich, denn die Theile des Draths werden mit Gewalt nach allen Richtungen aus einander geworfen und zerstreuet.

Eben dies geschahe bey den Ringen, welche D. Priestley auf glatte Stücken Metall schlug. Es ward ein Theil des Metalls zerstreut und heraus geworfen, denn die cirkelrunden Flecke bestanden aus lauter kleinen Löchern. Wenn daher die elektrische Materie durch die Substanz der Metalle, und nicht über ihre Oberfläche gienge, so müsse augenscheinlich ein Drath, dessen Durchmesser einem solchen cirkelrunden Flecke gleich wäre, durch eine Explosion von gleicher Stärke ebenfalls zerschmettert

wer-

werben; da doch ein Droth, dessen Durchmesser dem Durchmesser eines solchen runden Fleckens gleich ist, einen weit stärkern Schlag, als irgend eine bis hieher verfertigte Batterie zu geben im Stande ist, ohne die geringste Beschädigung fortleitet. Es ist daher sehr wahrscheinlich, daß, obgleich starke elektrische Schläge, welche überhaupt wie Feuer wirken, in die Substanz der Metalle eindringen und dieselbe verzehren, dennoch die Elektricität sich über die Oberfläche der Metalle verbreite, und nicht eher in die Substanz derselben eindringe, als bis sie gezwungen wird, sich in einen engen Raum zusammen zu drängen, wobey sie alsdann, wie Feuer, wirkt.

In vielen Fällen wird die Elektricität durch Metalle, welche fast auf bloße Oberfläche reducirt sind, sehr wohl geleitet. Ein weißes Papier, da es ein elektrischer Körper ist, leitet keinen Schlag, ohne dadurch zerrissen zu werden; aber eine mit Bleystift darauf gezogne Linie leitet unbeschädigt die Ladung mehrerer Flaschen. Unmöglich können wir hiebey annehmen, daß die elektrische Materie durch die Substanz des Bleystiftstrichs gehe; sie muß über die Oberfläche desselben fließen. Und, wenn wir einige Eigenschaften der Metalle in Betrachtung ziehen, so finden wir große Ursache anzunehmen, daß ihre leitende Kraft in ihrer Oberfläche liege.

Fig. 92. zeigt eine kleine Glasröhre, an einem Ende mit Kork verstopft; K ist ein Droth, der durch einen andern Kork geht, welcher in das andere Ende der Röhre befestiget ist. Um obern Ende des Droths befindet sich eine messingene Kugel, das innerhalb der Röhre befindliche Ende ist unter einem rechten Winkel umgebogen.

217. Versuch.

Man nehme den obern Kork mit dem Drathe heraus, gieße etwas Oel in die Röhre, passe den Kork wieder ein, und stoße den Droth hinab, bis das Ende an oder lieber etwas unter der Oberfläche des Oels steht. Wenn

man

man nun die Kugel gegen den erſten Leiter einer Maſchine
hält, und den Finger oder einen andern leitenden Körper
dem gebognen Ende des Draths gegen über bringt, ſo
wird ein Funken aus dem Leiter der Maſchine in die meſſingene Kugel, ein anderer aber zugleich aus dem Ende
des Draths hervorgehen und das Glas durchbohren, wobey
das Oel auf eine beſondere Art bewegt wird.

Dieſer Verſuch gewinnt ein weit ſchöneres Anſehen,
wenn er im Dunkeln angeſtellt wird. Wenn das erſte
Loch ins Glas geſchlagen iſt, drehe man das Ende des
Draths in die Runde gegen eine andere Stelle der Glasröhre, ſo wird auf eben dieſe Art ein zweytes Loch geſchlagen. Dieſen Verſuch habe ich dem Herrn Morgan
von Norwich zu danken, der denſelben noch weiter getrieben, kleine Flaſchen mit Kütt ausgefüllet, und dann auf
ähnliche Art den Schlag durch dieſelben geführt hat.
Man kann die Glasröhre auch durchlöchern, wenn ſich
gleich nur Waſſer anſtatt des Oels in derſelben befindet.

Herr Cullen hat durch den Schlag in Röhren mit
Oel ſehr beträchtliche Wirkungen hervorgebracht. Der
Funken ſcheint im Oele größer, als wenn er durch Waſſer
geht.

Herr de Villette füllte einen metallenen Teller mit
Oel, elektriſirte denſelben und tauchte eine Nadel ins Oel.
Er erhielt einen ſehr ſtarken Funken, ſobald die Spitze der
Nadel dem Teller nahe kam. Er ließ eine kleine Korkku-
gel auf dem Oele ſchwimmen; als er derſelben das dicke
Ende eines Stengels von Lindenholz näherte, ſenkte ſie ſich
zu Boden, ſtieg aber ſogleich wieder in die Höhe.

Mit dem Verſuche des Herrn Morgan haben einige Beobachtungen des D. Prieſtley Aehnlichkeit.
Wenn dieſer die zerbrochenen Stellen einer Flaſche mit
Kütt oder Firniß überzog, ſo fand er beſtändig, daß ſie
allezeit an der Stelle wieder zerbrach, wo der Kütt auf-
hörte; hier ward das Glas von neuem durchlöchert, ſo
daß der Bruch keine Verbindung mit dem vorigen hatte.

D 5   Die

Die Flasche zerbrach allezeit bey der ersten Ladung, gemeiniglich noch ehe sie ihre halbe Ladung erhalten hatte. D.
Priestley, welchem dieses Phänomen auffiel, machte den
Versuch mit einer Flasche, welche nicht zerbrochen war,
und von deren Stärke er sich im voraus durch verschiedene
Entladungen versichert hatte: er nahm etwas von ihrer
äußern Belegung hinweg, legte einen Fleck Kütt, etwa
von einem Zolle im Durchmesser, darauf, zog die Belegung wieder darüber, und lud die Flasche; aber, ehe sie
noch ihre halbe Ladung erhalten hatte, zerbrach sie durch
eine freywillige Entladung, zwar nicht am Ende, sondern
in der Mitte des Küttflecks, wo das Glas am dünnsten
war. Er bedeckte eine andere Flasche ganz mit Kütt,
und diese zerbrach nahe am Boden, wo das Glas gemeiniglich am dicksten ist. Eine von innen und außen ganz
mit Kütt überzogene und dann mit Stanniol belegte Flasche
zerbrach bey dem ersten Versuche, sie zu laden.

218. Versuch.

Das Zaubergemälde (magische Gemälde) be-
steht aus einer belegten Glastafel, dergleichen zu dem leidner Versuche gebraucht werden; über die Belegung der
einen Seite wird ein Gemälde, und über die andere Seite
ein weißes Papier geklebt, so daß es das ganze Glas bedeckt; dieses wird in einen Rahmen gefasset, mit aus-
wärts gekehrtem Gemälde, und eine Verbindung zwischen
dem Stanniol der hintern Seite und der untern Leiste des
Rahmens gemacht, auch wird diese Leiste mit Stanniol
überzogen.

Man lege dieses Gemälde mit aufwärts gekehrtem
Bilde auf den Tisch, und ein Stück Geld darauf, lasse
von dem Conductor einer Maschine eine Kette darauf herabfallen, und drehe den Cylinder, so wird die Glasplatte
bald geladen seyn. Nun hebe man das Gemälde bey der
obern Leiste auf, und lasse eine andere Person die untere
Leiste berühren, und zugleich versuchen, das Geldstück
weg-

wegzunehmen, ſo wird dieſelbe einen Schlag erhalten, und gemeiniglich ihre Abſicht verfehlen.

219. Verſuch.

Man ſchütte etwas Meſſingſpäne in eine belegte Flaſche, lade dieſelbe, kehre ſie um, und laſſe etwas von den Spänen herausfallen, ſo werden ſich dieſelben über jede untergelegte glatte Fläche ganz gleichförmig verbreiten, und gerade ſo, wie Regen oder Schnee niederfallen. Sollte man nicht die Frage aufwerfen können, ob nicht das Waſſer, wenn es aus den höchſten Gegenden der mit Wolken beladenen Atmoſphäre herabfällt, in weit größern Tropfen, oder wohl gar in ganzen Strömen auf die Erde kommen würde, wenn nicht das Zuſammenfließen der Tropfen durch ihre elektriſchen Atmoſphären verhindert würde?

220. Verſuch.

Man ſtelle ein rauchendes Wachslicht auf den erſten Leiter, und drehe die Maſchine, ſo wird ſich der Rauch in ein engeres Volumen zuſammen ziehen, und ſeine aufſteigende Bewegung wird beſchleuniget werden. Man nehme die Elektricität aus dem Conductor durch einen Funken hinweg, hänge ein paar Korkkugeln über denſelben, die etwa 5 Schuh weit von ihm abſtehen, und drehe die Maſchine von neuem, ſo werden die Kugeln in wenigen Sekunden auf einen halben Zoll weit aus einander gehen; nimmt man aber das Wachslicht hinweg, ſo gehen die Kugeln nicht aus einander.

Dieſer Verſuch beweiſet alſo deutlich, daß der Rauch ein Leiter von Elektricität ſey.

221. Verſuch.

Man nehme ein rundes überfirnistes Bret, lege eine Kette in Form einer Spirallinie darauf, laſſe das innere Ende der Kette durch das Bret hindurchgehen, und verbinde es mit der Belegung einer großen Flaſche; das äuſ

ſere

sere Ende befestige man an einen Auslader und entlade die
Flasche; so wird man an jedem Gelenke der Kette einen
schönen Funken sehen. Man kann durch eine solche Kette
eine unzählbare Menge verschiedener Jlluminationen hervorbringen.

222. Versuch.

Man klebe Stücken Stanniol, in gleichen Entfernungen von einander, auf einen gebognen Glasstab, dessen
beyde Enden mit messingenen Kugeln versehen sind, und
befestige an die Mitte dieses Stabs einen gläsernen Handgriff. Dieses Instrument, als Auslader gebraucht, zeigt
zu gleicher Zeit das elektrische Licht an jeder Lücke zwischen
den Stanniolstücken.

Ich habe seit einigen Jahren verschiedene solche
leuchtende Auslader gemacht, um dadurch zu beweisen,
daß die elektrische Materie bey jeder Entladung sowohl
aus der negativen als aus der positiven Belegung ausgehe,
der Idee gemäß, welche Herren Atwood's Versuche
angeben (man s. den 118.—120. Versuch). Ich fand
aber bald, daß der Umfang eines Ausladers zu dieser Absicht viel zu klein und zu unbeträchtlich sey.

223. Versuch.

Fig. 98 zeigt einige Spiralröhren, welche in der
Runde auf einem Brete stehen. In der Mitte des Brets
steht eine Glassäule, worauf eine messingene Haube gekittet ist, in welcher eine kleine stählerne Spitze steckt; auf
dieser Spitze balancirt ein messingener Drath, der an jedem
Ende mit einer Kugel versehen ist. Man stelle die Mitte
dieses Draths unter eine vom Conductor der Maschine
hervorgehende Kugel, so daß der Drath beständige Funken aus dem Conductor erhält; dann gebe man dem Drathe eine umdrehende Bewegung, so werden die Kugeln
bey der Umdrehung jedem Knopfe der Spiralröhren einen
Funken geben, der sich durch den Stanniol der Röhren

dem

dem Brete mittheilet, und wegen des glänzenden Lichts
und der ſchnellen Bewegung ein ſehr angenehmes Schauſpiel darſtellt.

Alle dieſe Verſuche mit dem unterbrochenen Junken
kann man ſehr ſchön verändern, und dem Junken nach
Gefallen verſchiedene Farben geben.

224. Verſuch.

Man hänge eine leichte Korkkugel, welche mit Stanniol oder Goldblättchen überzogen iſt, an einem ſehr langen ſeidnen Faden auf, ſo daß ſie gerade den Knopf einer
auf dem Tiſche ſtehenden geladenen Flaſche berühret; ſo
wird ſie zuerſt angezogen, und dann auf eine gewiſſe
Diſtanz zurückgeſtoßen, wo ſie nach einigen Schwingungen,
endlich in Ruhe bleibt. Wird nun in einiger Entfernung
ein angezündetes Licht dahinter geſtellt, ſo daß die Flamme ziemlich eben ſo hoch, als der Knopf der Flaſche ſteht,
ſo wird ſich die Korkkugel ſogleich bewegen, und nach einigen unregelmäßigen Bewegungen eine krumme Linie um den
Knopf der Flaſche beſchreiben, welche Bewegung ſie auch
eine Zeitlang fortſetzen wird.

Fig. 96 und 97 zeigen ein Elektrometer, welches
dem von Herrn Brooke erfundenen ziemlich ähnlich iſt.
Beyde Inſtrumente werden bisweilen zu einem einzigen
verbunden, bisweilen auch jedes beſonders gebraucht, wie
in den Figuren. Die Arme F H, f k, Fig. 97 müſſen
beym Gebrauch ſo weit, als möglich, von der Atmoſphäre
der Flaſche, der Batterie, des erſten Leiters u. ſ. f. entfernt werden. Der Arm F H und der Ball K ſind von
Kupfer, und ſo leicht, als möglich. Die Theilungsgrade
am Arme F H betragen jeder einen Gran. Sie werden
zuerſt beſtimmt, indem man Grangewichte in eine meſſingene Kugel legt, welche ſich in der Kugel I befindet (dieſe
Kugel hält ganz genau das Gleichgewicht mit dem Arme
F H und dem Balle K, wenn der Schieber r auf dem
erſten Theilungspunkte ſteht) und dann den Schieber r
ſolange

solange fortschiebt, bis er zugleich mit dem Balle K, der Kugel I und dem darinn befindlichen Gewichte das Gleich-gewicht hält.

A, Fig. 96 ist eine in 90 gleiche Theile getheilte Cirkelscheibe. Der Zeiger dieser Scheibe geht einmal herum, wenn sich der Arm BC durch 90 Grad oder den vierten Theil eines Cirkels bewegt hat. Der Zeiger erhält seine Bewegung durch die zurückstoßende Kraft der zwischen den Bällen D und B wirkenden Ladung *).

Wenn der Arm BC zurückgestoßen wird, so zeigt dies, daß die Ladung stärker werde; der Arm FH hingegen zeigt, wie groß die zurückstoßende Kraft zwischen zween Bällen von dieser Größe in Granen sey, durch die Zahl, auf welcher das Gewicht stehen bleibt, wenn der Arm durch die zurückstoßende Kraft der Ladung aufgehoben wird. Zugleich giebt der Arm BC die Anzahl der Grade an, auf welche der Ball B zurückgestoßen wird; so daß man durch wiederholte Versuche die Anzahl der Grade, welche jeder gegebenen Anzahl von Granen zukömmt, bestimmen, und eine Tabelle darüber verfertigen kann, mit deren Hülfe man dann das Elektrometer Fig. 96 ohne das Fig. 97 vorgestellte gebrauchen kann.

Herr Brooke glaubt, kein mit Elektricität geladenes Glas vertrage eine stärkere Ladung, als diejenige, deren zurückstoßende Kraft zwischen Bällen von der Größe, wie er sie gebrauchte, 60 Gran betrage; in wenigen Fällen halte es 60 Gran Gewicht, und es sey jederzeit gefährlich, weiter, als auf 45 Gran zu gehen.

Wenn nun die Größe einer belegten Fläche und der Durchmesser der Bälle bekannt ist, so kann man daraus bestimmen, wieviel belegte Fläche und wieviel Grane Repulsion nöthig sind, um einen Draht von gegebner Größe zu schmelzen, ein Thier zu tödten u. s. w.

Herr

---

*) Man sehe Philof. Transact. Vol. LXXXII. p. 384.

Herr **Brooke** glaubt zwar noch nicht hinlänglich
bekannt mit allen Vorzügen dieſes Elektrometers zu ſeyn;
ſoviel aber, ſagt er, ſey doch klar, daß er eine allgemein
verſtändliche Sprache rede, welches bey keinem andern
Elektrometer möglich ſey; denn obgleich andere Elektrometer zeigten, ob eine Ladung ſtärker oder ſchwächer ſey,
wenn ihr Zeiger mehr oder weniger abgeſtoßen würde, oder
die Ladung auf größere oder geringere Diſtanzen explodirte,
ſo werde doch die eigentliche Größe der Ladung dadurch
nicht beſtimmt: dieſes Elektrometer hingegen zeige die
Stärke der zurückſtoßenden Kraft in Granen; und die Genauigkeit des Inſtruments könne leicht probiret werden,
wenn man Gewichte auf die innere Kugel lege, und ſehe,
ob ſie mit den Graden der Theilung in F H, auf welche
der Schieber geſtellt ſey, übereinſtimmen.

**Beobachtungen und Verſuche des D. Prieſtley über
die Wirkungen der Elektricität auf verſchiedene elaſtiſche Flüſſigkeiten.**

225. Verſuch.

**Blaue mit vegetabiliſchen Säften gefärbte Liquoren
roth zu färben.**

Der hiezu dienende Apparatus iſt Fig. 94 vorgeſtellt.
A B iſt eine 4—5 Zoll lange und $\frac{1}{10}$—$\frac{1}{12}$ Zoll Weite
im Lichten haltende Glasröhre; in das eine Ende derſelben
iſt ein Drath eingeküttet, an welchem ſich eine meſſingene
Kugel befindet; der untere Theil der Röhre von *a* an wird
mit Waſſer gefüllt, das mit Lakmus oder Veilchenſaft
blau gefärbt iſt. Man kann dies leicht bewerkſtelligen,
wenn man die Röhre in ein Gefäß mit gefärbtem Waſſer
ſtellt, und alles zuſammen unter die Glocke der Luftpumpe ſetzt; denn wenn man nun die Luft aus der Glocke ziehet, und ſie kann wieder hinein läßt, ſo wird der gefärbte
Liquor in der Röhre in die Höhe ſteigen, und zwar deſto

höher,

höher, je reiner das Vacuum gewesen ist. Nunmehr nehme man Röhre und Gefäß aus der Glocke heraus, und lasse aus dem ersten Leiter starke Funken in die messingene Kugel schlagen.

Wenn D. **Priestley** diesen Versuch anstellte, so fand er, daß ohngefähr eine Minute nach gezogenem Funken zwischen dem Drathe *b* und dem Liquor bey *a*, der obere Theil des Liquors roth zu werden anfieng; in zwo Minuten ward er völlig roth, und der rothgefärbte Theil vermischte sich nicht leicht mit dem übrigen Liquor. Ward die Röhre b.nm Ausziehen des Funkens schief gestellt, so erstreckte sich die Röthe an der untern Seite doppelt so weit, als an der obern. Je röther der Liquor ward, desto näher kam er dem Drathe, daß also die Luft, durch welche der Funken gieng, vermindert ward; dies erstreckte sich etwa bis auf ein Fünftel des ganzen Raums, worauf ein fortgesetztes Elektrisiren weiter keine merkliche Wirkung mehr hervorbrachte.

Um nun zu bestimmen, ob die Ursache dieser Veränderung der Farbe in der Luft, oder in der elektrischen Materie liege, dehnte D. **Priestley** mit Hülfe der Luftpumpe die Luft in der Röhre so lang aus, bis aller Liquor heraus war, und ließ frischen blauen Liquor anstatt des vorigen hinein, auf welchen aber die Elektricität keine merkliche Wirkung that. Man sahe also deutlich, daß die elektrische Materie die Luft decomponiret, und diese etwas Säure abgesetzt habe. Das Resultat war immer einerley, wenn er gleich Dräthe von verschiedenen Metallen nahm. Es blieb auch noch immer ebendasselbe, wenn er in einer umgebognen Röhre den Funken von dem Liquor des einen Schenkels in den Liquor des andern übergehen ließ. Die auf diese Art verminderte Luft war im höchsten Grade schädlich.

Gieng der elektrische Funken durch verschiedne Luftgattungen, so zeigte er verschiedne Farben. In firer Luft war der Funken sehr weiß, in brennbarer und laugenartiger

ger Luft hatte er eine purpurrothe oder rothe Farbe.
Man kann hieraus ſchließen, daß die leitende Kraft dieſer
Luftgattungen verſchieden, und daß die fixe Luft ein voll-
kommene Nicht-leiter, als die brennbare ſey.

In einer von Herrn Lane aus dem kauſtiſchen Al-
kali gezognen Luftart, ingleichen in Luft aus Salzgeiſt,
war der Funken gar nicht ſichtbar, daß alſo dieſe Luftgattungen noch vollkommnere Leiter der Elektricität zu ſeyn
ſcheinen, als das Waſſer oder andere flüſſige Subſtanzen.

Aus allen Arten von Oel entbindet der elektriſche
Funken brennbare Luft. D. Prieſtley machte den Verſuch mit Aether, mit Olivenöl, Terpentinöl, weſentlichem
Del der Münze ꝛc. und zog elektriſche Funken aus denſelben ohne allen Zugang der Luft; es ward aber aus allen
brennbare Luft entbunden.

D. Prieſtley fand, wenn er eine ſchwache elektriſche Exploſion eine Stunde lang in einen Zoll fixe Luft
geben ließ, welche in eine Glasröhre von $\frac{1}{10}$ Zoll Durchmeſſer eingeſchloſſen war, daß alsdann nur ein Viertel
dieſer Luft vom Waſſer eingeſogen ward. Wahrſcheinlich
würde das Ganze ſeyn eingeſogen worden, wenn die elektriſche Operation lange genug wäre fortgeſetzt worden.

In laugenartiger Luft erſcheint der elektriſche Funken
roth: elektriſche Exploſionen, welche durch dieſe Luft gehen, vergrößern das Volumen derſelben, ſo daß eine
Quantität dieſer Luft, wenn man etwa 200 Exploſionen
durch dieſelbe gehen läßt, bisweilen um den vierten Theil
ihres anfänglichen Volumens vergrößert wird. Läßt man
alsdann Waſſer zu dieſer Luft, ſo abſorbirt daſſelbe die
anfängliche Quantität, und läßt nur ſoviel elaſtiſches Fluidum übrig, als die Elektricität erzeugt hat, und dieſer
Ueberreſt iſt ſtark brennbare Luft.

Wenn D. Prieſtley den elektriſchen Funken in vi-
triolſaurer Luft auszog, ſo fand er, daß die innere Seite
der Röhre, in welche dieſelbe eingeſchloſſen war, mit einer
ſchwarzgrauen Subſtanz überzogen ward. Er ſcheint das-

Adams Verſ. d. Elek.　P　　　　ſüe

für zu halten, daß sich die ganze vitriolsaure Luft in diese
schwarze Materie verwandeln lasse, und zwar nicht durch
eine Verbindung mit der elektrischen Materie, sondern bloß
durch die von der Explosion veranlaßte Erschütterung;
und daß man, wenn es der Kalk des Metalls sey, welches das Phlogiston hergegeben habe, nicht unterscheiden
könne, aus welchem Metalle, und überhaupt aus welcher
Substanz die Luft sey ausgezogen worden.

D. Priestley ließ 150 Explosionen aus einer gemeinen Flasche in ein Viertelunzenmaaß vitriolsaure Luft
aus Kupfer gehen, wodurch das Volumen derselben ohngefähr um ein Drittel vermindert wurde, der Ueberrest aber
dem Anscheine nach nicht verändert war, indem er ganz
vom Wasser absorbiret wurde. Diese Luft ward ferner
sehr sorgfältig dreymal aus einem Gefäße in ein anderes
gelassen; und das letzte Gefäß, in welchem die Explosionen gemacht wurden, ward dadurch eben so schwarz, als
das erste, so daß es scheint, als ob sich diese Luft ganz
in diese schwarze Substanz verwandeln lasse.

Weil er vermuthete, es könne diese Verminderung
der vitriolsauren Luft davon herrühren, daß dieselbe von
dem Kütt, mit welchem die beym Versuche gebrauchten
Glasröhren verschlossen waren, absorbirt würde, so wiederholte er den Versuch mit Luft aus Queckfilber, die in
einer gläsernen gebognen Röhre mit Queckfilber eingeschlossen war, fand aber eben dasselbe Resultat.

Daß diese Materie bloß aus der vitriolsauren Luft,
und nicht aus einer Verbindung der elektrischen Materie
mit derselben entstehe, wird aus folgendem Versuche erhellen.

D. Priestley zog aus einem Conductor von mäßi-
ger Größe fünf Minuten lang ununterbrochen den einfachen
elektrischen Funken in eine Quantität vitriolsaurer Luft,
ohne daß an der innern Seite des Glases die geringste
Veränderung erfolgte; wenn er aber gleich darauf nur zwo
Explosionen einer gemeinen Flasche durchgehen ließ, deren

jede

sebe in weniger als einer Viertelminute von derselben Maschine in ebendemselben Zustande hervorgebracht wurde, so
wurde die ganze innere Seite des Glases völlig mit der
schwarzen Materie überzogen. Hätte sich nun die elektrische
Materie mit der Luft verbunden, und wäre diese schwarze
Materie das Resultat dieser Verbindung gewesen, so konnte der ganze Unterschied zwischen der Wirkung des einfachen Funkens und der Explosion, aufs höchste nur in dem
Grade oder in der schnellern Entstehung dieser Materie
bestanden haben.

Wenn eine große ohngefähr 1¼ Zoll weite Flasche
mit dieser Luft gefüllt ward, so that die Explosion einer
sehr großen Flasche, welche mehr als 2 Quadratfuß belegte Fläche enthielt, gar keine Wirkung darauf; woraus
erhellet, daß in diesen Fällen die Kraft des Schlags nicht
im Stande war, dieser größern Menge von Luft eine so
starke Erschütterung zu geben, als zu Decomposition eines
Theils derselben nöthig gewesen wäre.

Er hatte zu Entbindung dieser Luft gewöhnlich Kupfer gebraucht, hernach aber zog er sie fast aus allen Substanzen, aus welchen man sie erhalten kann; die elektrische
Explosion that in allen die nehmliche Wirkung. Da
sich aber doch bey einigen von diesen Versuchen besondere
Umstände zeigten, so erwähnt er derselben mit wenigem,
wie folget.

Wenn er vitriolsaure Luft aus Bley zu erhalten such-
te, und deswegen eine Quantität bleyernen Schrot in eine
Flasche mit Vitriol schüttete, und nur den gewöhnlichen
Grad der Wärme gebrauchte, so entstand eine sehr beträchtliche Hitze; endlich aber konnte keine Luft mehr erhalten werden, obgleich die Hitze bis zum Kochen der
Säure verstärkt wurde. Er muthmaßte daher, daß in
diesem Falle das Phlogiston durch etwas, das an dem
Schrote angehangen habe, sey ersetzt worden. Inzwischen ließ er die elektrische Explosion durch die so erzeugte
Luft gehen; in der ersten Quantität, die er auf diese Art

untersuchte, erzeugte sich eine weißliche Materie, welche
die innere Seite der Röhre ganz bedeckte; zuletzt aber
ward nichts weiter, als schwarze Materie erzeugt, wie in
allen übrigen Versuchen. Ließ man Wasser zu dieser, so
blieb ein beträchtlicher Ueberrest zurück, welcher in sehr ge-
ringem Grade kenntbar war.

Man kann auch sehr leicht vitriolsaure Luft aus dem
Weingeist erhalten; die Mischung wird schwarz, ehe man
einige Luft erhält. Auch in dieser Luft ward durch die
elektrische Explosion die schwarze Materie erzeugt.

Die Versuche mit dem Aether scheinen das meiste
Licht über diese Materie zu verbreiten, da diese Luftgattung aus dem Aether eben sowohl, als aus jeder Phlogiston enthaltenden Substanz gezogen werden kann. In der
aus dem Aether gezognen Luft färbte der elektrische Schlag
das Glas sehr schwarz, mehr, als bey irgend einem andern Versuche dieser Art; und wenn das Wasser soviel,
als möglich, von dieser Luft eingeschluckt hatte, so blieb
ein Ueberrest, in welchem ein Licht mit einer lodernden
blauen Farbe brannte. Das merkwürdigste bey diesem Versuche aber war dieses, daß nicht nur das Vitriolöl während des Processes sehr schwarz ward, sondern auch eine
schwarze dicke Substanz erzeugt wurde, welche auf der
Oberfläche der Säure schwamm.

Vielleicht könnte die chemische Zergliederung dieser Substanz mehr Licht über die Natur der schwarzen Materie
verbreiten, welche durch elektrische Explosionen in vitriolsaurer Luft entsteht, da sie beyde einander sehr ähnlich zu
seyn scheinen.

In gemeiner mit Quecksilber in eine Glasröhre ein-
gesperrter Luft, bedeckt der elektrische Funken oder Schlag
die innere Seite der Röhre mit einer schwarzen Materie,
welche, wenn sie erhitzt wird, sich als reines Quecksilber
zeiget. Dies mag daher wohl auch der Fall mit der
schwarzen Materie seyn, in welche nach Priestley's Vermuthung durch eben dieses Verfahren die vitriolsaure Luft

ver-

verwandelt werden ſoll, obgleich hieben die Wirkung weit
ſtärker war, als in der gemeinen Luſt. Die Erploſion
bringt die Verminderung der gemeinen Luſt oft in der Hälf‡
te derjenigen Zeit hervor, in welcher der einfache Fun‡
ken dieſes thut, wenn die Maſchine in gleich viel Zeit
gleich viel elektriſche Materie giebt: auch wird die Röhre
durch die Schläge viel eher ſchwarz, als durch die Junken.
Iſt die Röhre viel weiter als $\frac{1}{16}$ Zoll, ſo wird ſie bis‡
weilen ſehr ſchwarz, ohne daß jedoch eine merkliche Ver‡
minderung der Quantität der Luſt entſteht.

226. Verſuch.

Dieſer beſondere Verſuch ward vom Herrn Mar‡
ſham eigentlich in der Abſicht angeſtellt, um Dräthe
mit einer kleinen leidner Flaſche zu ſchmelzen. Die Wir‡
kungen ſind merkwürdig, und ſcheinen ein ganz neues Feld
zu Unterſuchung der Kraft und Richtung der elektriſchen
Materie zu eröffnen. Er befeſtigte ein kleines Stück
Wachs auf die äußere Belegung der leidner Flaſche, und
ſteckte den Kopf einer kleinen Nadel ſo in daſſelbe, daß die
Nadel mit der Belegung rechte Winkel machte; der Spitze
dieſer Nadel gegen über und etwa einen halben Zoll weit
davon ward eine andere Nadel befeſtiget, indem man ſie
durch den Boden einer Schachtel ſteckte; dieſe ward durch
einen Drath mit dem Auslader verbunden. Ward nun
die Flaſche entladen, ſo ward die Nadel mit dem Wachſe
von der Belegung der Flaſche ab‡und in die gegenüberſte‡
hende Schachtel getrieben. Man vergrößerte den Abſtand
beyder Nadeln bis auf $2\frac{1}{2}$ Zoll, welches die größte Schlag‡
weite war. Der Kopf derjenigen Nadel, welche an der
Flaſche befeſtiget war, ward augenſcheinlich an zwo bis
drey Stellen geſchmolzen. Ward die Ladung ſtark, und
das Wachs nicht feſt an die Belegung geklebt, ſo wurden
Wachs und Nadel einige Zoll weit von der Flaſche wegge‡
worfen. Steckte man eine Wachskugel an die Spitze jeder
Nadel, und ließ den Schlag durch dieſelben gehen, ſo
ward die Kugel von der mit der Flaſche verbundenen völli‡

ge

ge zween Schuh weit hinweggeworfen. Bey nochmaliger Wiederholung konnte er diese Wirkung nicht wieder hervorbringen.

Herr Marsham befestigte nun die Nadel, welche der an der Flasche entgegengesetzt war, mit Wachs an eine messingene Platte. Ließ er nunmehr die Ladung durchgehen, wenn die Nadeln $\frac{1}{2}$ Zoll weit von einander abstanden, so ward die Nadel 6 Zoll weit von der messingenen Platte weggeworfen, die andere Nadel aber blieb an ihrer Stelle. Vergrößerte er ihren Abstand von einander, so war die Wirkung noch ebendieselbe, bis sie auf $1\frac{1}{2}$ Zoll weit auseinander kamen, da sie nicht mehr herausgeworfen wurden. In vielen Fällen wurden auch beyde herausgeworfen, und ließen das Wachs zurück.

In allen diesen Versuchen giengen die Nadeln durch das Wachs, so daß sie die Belegung sowohl als die Platte berührten; die Belegung sowohl als die Platte waren bey jeder Explosion sehr schön angeschmolzen.

Herr Marsham nahm hierauf kleine Stücken Kütt anstatt des Wachses; wenn er alsdann die Spitzen nur $\frac{1}{4}$ Zoll weit von einander stellte, und den Schlag durchgehen ließ, so ward die Nadel aus der Flasche geworfen, und der Kütt auf die Nadel getrieben. Die Spitzen wurden nunmehr einander so nahe, als möglich, gestellt, da alsdann bey der Entladung der Kütt von beyden Nadeln in Stücken gebrochen, und die Nadel auf eine beträchtliche Weite fortgeworfen wurde; die messingene Platte ward auch auf eine sonderbare Art geschmolzen, und die Flasche zerbrochen.

Ueber die Aehnlichkeit zwischen der Entstehung und den Wirkungen der Elektricität und der Wärme, ingleichen der Kraft, mit welcher die Körper Elektricität fortleiten und Wärme annehmen, nebst Beschreibung eines Instruments zu Mes-

Meſſung der Quantität von elektriſcher Materie, welche Körper von verſchiedner Natur
unter ähnlichen Umſtänden fortleiten, von Hrn.
Achard[*]).

Die Entſtehung der Wärme hat viel ähnliches mit der Erregung der Elektricität.

Alles Reiben erzeugt Wärme und erregt Elektricität.
Man könnte zwar einwenden, wenn die Aehnlichkeit vollkommen ſeyn ſollte, ſo müßte das Reiben eines jeden Körpers Elektricität erzeugen, welches doch der Erfahrung
entgegen iſt, indem die Metalle und andere leitende Körper nicht anders, als durch die Berührung elektriſcher Körper, und nicht durch das unmittelbare Reiben elektriſirt
werden können.

Man kann aber hierauf antworten, daß ein leitender
Körper, an welchem ein elektriſcher gerieben wird, wofern
er nur iſolirt iſt, eben ſo ſtarke Merkmale der Elektricität von ſich giebt, als der elektriſche Körper ſelbſt. Dieſe
Elektricität iſt ihm nicht von dem elektriſchen mitgetheilt,
denn ſie iſt von der ganz entgegengeſetzten Art, negativ,
wenn der elektriſche Körper poſitiv elektriſirt iſt, und umgekehrt.

Dieſe Bemerkung beweiſet nicht allein, daß die leitenden Körper eben ſowohl, als die elektriſchen, durch
das Reiben elektriſiret werden, ſondern ſie zeigt auch, daß
zu Erregung der Elektricität eine Zerſtörung des Gleichge-
wichts zwiſchen den Elektricitäten der reibenden Körper
erforderlich ſey; wenn jede Subſtanz gleich geſchickt iſt,
die elektriſche Materie anzunehmen und abzugeben, ſo fällt
in die Augen, daß das Gleichgewicht der Materie zwiſchen
ihnen nicht geſtört werden könne; weil die Materie, die
einer von dem andern empfängt, ſich in eben dem Augen-

P 4   blie

*) In den Mémoires de l'Acad. de Berlin, ann. 1779.

blicke durch ihre Elasticität wieder unter beyde vertheilet; wir können daher schließen,

1) daß die durchs Reiben zweener Körper erregte Elektricität desto stärker sey, je mehr der Unterschied zwischen den leitenden Kräften dieser Körper zunimmt.

2) daß zween Körper, welche gleich geschickt sind, die elektrische Materie anzunehmen und abzugeben, kein Zeichen der Elektricität von sich geben; nicht darum, weil sie nicht durch Reiben elektrisirt werden könnten, sondern weil das durchs Reiben gestörte Gleichgewicht in eben dem Augenblicke durch die Leichtigkeit, mit welcher die elektrische Materie jeden Körper durchdringt, wieder hergestellt wird. Aus fast ähnlichen Ursachen werden elektrische Körper, wenn man sie an einander reibt, nicht elektrisiret.

Wir dürfen also wohl aus dieser auf Erfahrung gegründeten Theorie schließen, daß die Friction in allen Fällen Elektricität hervor bringe, von welcher Art auch die geriebenen Substanzen seyn mögen; und daß diese Elektricität bisweilen nur darum nicht merklich sey, weil sie sogleich bey ihrer Entstehung wieder verloren geht.

Alle Substanzen, welche an einem Körper gerieben werden, der die elektrische Materie mit mehr oder weniger Schwierigkeit durchläßt, als sie selbst, geben Zeichen der Elektricität; also sind die Metalle eben so wohl für sich elektrisch, als Glas und Siegellak.

Da also das Reiben allezeit und in allen Fällen Elektricität hervorbringt, so findet zwischen der Erzeugung der Wärme und der Erregung der Elektricität eine vollkommene Aehnlichkeit statt.

Ferner sind die Wirkungen der Elektricität den Wirkungen der Wärme ähnlich.

Die Wärme dehnt alle Körper aus. So beweist die Wirkung der elektrischen Materie aufs Thermometer ebenfalls die ausdehnende Kraft derselben; und wenn wir dieselbe nicht in allen Fällen bemerken, so geschieht dies

das

darum weil die Kraft des Zuſammenhangs der Körper ſtärker iſt, als die ausdehnende Kraft der Elektricität.

Die Wärme befördert und beſchleuniget das Auffeimen und die Vegetation: die Elektricität, ſie ſey poſitiv oder negativ, thut ebendaſſelbe.

Die Elektricität beſchleuniget die Ausdünſtung eben ſo wohl, als die Wärme.

Wärme und Elektricität befördern die Bewegung des Blutes. Zwar kann die geringſte Furcht, Anſtrengung oder Aufmerkſamkeit auf den Verſuch den Puls beſchleunigen, und dies könnte mit Unrecht der Elektricität zugeſchrieben werden. Allein Herr Achard ſtellte den Verſuch mit einem Hunde an, indem er ſchlief, und fand allezeit, daß die Zahl der Pulsſchläge zunahm, wenn das Thier elektriſirt wurde.

Herrn Achard's und anderer Verſuche mit Hünereyern und Fliegeneyern beweiſen, daß die Elektricität ſowohl als die Wärme, die Entwickelung dieſer Thiere begünſtiget. Die elektriſche Materie ſchmelzt auch Metalle, eben ſo, wie das Feuer.

Wenn ſich ungleich erwärmte Körper berühren, ſo vertheilt ſich die Wärme gleichförmig unter ſie. Eben ſo ſtellt ſich das Gleichgewicht her, wenn ſich zween Körper mit ungleichen Graden oder verſchiedenen Arten von Elektricität berühren.

Endlich findet auch zwiſchen der Fähigkeit der Körper, die Elektricität zu leiten, und Wärme anzunehmen, eine vollkommene Aehnlichkeit ſtatt.

Wenn Körper von verſchiedener Art und von gleichen Graden der Wärme in ein Mittel von verſchiedener Temperatur geſtellt werden, ſo nehmen ſie nach Verlauf einer gewiſſen Zeit alle einen gleichen Grad der Wärme an. Inzwiſchen bleibt noch immer ein beträchtlicher Unterſchied in der Größe des Zeitraums, in welchem ſie die Temperatur des Mittels annehmen, z. B. die Metalle

P 5

brau-

brauchen wenigee Zeit als Glas, um gleiche Grade der
Wärme anzunehmen oder zu verlieren.

Bey aufmerkfamer Unterfuchung derer Körper, wel=
che ihre Wärme am fchnellften annehmen und verlieren,
wenn fie in Mittel von verfchiedener Temperatur geftellt
werden, findet man, daß es ebendiefelben Körper find,
welche am leichtesten Elektricität annehmen und verlieren.
Die Metalle, welche am gefchwindeften warm und wieder
kalt werden, nehmen auch am fchnellften Elektricität an
und theilen fie wieder mit. Holz, welches mehr Zeit er=
fodert, um erwärmt und abgekühlt zu werden, erhält und
verliert auch feine Elektricität langfamer. Endlich Glas
und harzige Subftanzen, welche die elektrifche Materie fehr
langfam annehmen und verlieren, nehmen auch die Tem=
peratur des fie umgebenden Mittels nicht anders, als mit
Schwierigkeit, an.

Wenn man das eine Ende eines eifernen Stabs glü=
hend macht, fo wird das andere Ende, wenn gleich der
Stab mehrere Schuhe lang ift, in kurzer Zeit fo heiß,
daß man die Hand nicht daran halten kann, weil das Ei=
fen die Hitze fehr leicht leitet; da man hingegen eine Glas=
röhre, wenn fie auch nur wenige Zolle lang ift, ficher in
der Hand halten kann, wenn gleich ihr anderes Ende
fchmelzet. Eben fo geht die elektrifche Materie mit grof=
fer Gefchwindigkeit von einem Ende eines Stabs zum an=
dern über; hingegen vergeht eine lange Zeit, ehe eine Glas=
röhre, an deren Ende man einen geriebenen elektrifchen
Körper hält, am andern Ende Zeichen einer Elektricität giebt.

Diefe Bemerkungen beweifen, daß verfchiedene Körper,
welche ihren Grad der Wärme fchwer annehmen und ver=
lieren, auch ihre Elektricität fchwer erhalten und abgeben.
Um zu beftimmen, ob diefes Gefetz allgemein fey, und welches
die Ausnahmen davon find, werden noch viele Verfuche er=
fodert.

Wenn wir zwo Subftanzen annehmen, deren eine
elektrifirt ift, die andere aber nicht, deren erfte einen be=

kannten Grad von Elektricität hat, die lezte aber, indem
sie die erste berührt, ihr einen gegebnen Grad von Elektricität raubet; so bestimmt dieser Verlust die Leichtigkeit,
mit welcher der berührende Körper die elektrische Materie
annimmt. Außer der Gestalt und den Volumen dieser
Substanz, macht auch die Zeit, durch welche beyde Körper in Berührung bleiben, eine Veränderung in der Quantität, welche aus der elektrisirten Substanz übergeht; so
daß unter übrigens gleichen Umständen, die Fähigkeit der
Körper, andere ihrer Elektricität zu berauben, oder mit
andern Worten, die elektrische Materie fortzuleiten, sich
umgekehrt verhält, wie die Zeit, welche nöthig ist, um
den Körpern einen gleichen Grad von Elektricität zu ent-
ziehen.

Das Fig. 95. vorgestellte Werkzeug ist auf diese Grundsätze gebaut, und es kann dadurch die Menge von Elektricität, welche ein Körper in einer gegebnen Zeit verliert,
wenn er von einem andern berührt wird, genau bestimmt
werden. A B ist eine sehr empfindliche Wage; am Ende jedes Arms befindet sich eine sehr leichte kupferne Kugel; C F D ist ein getheilter Halbkreis, an die Unterlage befestiget, auf welcher die Axe der Wage ruhet; die
Grade können durch eine Nadel, oder durch die Arme der
Wage selbst gezeigt werden; die Unterlage ist an einer
messingenen Haube fest, welche auf die Glassäule G G gekittet ist; diese Glassäule steht auf dem Brete Q R S T,
und ist wenigstens 18 Zoll hoch. U ist eine leidner Flasche; an den mit der innern Belegung verbundenen Drath
Z Z sind drey horizontale Dräthe V Z, X Z, Y Z befestiget,
und deren Enden mit hohlen messingenen Kugeln versehen;
die Flasche U ist so auf das Bret befestiget, daß bey horizontaler Stellung der Wage, die Kugeln B und X einander berühren, wie dies in der Figur vorgestellt wird.

K N ist ein metallener Hebel, der sich bey I so um
eine Axe bewegt, daß er sich frey in der Verticalfläche
drehen kann, welche durch den Stab V X geht; er wird

von

von der hölzernen Säule I H getragen, welche auf dem
Brete Q R S T aufsteht; am Ende K befindet sich eine
Schraube, um die Substanz zu halten, mit welcher man
den Versuch anstellen will; das obere Ende dieser Substanz
muß eine convexe Gestalt haben. Am andern Ende des
Hebels N befindet sich der Drath N O mit dem kleinen
Hacken O, an welchen man die Kugel P hängen kann.
Der Abstand der Säule I H von der Flasche wird so eingerichtet, daß, wenn das Ende N niedergeht, der Körper
L die Kugel V in einem Punkte berührt; die Proportion
zwischen den Gewichten der Arme des Hebels, dem Gewichte P und dem Körper L, auch zwischen den Längen
der Säule I H und des Draths N O ist so einzurichten,
daß, wenn die Substanz L den Ball V berührt, die Kugel P in eben dem Augenblicke das Bret Q R S T berühre,
und sich von dem Drathe N O losmache; auf diese Art
wird auch die Substanz L in eben dem Augenblicke die
Kugel V verlassen.

Um dieses Instrument zu gebrauchen, verbinde man
die Flasche U mit dem ersten Leiter durch die Kugel Y,
mache vermittelst eines Draths eine Verbindung zwischen
Y und der Haube G, und lade die Flasche, so wird die
Kugel X den Ball B zurückstoßen, und der Arm der
Wage wird den Repulsionswinkel bemerken. Gesetzt, dieser sey 20 Grad. Man bringe nunmehr, wie im vorigen beschrieben worden ist, L in Berührung mit V, so
wird es eine Quantität von elektrischer Materie in sich
nehmen, die ihrer leitenden Kraft proportional ist, die Kugel B wird in Proportion mit dieser verlohrnen Quantität herabsinken, und man wird die Größe des Unter-
schieds an dem Halbcirkel bemerken können; sie sey 5
Grad. Man wiederhole nun den Versuch mit einer andern Substanz anstatt des Körpers L: gesetzt bey dieser
Substanz betrage die Verminderung 8 Grad, so verhal-
ten sich die leitenden Kräfte dieser Substanzen, wie 5: 8.

Ver-

Versuch

über den

Magnetismus.

Versuch

über den

Magnetismus.

Die Erscheinungen des Magnets haben zwar schon seit vielen Jahrhunderten, nicht allein wegen ihrer besondern Wichtigkeit, sondern auch wegen der Dunkelheit, in welche sie verhüllt sind, die Aufmerksamkeit der Naturforscher auf sich gezogen; aber dennoch ist zu den Entdeckungen der ersten Untersucher dieser Materie sehr wenig hinzugesetzt worden. Alle Kräfte des Genies, welche man bisher zu Betreibung dieses Gegenstandes aufgeboten hat, sind nicht vermögend gewesen, eine Hypothese aufzubringen, welche alle die mannichfaltigen Eigenschaften des Magnets auf eine leichte und genugthuende Art zu erklären im Stande wäre, oder die Glieder der Kette angäbe, durch welche diese merkwürdigen Erscheinungen mit den übrigen Phänomenen der Natur zusammenhängen.

Aus den Schriften des Plato und Aristoteles erhellet, daß schon die Alten die anziehenden und zurückstoßenden Kräfte des Magnets gekannt haben: man findet aber nicht, daß ihnen die Richtung desselben nach dem Pole oder der Gebrauch des Compasses bekannt gewesen wäre. Da sie noch nicht mit der gehörigen Methode, die Natur zu untersuchen, bekannt waren, und sich bloß mit den in die Augen fallenden Beobachtungen befriedigten, so waren ihre Kenntnisse der Natur in sehr enge Grenzen eingeschlossen, und brachten der menschlichen Gesellschaft keine großen Vortheile. Die neuern Naturforscher hingegen, welche die Beobachtungen mit Versuchen verbanden, erweiterten gar bald die Grenzen dieser Wissenschaft, und entdeckten die Polarität des Magnets, eine Eigenschaft, auf welcher gewissermaßen die ganze Schifffahrt und die Seele der Handlung beruht.

Der

Der rohe oder natürliche Magnet iſt ein Eiſenerz, welches in der Erde, gemeiniglich in Eiſengruben, gefunden wird; man findet ihn unter allerley Geſtalten und Größen, und von verſchiedenen Farben.

Die Magnete ſind insgemein ſehr hart und brüchig, und mehrerntheils deſto ſtärker, je härter ſie ſind. Man kann aus ihnen einen beträchtlichen Theil Eiſen ziehen. Nach Neumann laſſen ſie ſich faſt gänzlich in Scheidewaſſer, und zum Theil in der Vitriol- und Salzſäure auflöſen.

Die aus Stahl verfertigten künſtlichen Magnete werden jetzt durchgängig lieber, als die natürlichen, gebraucht; nicht allein, weil man ſie leichter anſchaffen kann, ſondern auch; weil ſie die natürlichen an Stärke weit übertreffen, die magnetiſche Kraft ſtärker mittheilen, und in ihrer Geſtalt leichter verändert werden können.

Die Kraft des Magnets, welche ſich auch dem Eiſen und Stahle mittheilen läßt, wird der Magnetiſmus genennt.

Ein eiſerner oder ſtählerner Stab, den man eine beſtändige Polarität mitgetheilt hat, heißt ein künſtlicher Magnet.

Die Punkte des Magnets, welche dem Anſcheine nach die meiſte Kraft beſitzen, oder in welchen ſeine Kraft concentrirt zu ſeyn ſcheinet, heißen Pole des Magnets.

Der magnetiſche Meridian iſt ein Verticalkreis am Himmel, welcher den Horizont in denjenigen Punkten ſchneidet, nach welchen die Magnetnadel, wenn ſie ruhet, gerichtet iſt.

Die Axe eines Magnets iſt eine gerade Linie, welche von einem ſeiner Pole zum andern geht.

Der Aequator eines Magnets iſt eine auf ſeiner Axe ſenkrecht ſtehende Linie, genau mitten zwiſchen beyden Polen.

Die unterſcheidenden und charakteriſtiſchen Eigenſchaften eines Magnets ſind folgende;

1) ſei-

1) seine anziehenden und zurückstoßenden Kräfte.

2) die Kraft, mit welcher er sich, wenn er frey aufgehangen wird, in eine gewisse Richtung gegen die Pole
der Erde stellt.

3) seine Neigung oder Inclination gegen einen Punkt
unter dem Horizont.

4) Die Eigenschaft, vorerwähnte Kräfte dem Eisen
oder Stahl mitzutheilen.

Hypothese.

Herr Euler nimmt an, daß die zwo Hauptursa-
chen der wunderbaren Eigenschaften des Magnets, erstens
in der besondern Structur der innern Poren des Magnets
und der magnetischen Körper, und zweytens in einer äußern Triebfeder oder einer flüßigen Materie bestehen, welche auf diese Poren wirkt und durch sie hindurchgehet. Er
glaubt, diese flüßige Materie sey die Atmosphäre der Sonne oder der sogenannte Aether, welcher unser ganzes System erfüllet.

Die meisten Schriftsteller über diesen Gegenstand ver-
einigen sich darinn, daß es kleine Körper von besonderer
Gestalt und Wirksamkeit gebe, welche um und durch den
Magnet einen beständigen Umlauf machen; und daß ein
Wirbel von eben dieser Art um und durch die Erde gehe.

Ein Magnet hat außer den Zwischenräumen, die
ihm mit andern Körpern gemein sind, noch andere sehr
viel kleinere Poren, welche bloß für den Durchgang der
magnetischen Materie bestimmt sind. Diese sind so gestellt,
daß sie mitelnander communiciren, und Röhren oder Canäle ausmachen, durch welche die magnetische Materie von
einem Ende zum andern kommen kann. Sie sind aber
so gestaltet, daß die magnetische Materie nur nach einer
einzigen Richtung hindurch kommen, aber nicht durch eben
den Weg wieder zurück gehen kann: so, wie die Blut-
adern und lymphatischen Gefäße des thierischen Körpers,
welche in dieser Absicht mit Klappen versehen sind: daß

man ſich alſo die Poren als mehrere enge neben einander liegende und mit einander parallel laufende Röhren
vorſtellen kann, wie bey A B, Fig. 99., durch welche
die feinern Theile des Aethers frey von A nach B kommen, aber wegen des Widerſtandes, den ſie bey a, a,
b, b, antreffen, nicht wieder zurückkommen, auch den
Widerſtand des gröbern Aethers nicht überwinden können,
welcher ihre Bewegung veranlaſſet und unterhält. Denn,
wenn man annimmt, der Pol A eines Magnets ſey mit
mehreren Oefnungen ſolcher Röhren angefüllt, ſo wird die
magnetiſche Materie, welche von ten gröbern Theilen des
Aethers fortgetrieben wird, mit einer ungemeinen Geſchwindigkeit, welche ſich nach der Elaſticität des Aethers ſelbſt
richtet nach B gehen; dieſe Materie, welche, ehe ſie in
B ankam, von den gröbern Theilen des Aethers durch die
Röhren getrennt ward, trift nun wieder dergleichen grö-
bere Theile an, wodurch ihre Geſchwindigkeit vermindert,
und ihre Richtung geändert wird; daher wird der vom
Aether, mit welchem er ſich nicht ſogleich vermiſchen kann,
zurückgebogne Strom auf beyde Seiten nach C und D
gelenkt, beſchreibt, wiewohl mit geringerer Geſchwindigkeit, die krummen Linien D E und C F c, fällt endlich in den Strom der bey m m zuflieſſenden Materie,
geht wieder in den Magnet, und bildet dadurch den merkwürdigen Wirbel, welcher ſichtbar wird, wenn man
Stahlfeile auf ein über den Magnet gelegtes Papier ſchüttet.

Im Eiſen und im Magnet liegt ein Beſtreben, ſich
einander zu nähern, und ſich an einander zu
hängen, und zwar mit ſo viel Kraft, daß oft
ein beträchtliches Gewicht erfordert wird, um
ſie von einander zu trennen.

Man kann dieſe ſonderbaren Phänomene durch jeden
Magnet beweiſen; jeder trägt ein ſchwereres oder leichte-
res Gewicht nach Proportion ſeiner Stärke.

Man

Man stecke ein Stück Eisen auf einen Kork, und
setze den Kork auf Wasser, so wird das Eisen auf eine
sehr belustigende Art vom Magnete angezogen, und folgt
demselben überall nach.

Auf diesen Grundsatz hat man viele sinnreiche und un-
terhaltende mechanische Kunststücke gebauet. Man kann
z. B. kleine Schwäne verfertigen, welche auf dem Wasser
schwimmen, und die Tagesstunde anzeben.

Man stelle einen Magnet auf ein messingenes Stativ,
und halte das Ende einer kleinen Nadel gegen denselben,
das andere Ende halte man durch einen Drath, damit
sich die Nadel nicht ganz an den Magnet hängen könne,
so wird man die Nadel auf eine sehr angenehme Art in
der Luft schweben sehen.

Man hänge einen Magnet unten an die Schale einer Wage, und lege in die andere Schale so viel Gegengewicht, als nöthig ist. Nun halte man ein Stück Eisen gegen den Magnet, so wird er sich sogleich senken,
und an das Eisen hängen, wenn der Abstand desselben
nicht allzugroß ist. Man hänge dann das Eisen anstatt
des Magnets an die Wage, und bringe den Magnet dagegen, so wird das Eisen herabsinken und sich an den
Magnet hängen.

Man kann die Kräfte oder Eigenschaften des Mag-nets dem Eisen und Stahle mittheilen.

Eine Beschreibung der verschiedenen Methoden, welche man vorgeschlagen hat, um dem Eisen oder Stahle
die Eigenschaften des Magnets mitzutheilen, würde allein
einen ganzen Band ausfüllen. Ich will daher bloß zwo
allgemeine und gute Methoden anführen, welche meines
Erachtens zu allen gewöhnlichen Absichten hinreichend sind.

1) Man stelle zween magnetische Stäbe A B, Fig.
100 so, daß das nördliche oder gezeichnete Ende des einen,

dem

dem ſüdlichen oder unbezeichneten Ende des andern entgegen gekehrt iſt: ſie müſſen aber ſo weit von einander liegen, daß der Stab C, welcher berührt werden ſoll, mit
ſeinem bezeichneten Ende auf dem unbezeichneten Ende von
A, und mit ſeinem unbezeichnetem Ende auf dem bezeichneten von B aufliegen kann. Nunmehr lege man das
nördliche Ende des Magnets D und das ſüdliche von E
auf die Mitte des Stabs C zuſammen, hebe das andere
Ende in die Höhe, wie die Figur vorſtellet; ziehe D und
E aus einander und längſt dem Stabe C hin, das eine
gegen A, das andere gegen B, behalte immer dieſelbe
Schiefe bey, und entferne D und E, wenn ſie von den Enden des Stabs C hinweg ſind, ein bis zwey Schuhe weit
von denſelben; bringe hierauf den Nord- und Südpol dieſer Magnete aufs neue zuſammen, und lege ſie wieder,
wie vorher auf die Mitte des Stabs C. Dieſes Verfahren wiederhole man fünf oder ſechsmal, beſtreiche die entgegengeſetzte Fläche des Stabs C auf eben dieſe Art, und,
nachher auch noch die beyden übrigen Seitenflächen, ſo
wird dieſer Stab dadurch eine ſtarke und anhaltende magnetiſche Kraft erlangen.

2) Man lege die zween Stäbe, welche beſtrichen
werden ſollen, parallel mit einander, und verbinde ihre
Enden durch zwo eiſerne Unterlagen, um während der
Operation den Umlauf der magnetiſchen Materie zu verhüten; die Stäbe müſſen ſo geſtellt werden, daß das bezeichnete Ende D, Fig. 101. dem unbezeichneten Ende B
gegenüber liege. Nunmehr ſtelle man die zween einander
anziehenden Pole G und I zweener Magnete mitten auf
einen der zu beſtreichenden Stäbe, und hebe die andern
Enden ſo weit in die Höhe, daß ſie mit dem liegenden
Stabe einen ſtumpfen Winkel von 100 — 120 Graden
machen; die Enden G und I müſſen 2 — 3 Zehntheil
Zoll von einander entfernt bleiben. In dieſer Stellung
halte man die Stäbe, bewege ſie langſam über den Stab
A B von einem Ende zum andern, und gehe ſo etwa 15mal

über

über den Stab. Hierauf verwechsele man die Pole der
Stäbe *), und wiederhole eben dasselbe Verfahren, zuerst an dem Stabe C D, und dann an den entgegengesetzten Seiten beyder Stäbe. Die mitgetheilte Kraft kann
noch mehr verstärkt werden, wenn man die verschiedenen
Seiten der Stäbe mit Sätzen von Magnetstäben reibet,
die, wie in Fig. 102 gestellet sind.

Allem Ansehen nach muß man, um den Stahl magnetisch zu machen, seine Zwischenräume in eine solche Ordnung bringen, daß sie an einander liegende parallele Röhren ausmachen, welche die magnetische Materie aufnehmen
und ihre Bewegung fortpflanzen können, so daß der magnetische Strom leicht eingehen und mit der größten Gewalt durch dieselben circuliren kann. Es ist daher nothwendig, in der Wahl des Stahls, welcher bestrichen werden soll, so sorgfältig, als möglich, zu seyn. Das Korn
desselben muß fein, gleichförmig und ohne Knoten seyn,
damit es der Materie von einem Ende bis zum andern
eine Anzahl gleicher und ununterbrochener Canäle darbiete.
Dies ist noch weit nöthiger bey der Wahl des Stahls zu
Magnetnadeln für die Seecompasse; denn, wenn der Stahl
unrein ist, oder nicht auf die gehörige Art bestrichen wird,
so kann die Nadel mehrere Pole bekommen, welche der
Wirkung der Hauptnadel nach Beschaffenheit ihrer Stärke
und Lage mehr oder weniger hinderlich fallen.

Der Stahl muß auch gut gelöscht, und gehärtet seyn,
damit die Zwischenräume die Stellung, die sie erhalten
haben, eine lange Zeit beybehalten, und den Veränderungen der Richtung, welchen Eisen und weicher Stahl
unterworfen sind, besser widerstehen. Der Unterschied in
O 3 der

*) d. i. das bezeichnete Ende des einen muß allezeit dem unbe-
zeichneten Ende des andern gegenüber liegen.

der Güte des Stahls iſt ſehr groß, wie man leicht er⸗
fahren kann, wenn man zwey Stücken Stahl von glei⸗
cher Größe, aber von verſchiedener Art, auf einerley Wei⸗
ſe und mit einerley Stäben beſtreicht.

Gehärteter Stahl nimmt eine dauerhaftere magneti⸗
ſche Kraft an, als weicher Stahl, obgleich beyde allem
Anſehen nach in nichts weiter, als in der Anordnung der
Theile unterſchieden ſind: vielleicht enthält der weiche Stahl
Phlogiſton in ſeinen weiteſten Zwiſchenräumen, und der ge⸗
härtete nur in den engſten. Eiſen und Stahl haben ſehr
wenig Luft in ihren Zwiſchenräumen; wenn ſie aus den
Eiſenerzen ausgeſchmolzen werden, ſind ſie einem ſehr ho⸗
hen Grade der Hitze ausgeſetzt, und die meiſten Verän⸗
derungen, denen ſie nachher unterworfen werden, wieder⸗
fahren ihnen im Zuſtande der Glühhitze. Federharter
Stahl behält nicht ſoviel magnetiſche Kraft, als harter,
weicher Stahl noch weniger, und Eiſen faſt gar keine.
Aus einigen Verſuchen des Muſſchenbroek erhellet,
daß Eiſen mit einer Säure verbunden nicht magnetiſch
wird; trennt man aber die Säure davon, und ſtellt das
Phlogiſton wieder her, ſo wird es wieder ſo magnetiſch,
als jemals.

Auch Größe und Geſtalt des Magnets machen einen
Unterſchied in ſeiner Stärke; daher müſſen die Stäbe,
die man beſtreichen will, weder zu lang noch zu kurz in
Proportion mit ihrer Dicke ſeyn. Sind ſie zu lang, ſo
wird der Umlauf der magnetiſchen Materie, welche aus
dem einen Pole hervorkömmt und rund um den Magnet
in den andern Pol übergeht, verhindert, und ihre Ge⸗
ſchwindigkeit geſchwächt werden. Sind ſie zu kurz, ſo
wird die Materie, welche aus dem einen Pole ausſtrö⸗
met, von den übrigen wirkenden Theilen des Magnets zu⸗
rückgetrieben, und zu weit von dem Pole, in welchen ſie

gehen soll, abgelenkt, und es wird dadurch der fortgesetz-
te Umlauf der magnetischen Materie unterbrochen. Sind
sie zu dünn, so ist die Anzahl der Zwischenräume zu klein,
um einen Strom aufzunehmen, der stark genug wäre,
den Hindernissen im äußern Raume zu widerstehen; sind
sie endlich zu dick, so wird die gerade und regelmäßige
Richtung der Canäle durch die Schwierigkeiten gehindert,
welche bey der Anordnung der innern Theile statt finden,
da die magnetische Materie nicht Kraft genug hat, den
Stahl bis auf eine beträchtliche Tiefe zu durchdringen; es
wird also die Circulation der Materie gehindert.

Alle Stücken müssen wohl poliret seyn; es ist von
der äußersten Wichtigkeit, die Enden glatt und gerade zu
machen, damit sie die Enden des weichen Eisens, welches
die Circulation aufhalten soll, in so viel Punkten, als
möglich, berühren. Alle Ungleichheiten an den Seiten,
besonders in der Nähe der Pole, müssen sorgfältig ver-
mieden werden, weil sie Unregelmäßigkeit in die Circulation bringen, und daher die Geschwindigkeit derselben vermindern, welche eine von den vornehmsten Quellen der
magnetischen Kraft ist.

Indem man die Stäbe bestreicht, müssen die Enden
des weichen Eisens in beständiger Berührung mit ihnen
erhalten werden, denn eine Trennung auf einem einzigen
Augenblick ist hinreichend, die Wirkung der ganzen Operation aufzuheben, weil sich die Materie augenblicklich in
die Luft zerstreuet.

Der Operator muß bey dem ersten Stabe nicht länger verweilen, als nöthig ist, seine Zwischenräume zu öff-
nen, und denselben die magnetische Anordnung zu geben;
er muß alsdann sogleich zu dem andern Stabe übergehen,
um der aus dem ersten ausgehenden Materie eine Oeffnung zu verschaffen.

Q 4　　　　　　　Es

Es iſt am vortheilhafteſten, wenn man den Stab, den man verlaſſen hat, während der Zeit, da die beſtreichenden Magnete auf dem andern liegen, umkehret; auf dieſe Art, wird. der zu erregende Strom die Canäle des erſten Stabs in die gehörige Lage bringen, und ſo die Operation wirkſamer machen; überdies hat man, wenn man nur einen Stab auf einmal umkehret, niemals nöthig, die beſtreichenden Magnete während der Operation ganz wegzunehmen, welcher Umſtand ſehr viel zur Stärke des Magnets beyträgt.

Die beſtreichenden Stäbe dürfen nie anderswo getrennt werden, als am Aequator des Magnets; und ihre Bewegung über die andern Theile muß langſam und regelmäßig ſeyn.

Die magnetiſche Kraft beſtrichener Nadeln wird verſtärkt, wenn man ſie einige Zeit in Leinöl legt.

Es kann zur Wirkſamkeit der Operation viel beytragen, wenn die Stäbe A und B, Fig. 100, in die Richtung des magnetiſchen Meridians geſtellt, und gegen den Horizont unter einem Winkel geneigt werden, welcher der Inclination der Magnetnadel gleich iſt.

Die dem Magnete auf dieſe Art mitgetheilte Kraft wird geſchwächt, wenn er unter Eiſen liegt, oder roſtet, imgleichen durchs Feuer, indem alle dieſe Umſtände die Richtung des magnetiſchen Stroms ändern oder verwirren.

Man ſtelle eine kleine Magnetnadel auf die Spitze eines kleinen Stativs, und bringe ſie zwiſchen zween magnetiſche Stäbe, ſo daß das nördliche Ende des Stabs dem ſüdlichen Ende der Nadel entgegenſteht; ſo wird die kleine Nadel, ohne irgend eine in die Augen fallende Urſache in eine heftige Schwungbewegung gerathen, und gleichſam belebt ſcheinen, bis ſie mit magnetiſcher Kraft geſättigt iſt; alsdann wird ſie in Ruhe bleiben. Dieſe Schwungbewegung entſteht vermuthlich aus den unregelmäßigen Eindrücken, welche ſie von der magnetiſchen Materie

terie

terie erhält, und aus der Schwierigkeit, welche die Materie findet, in die Nadel einzubringen.

Alle Ursachen, welche fähig sind, die magnetische Materie in eine strömende Bewegung zu setzen, bringen auch in den Körpern, welche magnetische Kraft anzunehmen fähig sind, einen Magnetismus hervor.

Wenn man eiserne Stäbe heiß macht, und dann gleichförmig abkühlet, und zwar in verschiedenen Richtungen, z. B. parallel, perpendiculär oder schief gegen die Richtung der inclinirenden Nadel, so erhalten sie eine Polarität nach ihrer Lage; sie ist am stärksten, wenn die Stäbe mit der Inclination der Magnetnadel parallel gewesen sind, und wird nach und nach immer geringer, bis auf den Fall, da die Stäbe senkrecht auf diese Richtung gestanden haben, in welchem Falle sie gar keine bestimmte Polarität haben.   Wenn aber beym Abkühlen eines eisernen Stabs in Wasser das untere Ende beträchtlich heißer, als das obere, ist, und das obere zuerst abkühlet, so wird dieses bisweilen der Nordpol, obgleich nicht allezeit. Wenn Eisen oder Stahl eine gewaltsame Reibung an einer einzelnen Stelle erleiden, so erhalten sie eine Polarität: ist das Eisen welch, so dauret der Magnetismus nicht viel länger, als die Wärme anhält.   Der Blitz ist die stärkste bisher bekannte Kraft, welche einen magnetischen Strom hervorzubringen vermag; er macht gehärteten Stahl in einem Augenblicke stark magnetisch, und pflegt bisweilen die Pole einer Magnetnadel umzukehren.

Um einen magnetischen Stab mit mehreren Polen zu machen, stelle man Magnete an diejenigen Stellen, an welche die Pole kommen soll, so müssen Nordpole an die beyden nächsten Stellen gesetzt werden; nunmehr betrachte man jedes Stück zwischen den Unterlagen als einen besondern Magnet, und bestreiche es dem gemäß.

Es giebt in jedem Magnete gewiſſe Stellen, in welchen ſeine Kraft gleichſam concentrirt zu ſeyn ſcheinet.

Man ſtelle einen Magnet auf ein meſſingenes Staⸯtiv, und verſuche, wie viel eiſerne Kugeln er an verſchieⸯdenen Stellen trägt; ſo wird man finden, daß er gegen die Enden zu die meiſten trägt, woraus erhellet, daß ſich daſelbſt die magnetiſche Kraft mit der größten Stärⸯke zeige.

Man lege ein kleines meſſingenes Gewicht auf das nördliche Ende der Inclinations ⸳ Nadel, und bringe den Südpol eines Magnets gegen das Ende des getheilten Bogens, ſo wird derſelbe das Ende der Nadel bis auf einen gewiſſen Grad zurückſtoßen; nunmehr bewege man den Magnet nach und nach vorwärts, ſo wird die Nadel nach und nach herabfallen, bis ſie auf Null kömmt. Beⸯwegt man den Magnet weiter fort, ſo wird der Zeiger gegen ihn gezogen.

Die Pole eines Magnets zu finden.

Man lege einen Magnet unter eine Glastafel, ſiebe etwas Stahlfeile auf das Glas, und ſchlage ſanft mit einem Schlüſſel darauf, um das Glas in eine ſchwingenⸯde Bewegung zu ſetzen. Dadurch wird ſich die Stahlfeile losmachen und ſich bald auf eine ſehr angenehme Art ordⸯnen; die Stellen des Magnets, von welchen die krumⸯmen Linien auszugehen, und über welche die Stahltheilⸯchen faſt aufgerichtet zu ſtehen ſcheinen, ſind die Pole.

In dieſem ſowohl, als in vielen andern magnetiſchen Verſuchen äußert ſich augenſcheinlich eine magnetiſche Kraft, die die Eiſentheilchen aus ihrer natürlichen Lage in eiⸯne andere bringt, und in derſelben mit beträchtlicher Geⸯwalt erhält.

Noch genauer kann man die Pole eines Magnets mit einer kleinen Inclinationsnadel beſtimmen. Man ſetze

die⸗

dieselbe auf einen Magnet, und bewege sie vor- und rückwärts, bis die Nadel senkrecht gegen den Magnet steht,
alsdann wird sie gerade auf den einen Pol zeigen. Wenn
sie so zwischen dem Nord- und Südpole steht, daß beyder gegenseitige Wirkungen einander das Gleichgewicht
halten, so wird der Mittelpunkt der Nadel gerade über
dem Aequator des Magnets stehen, und die Nadel wird
mit der Axe genau parallel liegen. Wenn man sie von
hieraus gegen den einen Pol führet, so wird sie nach Verhältniß ihres Abstandes von den Polen verschiedene schiefe
Lagen annehmen.

Man halte eine gemeine kleine Nähnadel an einem
durchgezognen Faden einige Secunden lang nahe an einen
Magnet, und bringe sie dann nach und nach gegen die
Mitte eines magnetischen Stabs, so wird die Kraft des
Magnets ihrer Schwere so stark entgegenwirken, daß sie
in der Luft schwebend bleiben, und eine dem Magnetstabe
beynahe parallele Richtung annehmen wird.

Da es keine magnetische Anziehung ohne Polarität
geben kann, so wäre es widersprechend, zu behaupten,
daß ein Magnet eine starke anziehende Kraft haben könne,
ohne zugleich eine starke Polarität zu besitzen.

Man hänge einen eisernen Stab in genauem Gleich-
gewichte an einem Punkte so auf, daß er sich
in einer Horizontalebne frey drehen könne, und
theile diesem Stabe die magnetische Kraft mit,
so wird sich das eine Ende desselben allezeit
gegen Norden richten.

Stellt man eine unbestrichene Nadel auf eine Spitze,
so wird sie in jeder beliebigen Richtung stehen bleiben;
theilt man ihr aber die magnetische Kraft mit, so bestimmt sie sich zu einer gewissen Richtung, und kehrt allezeit das eine Ende gegen Norden, das andere gegen Süden.

Es

Es ist nicht unwahrscheinlich, daß man in Zukunft an den meisten Körpern eine Polarität entdecken werde, vermöge welcher sie Richtungen annehmen, die mit den verschiedenen Affinitäten der Elemente, aus welchen sie zusammengesetzt sind, im Verhältnisse stehen.

Diese Richtung der mit dem Magnet bestrichenen Nadeln ist von der größten Wichtigkeit für die menschliche Gesellschaft. Sie setzt den Schiffer in Stand, über das Meer zu seegeln, und bringt durch dieses Mittel die Künste, Manufacturen und Kenntnisse entferntern Länder mit einander in Verbindung. Der Feldmesser, der Markscheider und der Astronom ziehen aus dieser wunderbaren Eigenschaft mancherley Vortheile.

Der Seecompaß besteht aus drey Theilen, der Büchse, der Scheibe und der Nadel.

Die Scheibe ist ein Kreis von steifem Papier, welcher den Horizont vorstellet, mit den darauf verzeichneten Weltgegenden; die Magnetnadel wird an der untern Seite dieser Scheibe befestiget; der Mittelpunkt der Nadel ist durchbohrt, und in das Loch ist eine Haube mit einem kegelförmigen Achate befestiget; diese Haube ruht auf einer an den Boden der Büchse befestigten Nadel; die Büchse hat einen Glasdeckel, und hängt vermittelst zweener Stifte in einem Kasten.

Es ist nicht gewiß ausgemacht, wer der erste Erfinder des Seecompasses gewesen sey; einige schreiben diese Ehre dem **Flavio Gioja** von Amalfi in Campanien zu, welcher im Anfange des 14ten Jahrhunderts lebte, andere leiten die Erfindung aus dem Orient her, noch andere glauben, sie sey schon früher in Europa bekannt gewesen.

Die entgegengesetzte Pole zweener Magnete ziehen einander an. Die Nordpole zweener Magnete stoßen einander ab, und eben so auch die Südpole. Diese Phänomene lassen sich sehr leicht durch eine Menge angenehmer Versuche erläutern.

Man

Man hänge eine beſtrichene Nadel an einem Punkte
auf, und halte den Südpol eines Magnets gegen ihren
Nordpol, ſo wird ſie vom Magnet angezogen werden, und
gegen ihn zu fliegen; man halte den andern Pol des Magnets dagegen, ſo wird die Nadel vor demſelben fliehen.

Man befeſtige zwo Nadeln horizontal in zwo Stücken Kork, und ſetze ſie auf Waſſer; kehren ſich nun die
gleichnahmigen Pole gegen einander, ſo werden die Nadeln einander zurückſtoßen; kehrt man aber die ungleichnahmigen Pole gegen einander, ſo werden ſie ſich anziehen und zuſammen kommen.

Man ſtecke die beyden Enden zweener Magnete in
Stahlfeile, welche ſich daran hängen und in Form von
Klumpen oder Fäden herabhangen wird. Man bringe
nun die beyden Nordpole zuſammen, ſo wird die Stahlfeile des einen der Stahlfeile des andern ausweichen.
Bringt man aber den Nordpol des einen und den Südpol des andern zuſammen, ſo wird ſich die Stahlfeile verbinden, und kleine Cirkelbogen von einem Stabe zum andern bilden.

Man lege einen cylindriſchen Magnet auf eine glatte
horizontale Fläche, und bringe einen ſtählernen Magnet,
der wie ein Fiſch geſtaltet iſt, nahe an denſelben in einer
parallelen Lage. Kehrt man nun den Kopf des Fiſches
gegen das eine Ende des Cylinders, ſo wird der letztere
von dem Fiſche hinweg rollen, kehrt man aber den Schwanz
des Fiſches gegen daſſelbe, ſo rollt der Cylinder auf den
Fiſch zu, und folgt ihm nach.

Auf dieſe beſondere Eigenſchaft des Magnets grün-
den ſich die Verſuche, welche Herr Comus vor einigen
Jahren in London gezeigt hat, und von denen man eine
große Menge in Hoopers *Rational Recreation* beſchrieben findet. Um die Beſchaffenheit dieſer Verſuche zu erläutern, ſchließe man einen Magnet in ein Stück Meſſing ein, welches die Geſtalt eines Herzes hat, lege das
Herz in ein Käſtgen, ſtelle einen Compaß über das Käſt-

gen

gen ſo, daß der Nordpunkt gegen das Charnier des De-
ckels zu gekehrt iſt, und beobachte die Stellung der Nadel. Man nehme nunmehr das Herz heraus, lege es umgekehrt wieder hinein, und beobachte die Stellung der Nadel von neuem; behält man nun dieſe Stellungen im Ge-
dächtniß, ſo kann man leicht wiſſen, wie das Herz liege,
wenn es gleich im Verborgnen iſt hineingelegt worden.

**Die magnetiſche Materie bewegt ſich inwendig in
einem Strome von einem Pole zum andern,
und geht dann in krummen Linien äußerlich
fort, bis ſie wieder an den Pol kömmt, in
welchen ſie zuerſt eingieng, und in welchen ſie
nunmehr von neuem eingeht.**

Man lege eine Glastafel über einen magnetiſchen
Stab, ſiebe Stahlfeile darauf, und ſchlage ſanft auf das
Glas, ſo werden ſich die Feilſpäne von ſelbſt in eine ſolche
Ordnung legen, welche den Lauf der magnetiſchen Mate-
rie mit großer Genauigkeit darſtellt. Auch die krummen
Linien, in welchen ſie zu dem Pole, in den ſie zuerſt eingieng, wieder zurückkehret, werden durch die Lage der
Stahlfeile ſehr deutlich angezeiget. Die breiteſten Curven
entſtehen an der einen Polarfläche und erſtrecken ſich bis
an die andere; ſie ſind deſto breiter, je näher ſie an der
Axe oder an der Mitte der Polarfläche entſpringen; die-
jenigen, welche aus den Seitenflächen des magnetiſchen
Stabes hervorgehen, liegen innerhalb jener, welche aus
den Polarflächen entſpringen, und werden immer enger,
je weiter ſie von den Enden abſtehen. Daß die magnetiſche
Materie zurückgehe, und auswendig die entgegengeſetzte
Richtung von derjenigen habe, in welcher ſie durch den
Magnet durchgeht, das beweiſen die Stellungen einer klei-
nen Magnetnadel, wenn man dieſelbe an verſchiedenen
Stellen gegen den Magnetſtab hält. Man ſ. Fig. 103.

Je

Je größer der Abstand beyder Pole des Magnets ist, desto breiter sind die Curven, welche aus den Polarflächen entspringen.

Die unmittelbare Ursache, warum zwey oder mehrere magnetische Körper einander anziehen, ist der Durchgang eines und ebendesselben magnetischen Stroms durch beyde.

Man stelle zween Magnete in einiger Entfernung von einander so, daß der Südpol des einen dem Nordpole des andern entgegen gekehrt ist, lege eine Glastafel darüber, bestreue dieselbe mit Stahlfeile, und schlage mit einem Schlüssel ganz sanft darauf, so werden sich die Feilspäne nach der Richtung der magnetischen Kraft ordnen. Die Späne, welche zwischen den beyden Polarflächen liegen, und der gemeinschaftlichen Axe nahe sind, werden sich in gerade Linien legen, welche von dem Nordpole des einen bis zu dem Südpole des andern Magnets gehen: die Zwischenräume beyder Magnete liegen jetzt in einerley Richtung, so daß die Materie, welche durch A B, Fig. 104, geht, am Pole a die Zwischenräume zum Eingange offen findet. Sie geht daher hinein, kömmt in b heraus und kehrt gegen A zurück, um ihren Strom durch den Magnet wieder anzufangen, und so bildet sie eine Atmosphäre oder einen Wirbel, der auf allen Seiten durch die elastische Kraft des andern zusammengedrückt wird, und also die Magnete gegen einander treibt. In verschiedenen Entfernungen von der Axe beschreiben die Feilspäne reguläre krumme Linien, welche von einem Pole zum andern gehen, und vom Südpole aus bis in die Mitte divergiren, dann aber wieder convergiren, bis sie an den Nordpol kommen. Wenn die entgegengesetzten Pole weit von einander abstehen, so gehen einige Bogen von einem Pole bis zum andern Pole ebendesselben Magnets; bringt man die Magnete näher zusammen, so entstehen
we-

weniger ſolche Bogen, es gehen deren mehrere von einem
Magnet zum andern, und der Strom der magnetiſchen
Materie ſcheint häufiger und concentrirter.

Während der Zeit, da ſich die Magnete in der an⸗
gezeigten Lage befinden, bringe man ein kleines unbeſtri⸗
chenes Stäbchen oder eine Nadel in den Strom der mag⸗
netiſchen Materie; ſo wird dieſer Strom durchgehen und
der Nadel eine Polarität nach ſeiner Richtung geben.

Aus eben dieſer Urſache wird ein großer Schlüſſel
oder ein anderes unbeſtrichenes Stück Eiſen, ſo lange es
ſich in dem Wirkungskreiſe eines magnetiſchen Pols befin⸗
det, ein kleineres Eiſen anziehen und tragen, hingegen
daſſelbe fallen laſſen, ſobald es aus dem magnetiſchen Stro⸗
me herauskömmt.

Eine Kugel von weichem Eiſen, welche mit einem
Magnet in Berührung iſt, wird eine zweyte Kugel, dieſe
eine dritte u. ſ. w. tragen, bis der magnetiſche Strom zu
ſchwach wird, um ein größeres Gewicht zu halten.

Man drehe einen kleinen Dreher mit einer eiſernen
Axe, und ziehe ihn mit einem Magnet in die Höhe, ſo
wird er ſeine umdrehende Bewegung weit länger fortſetzen,
als wenn man ihn auf dem Tiſche hätte laufen laſſen; man
kann noch einen zweyten und dritten Dreher darunter an⸗
hängen, nach Verhältniß der Stärke des Magnets, und
ſie werden alle ihre umdrehende Bewegung ſo tſetzen.

Man ſtelle zween Magnete auf meſſingene Stative
ſo, daß ſie die ungleichnahmigen Pole auf einander zu keh⸗
ren, ſo kann man auf eine ſehr angenehme Art eine Ket⸗
te von eiſernen Kugeln zwiſchen ihnen aufhängen. Bringt
man den Pol eines andern Magnets daran, ſo fallen die
Kugeln herab.

Wenn man ein großes Stück Eiſen an den einen
Pol eines Magnets hält, ſo wird dadurch die anziehende
Kraft des andern Pols verſtärkt, und er in Stand ge⸗
ſetzt, mehr als ſonſt aufzuheben.

Das magnetische Zurückstoßen entsteht aus der Anhäufung der magnetischen Materie, und aus
dem Widerstande, den sie bey ihrem Eingange
in den Magnet leidet.

Wenn man die beyden gleichnamigen Pole zweener
Magnete nahe an einander bringt, und unter eine mit Eisenfeile bestreute Glastafel legt, so ordnen sich die Feilspäne in krumme Linien, welche von einander zurück und nach
den entgegengesetzten Polen zu gehen. Die aus B, Fig.
105 hervorkommende Materie trift gegen D zu Albert-
stand an, wird also gezwungen zurück und um ihren eignen
Magnet herumzugehen, und so entstehen zween Wirbel,
welche einander im Verhältniß der Stärke des durchgehenden Stroms entgegen wirken.

Man nehme eine stählerne Nadel, und bestreiche sie
von dem Ohr an bis zur Spitze fünf oder sechsmal mit
dem Nordpole eines Magnetstabs, so wird das Ohr der
Nordpol, und die Spitze der Südpol der Nadel werden.

Das Anziehen und Zurückstoßen der Magnete wird
durch zwischenstehende Körper nicht gehindert.

Man stecke die Spitze der Nadel in Stahlfeile, so
wird sie eine beträchtliche Menge Feilspäne mit sich in die
Höhe nehmen. Nun nehme man den Magnetstab in die eine Hand, und die Nadel mit den Feilspänen in die andere,
halte beyde mit dem Horizont parallel und so, daß sich die
Spitze der Nadel gegen den Südpol des Magnets zu keh-
ret, so werden die Feilspäne von der Nadel abfallen; sobald dieß geschieht, ziehe man die Nadelspitze aus dem
Wirkungskreise des Magnets hinweg, so wird sie dadurch
ihre anziehende Kraft verlieren, und keine Stahlfeile mehr
anziehen. Wird die Nadel nicht weggenommen, sondern
einige Minuten lang ⅛ Zoll weit von dem Stabe ab gehalten, so wird ihre Polarität umgekehrt.

Man hänge eine Anzahl Kugeln aneinander an den
Nordpol eines Magnets, und halte den Südpol eines an-

dern Magnets an eine von den mittlern Kugeln, so werden alle unter derselben hängenden Kugeln aus dem magnetischen Strome herauskommen und herunterfallen; die
Kugel, an welche man den Magnet gehalten hat, wird
von demselben angezogen werden, und alle übrigen werden
zwischen beyden Magneten hängen bleiben. Hält man den
Nordpol eines Magnets dagegen, so wird die Kugel, an
welche derselbe gehalten wird, ebenfalls herabfallen.

Einige alte Schriftsteller vom Magnet führen eine besondere Erscheinung an. Wenn man nemlich zween Magnete, einen stärkern und einen schwächern, mit ihren zurückstoßenden Polen zusammenbringe, so komme die magnetische Kraft des schwächern in Unordnung, und erhole
sich erst nach einigen Tagen wieder; die Polarität des
berührten Theils werde durch die stärkere Kraft umgekehrt;
da aber diese Kraft nicht weit über die Polarfläche hin-
ausreiche, so sey die unveränderte Kraft im übrigen Theile des Steins im Stande, durch ihre entgegengesetzte Gewalt den in Unordnung gerathnen Theil des Steins in
wenig Tagen wiederherzustellen.

Man hat noch kein gewisses Gesetz entdecken können,
nach welchem sich die Anziehung des Magnets richtete; denn in verschiednen Magneten verändert sich die Kraft
in verschiedenen Entfernungen ganz anders. Man hat übrigens die magnetische Anziehung nicht vom Mittelpunkte
der Magnete, sondern von den Polen aus zu rechnen.

Ob man gleich viele Versuche gemacht hat, zu entdecken, ob die Kraft, durch welche zween Magnete einander anziehen oder zurückstoßen, nur bis auf eine gewisse
Entfernung wirke, ob der Grad ihrer Wirkung innerhalb
und in dieser Entfernung gleichförmig oder veränderlich sey,
und in welchem Verhältnisse zur Entfernung er ab- oder
zunehme, so hat man doch nichts weiter schließen können, als daß die magnetische Kraft sich manchmal weiter

er-

erſtrecke, als zu anderer Zeit, und daß ihr Wirkungskreis
veränderlich ſey.

Je kleiner der Magnet iſt, deſto größer iſt, bey übrigens gleichen Umſtänen, ſeine Gewat im Verhältniß
mit ſeiner Größe. Dennoch wird die magnetiſche Kraft
durch die Einwirkung beyder Pole auf einander geſchwächt,
wenn die Axe allzukurz iſt, und alſo die Pole einander ſehr
nahe liegen. Es giebt noch viele andere Urſachen, welche
große Unregelmäßigkeit in der Anziehung der Magnete ver-
urſachen. Wenn man das Ende eines Magnets in Stahlfeile taucht, ſo vertheilt ſich die Stahlteile ſelten gleichförmig, ſie legt ſich vielmehr fleckweiſe an, und liegt an
manchen Stellen dicker, als an andern. Man kann die
Stücke der magnetiſchen Anziehung in ebenderſelben Entfernung verändern, wenn man die Magnete um ihre Axe
umwendet, und dadurch macht, daß ſich andere Stellen
der Polarflächen auf einander zu kehren. Wenn man einen ſtärkern Magnet an einen ſchwächern bringt, ſo zeigt
ſich eine Art von Repulſion zwiſchen den gleichnamigen
Polen, aber ſie wird durch die Anziehung des ſtärkern
Magnets überwunden.

Wenn eine beſtrichene Nadel nahe an einen Magnet
geſtellt wird, ſo wird ihre Richtung nach dem magnetiſchen Meridian geſtöret, und ſie nimmt eine andere Richtung an, welche von ihrer Lage gegen die Pole des Magnets und von ihrer Entfernung von denſelben abhängt.
Man ſtelle eine kleine Nadel auf eine meſſingene Spitze,
und bringe ſie gegen den Magnet, ſo wird ſie ſich ver-
ſchiedentlich richten, je nachdem es ihr Abſtand von den
Poln des Magnets mit ſich bringt. Auf eine noch an-
genehmere Art kann man dieſe verſchiedenen Lagen und
Richtungen beobachten, wenn man mehrere beſtrichene Nadeln zugleich um einen magnetiſchen Stab herum ſtellt. Auch
die Bewegung einer kleinen Inclinationsnadel erläutert

dieſes Phänomen. Aus den drey letzten Verſuchen kann
man verſchiedene andere herleiten, um die krummen Linien
genau zu unterſuchen, nach welchen der Magnet wirkt,
und einige der wichtigſten Zweige der Lehre vom Magnet
mehr zu erläutern.

Der nördliche Magnetismus wird durch Verbindung
mit dem ſüdlichen aufgehoben, und umgekehrt. Daher
iſt klar, daß die beyden magnetiſchen Kräfte einander entgegenwirken, und wenn ſie beyde einerley Arme eines Magnets mitgetheilt werden, dieſer Arm die Kraft des ſtärkern Magnetismus erhält, und zwar in der Proportion,
in welcher derſelbe den ſchwächern übertrift.

Zween gerade Magnete werden nicht ſchwächer, wenn
ſie mit einander parallel ſo gelegt werden, daß die ungleichnamigen Pole einander gegenüber ſtehen, und ihre
Enden durch zwey Stück Eiſen mit einander verbunden
werden, welche den Umlauf der magnetiſchen Materie befördern und unterhalten; man muß aber die Magnete nie
einander berühren laſſen, wofern ſie nicht in einerley Richtung und mit den ungleichnamigen Polen beyſammen liegen.

Einen einzelnen geraden Magnet muß man allezeit mit
ſeinem Südpole gegen Norden oder niederwärts in der
nördlichen magnetiſchen Halbkugel halten, umgekehrt aber
in der ſüdlichen. Eiſen muß man in unſerer Halbkugel
nie anders als mit dem Südpole eines geraden Magnets
aufheben.

Jede Art von gewaltſamen Schlagen ſchwächt die
Kraft eines Magnets; ein ſtarker Magnet iſt durch verſchiedene ſtarke Hammerſchläge ſeiner Kraft gänzlich beraubt worden, und überhaupt alles, was die innere Zu-
ſammenſetzung und Anordnung der Theile eines Magnets
ſtört oder ändert, z. B. das Beugen eines geraden eiſernen Stabs oder Draths u. ſ. w., thut auch ſeiner Kraft
Schaden.

Man

Man fülle eine kleine trockne Glasröhre mit Eisen=
feile, drücke dieselbe fest zusammen und bestreiche dann die
Röhre so, als ob es ein stählerner Stab wäre, so wird
sie eine leichte Nadel u. dgl. anziehen; schüttelt man aber
die Röhre so, daß die Lage der Feilspäne verändert wird,
so verschwindet die magnetische Kraft.

Obgleich ein gewaltsames Schlagen den bereits er=
haltenen Magnetismus aufhebt, so giebt doch ebendasselbe
dem Eisen eine Polarität, wenn es dieselbe vorher noch
nicht hatte; einige wenige starke Hammerschläge geben ei=
nem eisernen Stabe die Polarität; und wenn man den
Stab in vertikaler Stellung hält, und erst das eine, dann
das andere Ende desselben hämmert, so kann man die Po=
le verändern.   Dreht man ein langes Stück Eisendrath
mehrere male vor= und rückwärts= bis es zerbricht, so fin=
det man die zerbrochene Stelle magnetisch.

Wird ein Magnet durch die Axe geschnitten, so sto=
ßen beyde Stücke, die vorher zusammen hiengen, einander
zurück.

Durchschneidet man einen Magnet senkrecht durch sei=
ne Axe, so bekommen die Theile, welche vorher zusam=
men hiengen, entgegengesetzte Pole, und es wird aus je=
dem Stück ein neuer Magnet.

Aus diesen und ähnlichen Versuchen schließt Herr
Eeles, daß der Magnetismus aus zwoen verschiedenen
Kräften bestehe, welche in ihrem natürlichen Zustande ver=
bunden sind, und nur wenig merkliche Wirkung thun,
doch einander selbst jederzeit stark anziehen; wenn sie aber
mit Gewalt getrennt werden, eben so, wie die Kräfte der
Elektricität wirken.   Denn, wenn der Magnetismus in
zwoen verschiedenen Stücken Stahl durch den Südpol ei=
nes Magnets erregt wird, so stoßen die Enden einander
zurück; wird aber das eine Stück mit dem Nordpole und

das andre mit dem Südpole beſtrichen, ſo ziehen ſie einander an. Er nimmt ferner an, daß ein Magnet nicht
ganz nach dem Verhältniß ſeiner eignen Stärke, ſondern
auch nach dem Verhältniß der Menge des anzuziehnden
Eiſens anziehe und angezogen werde; daß der Magnetiſmus eine allem Eiſen anhängende Eigenſchaft ſey, die von
demſelben nicht könne getrennt werden; denn das Feuer,
ob es gleich den ſchon vorhandenen Magnetiſmus aufhebt,
beraubt doch das Eiſen nicht ſeiner natürlichen Menge von
magnetiſcher Materie, es giebt ihm vielmehr eine Polarität, oder einen beſtimmten Magnetiſmus, je nachdem man
das Eiſen auf verſchiedene Art erhitzet oder abkühlet.

In einem unbewafneten Magnet geht der magnetiſche
Strom auf allen Seiten in krummen Linien gegen die entgegengeſetzte Pole zurück; ſetzt man aber Armaturen oder
eiſerne Platten an jeden Pol, ſo wird die Richtung der
magnetiſchen Materie verändert, und in den Fuß der Armatur geleitet, wo ſie ſich concentriret, ſo daß der Strom
der magnetiſchen Materie, welcher ſonſt von einem Pole
zum andern geht, wenn man an die Füße der Armaturen einen eiſernen Träger anbringt, von einem Fuße zum
andern durch den Träger geleitet wird, wodurch eine Anziehung von beträchtlicher Stärke bewirkt wird. Man kann
auch zwiſchen beyden Füßen eine Kette von Kugeln anſtatt
des Trägers anbringen.

Man lege den armirten Magnet unter eine mit Stahlfeile beſtreute Glasſcheibe, ſo wird ſich die Feile in krumme Linien ordnen, die von einem Fuße zum andern gehen.

Die Armatur muß von weichem Eiſen, das ein recht
gleichförmiges Korn hat, gemacht, und an die Enden des
Magnets wohl angepaßt werden; auch muß ſie deſto dicker ſeyn, je größer der Abſtand beyder Pole von einander iſt.

Herr

Herr **Savery** führt verschiedene Beyspiele an, um die Gewalt und Wirkung des Magnetismus der Erdkugel daraus zu erklären, unter andern bemerkt er, daß eiserne Stangen kleine Stückchen Eisen halten. Er hieng eine 5 Schuh lange eiserne Stange an einer am obern Ende befestigten Schlinge auf, wischte das untere Ende derselben und die Spitze eines eisernen Nagels sorgfältig ab, damit kein Staub oder Feuchtigkeit die vollkommene Berührung beyder verhindere; alsdann hielt er den Nagel mit aufwärts gekehrter Spitze unter den Stab, drückte ihn hart daran, hielte den Finger etwa 30 Secunden lang unter den Kopf des Nagels, und zog denselben alsdann sanft niederwärts, so daß der Nagel nicht in Schwingung gerathen konnte; fiel er herab, so wischte er die Spitze, wie zuvor, ab, und versuchte eine neue Stelle an der Grundfläche der Stange. Waren beyde Ende der Stange gleich gestaltet, und hatte sie keine beständige magnetische Kraft, so war es gleichgültig, welches Ende er unterwärts kehrte; hatte sie aber einen geringen Grad von Polarität, so gieng der Versuch mit einem Ende besser von statten, als mit dem andern,

Das obere Ende A eines langen eisernen Stabes, welcher keine bestimmte Polarität hat, wird das nördliche Ende einer Magnetnadel anziehen, das untere Ende B aber wird dasselbe zurückstoßen; kehrt man aber den Stab um, so wird B, welches nunmehr das obere Ende ist, den Nordpol der Nadel, den es vorher zurückstieß, anziehen. Eben so ist der Fall, wenn der Stab horizontal in den magnetischen Meridian gelegt wird, das südwärts gekehrte Ende wird ein Nordpol seyn.

Eiserne Fensterstäbe, welche lange Zeit in einer vertikalen Stellung gestanden haben, erhalten eine bestimmte Polarität. **Luwenhoek** gedenket eines eisernen Kreu-

R 4 zes,

ges, welches auf 200 Jahre lang auf der Spitze eines Kirchthurms gestanden, und einen starken bleibenden Magnetismus erhalten hatte.

Die Nadel des Seecompasses zeigt nicht genau nach Norden, sondern verändert ihr Azimuth, und weicht bisweilen ostwärts, bisweilen westwärts vom Meridian ab.

Diese Abweichung vom Meridian wird die **Declination** oder **Variation** der Nadel genennt, und ist an verschiedenen Orten der Erde verschieden, hier westlich, dort östlich, auch an Orten, wo sie nach einerley Gegend geht, dennoch von verschiedener Größe.

Man hat zwar die Richtung des Seecompasses schon im vierzehnten und funfzehnten Jahrhundert zum Gebrauch der Schiffahrt angewendet; aber man findet keine Spur, daß man damals etwas von ihrer Abweichung von Norden und Süden gewußt habe.

Colom soll zu Ende des funfzehnten Jahrhunderts auf seiner Reise nach Amerika die Variation der Magnetnadel zuerst gemuthmasset haben. Aber der erste, der ihre Wichtigkeit außer Zweifel setzte, und fand, daß sie an einerley Orte bey allen Nadeln die nehmliche sey, ist nach allgemeinem Geständniß **Sebastian Cabot** im Jahr 1497 gewesen.

Man hielt diese Variation nach ihrer Entdeckung durch **Cabot** lange Zeit für unveränderlich; bis **Gellibrand**, ohngefähr im Jahr 1625, fand, daß sie auch an einem und ebendemselben Orte zu verschiedenen Zeiten verschieden sey.

Wenn eine genau im Gleichgewicht aufgehangene Magnetnadel sich frey in einer vertikalen Ebne drehen kann,

so

so neigt sich ihr Nordpol unter den Horizonte, und ihr Südpol erhebt sich über denselben ; diese Eigenschaft, welche die Inclination
oder Neigung der Nadel heißt, ward von Robert
Normann um das Jahr 1576 entdeckt.

Es ist hieraus klar, daß sich die magnetische Kraft
an der Nadel des Compasses auf eine doppelte Art äußert,
einmal indem sie sich nach dem magnetischen Meridian richtet, das anderemahl, indem sie einen Winkel mit dem
Horizonte macht.

Die Stellung der inclinirenden Nadel, wenn sie im
magnetischen Meridiane ruht, wird die magnetische Linie genannt.

Man hat verschiedene Arten von runden Magneten,
unter dem Namen der Terellen (terrellae) gemacht, um
die Phänomene der Variation und Neigung der Nadel
durch Beobachtungen der Stellungen des Compasses an
verschiedenen Punkten der Terellen, und Vergleichung derselben mit den beobachteten Stellungen der Magnetnadel
an verschiedenen Orten der Erde, zu erklären. Zwar hat
man hierinn wegen unvollkommner Einrichtung dieser Kugeln noch wenig glücklichen Fortgang gemacht; inzwischen
hat doch Herr Magellan eine angegeben, von welcher
sich hoffen läßt, daß man sie wirklich zu Entdeckung der
Gesetze, nach welchen sich diese räthselhaften Erscheinungen richten, werde gebrauchen können. Man wird finden,
daß die meisten Phänomene der Richtung der Magnetnadel mit den Erscheinungen einer auf die Terelle gestellten
Nadel übereinstimmen.

Um das Jahr 1722 und 1723 machte Georg
Graham eine Menge Beobachtungen über die tägliche
Variation der Magnetnadel. Im Jahr 1750 fand Herr
Wargentin eine reguläre tägliche Veränderung der De-
clination, ingleichen eine Störung derselben bey Nordlich-
ten.

R 5

tern. Um das Ende des Jahrs 1756 fieng Herr Canton ſeine Beobachtungen über die Variation an, und
1759 theilte er der königlichen Societät folgende wichtige
Verſuche mit.

Er hatte ſeine Beobachtungen 603 Tage lang fortgeſetzt, und an 574 Tagen die tägliche Veränderung regelmäßig befunden. **Die damalige weſtliche Abweichung der Nadel nahm von 8 oder 9 Uhr
des Morgens bis etwa 1 oder 2 Uhr des Nachmittags zu;** alsdann ſtand die Nadel eine Zeitlang
ſtill, endlich gieng ſie wieder zurück, bis ſie in der Nacht,
oder am nächſten Morgen wieder an ihre vorige Stelle
kam.

Dieſe tägliche Veränderung iſt irregulär, wenn ſich
die Nadel im erſten Theile des Vormittags oſtwärts, oder
im letzten Theile des Nachmittags weſtwärts beweget;
auch wenn ſie ſich in der Nacht ſtark oder plötzlich und in
kurzer Zeit nach beyderley Seiten beweget.

Dergleichen Unregelmäſſigkeiten kommen ſelten öfter,
als monatlich ein bis zweymal vor, und ſind jederzeit mit
einem Nordlichte begleitet.

Die anziehende Kraft eines Magnets nimmt ab, indem er erwärmt wird, und wächſt, indem er abkühlet;
je ſtärker ein Magnet iſt, deſto mehr verliert er in eben
demſelben Grade der Wärme.

Erſter Verſuch.

Herr Canton ſtellte an die Gegend Oſt-Nord-Oſt
eines Compaſſes, der etwas über 3 Zoll im Durchmeſſer
hatte, einen kleinen 2 Zoll langen, $\frac{1}{4}$ Zoll breiten und
$\frac{1}{16}$ Zoll dicken Magnet parallel mit dem magnetiſchen Meridian, und ſo weit ab, daß die Kraft ſeines ſüdlichen
Endes gerade im Stande war, den Nordpol der Nadel
auf Nord-Oſt, oder auf 45° zu halten.

Nachs-

Nachdem er den Magnet mit einem messingenen Gewichte von 16 Unzen beschweret hatte, goß er ohngefähr
2 Unzen siedendes Wasser darauf, wodurch der Magnet
etwa 7 — 8 Minuten lang nach und nach erhitzt ward,
während dieser Zeit bewegte sich die Nadel etwa $\frac{1}{4}$ Grad
westwärts, und stand bey 44$\frac{1}{4}$° still; binnen 9 Minuten
kam sie um $\frac{1}{4}$ Grad, oder bis 44$\frac{1}{2}$° zurück, brauchte
aber einige Stunden Zeit, ehe sie ihre vorige Stellung
auf 45° wieder erhielt.

Zweyter Versuch.

Er stellte an jeder Seite des Compasses parallel mit
dem magnetischen Meridian, einen starken Magnet von der
obenerwähnte Größe so, daß die südlichen Enden beyder
Magnete gleich stark auf den Nordpol der Nadel wirkten,
und dieselbe in dem magnetischen Meridiane erhielten; ward
aber einer von den Magneten weggenommen, so zog der
andere die Nadel so an, daß sie auf 45° stand. Jeder
Magnet ward nunmehr mit einem Gewichte von 16 Unzen beschwert. Auf den östlichen Magnet wurden zwo
Unzen siedendes Wasser gegossen, und die Nadel bewegte
sich in einer Minute um einen halben Grad, und fuhr
7 Minuten lang fort, sich westwärts zu bewegen, wodurch sie bis 2$\frac{1}{4}$° kam. Hier stand sie eine Zeit lang
still, kam aber in 24 Minuten vom ersten Anfange ge-
rechnet, auf 2$\frac{1}{2}$, und in 50 Minuten auf 2$\frac{1}{4}$° zurück.
Er füllte nunmehr das westliche Gewicht mit siedendem
Wasser, wobey die Nadel in einer Minute auf 1$\frac{1}{4}$° zu-
rückkam, in 6 Minuten darauf stand sie $\frac{1}{2}$° östlich; und
etwa 45 Minuten darnach kehrte sie zu dem magnetischen
Nordpunkte, d. i. in ihre anfängliche Stellung zurück.

Es ist klar, daß die magnetischen Theile der Erde
auf der Ostseite des magnetischen Meridians den Nordpol
der

der Nadel eben ſo ſtark anziehen, als die magnetiſchen
Theile auf der Weſtſeite deſſelben. Werden nun die öſtlichen Theile Vormittags eher von der Sonne erwärmt,
als die weſtlichen, ſo wird ſich die Nadel weſtwärts bewegen, und ihre weſtliche Variation wird größer werden;
wenn die Wärme der anziehenden Theile der Erde auf
jeder Seite des magnetiſchen Meridians gleich ſtark zunimmt, ſo wird die Nadel ſtill ſtehen, und die Variation wird alsdann am größten ſeyn; wenn aber die weſtlichen magnetiſchen Theile entweder ſchneller erwärmt werden, oder langſamer abkühlen, als die öſtlichen, ſo wird
ſich die Nadel oſtwärts bewegen, oder die weſtliche Abweichung wird abnehmen, und wenn die öſtlichen und
weſtlichen Theile gleich geſchwind abkühlen, ſo wird die
Nadel wieder ſtill ſtehen, und ihre weſtliche Abweichung
am kleinſten ſeyn. Man kann dies noch mehr erläutern,
wenn man den Compaß mit den beyden Magneten, wie
im letzten Verſuche, an einem Sommertage hinter einen
Sonnenſchirm ſtellt; denn wenn der Schirm ſo geſtellt
wird, daß die Sonne nur den öſtlichen Magnet beſchei-
nen kann, ſo wird die Nadel ihre Richtung merklich ändern, und ſich weſtwärts bewegen; ſteht aber der öſtliche
Magnet im Schatten, indem die Sonne auf den weſtlichen ſcheint, ſo geht die Nadel nach der andern Seite.
Nach dieſer Theorie muß die tägliche Variation im Sommer größer, als im Winter ſeyn; die Beobachtungen
ſtimmen hiemit überein, und ſie wird im Junius und Julius faſt doppelt ſo groß, als im December und Januar,
gefunden.

Die unregelmäßige tägliche Variation muß von einer
andern Urſache, als von der Sonnenwärme, entſtehen;
und hier müſſen wir unſere Zuflucht zu der unterirdiſchen
Wärme nehmen, welche keine regelmäßige Beziehung auf
die Zeit hat, und dennoch, wenn ſie ſich in den nordi-
ſchen Gegenden vergrößert, die anziehende Kraft der ma-
gne-

netischen Erdtheile gegen den Nordpol der Nadel verstärkt.
D. Hales hat im Anhange des zweyten Bandes seiner
Statischen Versuche eine gute Beobachtung über diese Wärme. "Daß die Wärme der Erde, sagt er, in einiger
„ Tiefe unter der Oberfläche, Einfluß auf die Beförde-
„ rung des Thauens und auf den Uebergang vom Fro-
„ ste zum Thauwetter habe, ist aus folgender Beobach-
„ tung klar. Am 27sten November 1731 war der we-
„ nige Schnee, der die Nacht über gefallen war, den
„ Vormittag darauf um eilf Uhr, mehrentheils geschmol-
„ zen, einige Stellen im Park ausgenommen, wo es
„ Wasserbehältnisse gab, die mit Erde bedeckt waren, auf
„ welchen der Schnee liegen blieb, die Behältnisse moch-
„ ten mit Wasser angefüllt, oder leer seyn; so wie auch
„ an denjenigen Stellen, wo Röhren unter der Erde la-
„ gen. Ein Beweis, daß diese Behältnisse die Wärme
„ der Erde aufhielten, und aus der Tiefe hervorzubrin-
„ gen hinderten; denn der Schnee blieb auch an Orten
„ liegen, wo die Behältnisse mit mehr als 4 Schuh hoch
„ Erde bedeckt waren. So blieb er auch auf dem Stro-
„ he, den Ziegeln, und den obern Flächen der Mauern
„ liegen."

Daß die Luft zunächst an der Erde durch die Wärme der Erde erwärmt werde, fällt in die Augen; der D.
Miles hat zu Tooting in Surrey darüber häufige Beobachtungen mit Thermometern angestellt, die er früh vor
Tage in verschiedenen Höhen über der Erde aufstellete,
wie er im 48sten Bande der Transactionen umständlich
erzählet.

Man kann die Nordlichter, welche zu der Zeit erscheinen, wenn die Richtung der Nadel durch die Wärme
der Erde verändert wird, für Elektricität der erwärmten
Luft über der Erde annehmen. Sie erscheinen hauptsächlich in den nordischen Gegenden, weil daselbst die

Ver-

Veränderungen der Wärme am größten ſind. Dieſe Hy-
potheſe wird wahrſcheinlich, wenn man bedenkt, daß die
Elektricität die Urſache des Donners und Blißes iſt, und
daß man ſie zur Zeit des Nordlichts aus den Wolken ziehen kann; daß die Bewohner der Nordländer vorzüglich
ſtarke Nordlichter bemerken, wenn nach ſtrenger Kälte
plötzliches Thauwetter einfällt, daß man auch nunmehr eine Subſtanz kennet, welche ohne Reiben, bloß durch Zunehmen oder Abnehmen ihrer Wärme, elektriſch wird.
Dieſes iſt der Turmalin. Legt man denſelben auf eine erwärmte Glas - oder Metallplatte, ſo daß beyde gegen die Fläche der heißen Platte ſenkrecht geſtellte Seiten gleich ſtark erwärmt werden, ſo wird während der Erwärmung die eine Seite eine poſitive, die andere eine negative Elektricität zeigen; eben dies wird geſchehen, wenn
man ihn aus ſiedendem Waſſer nimmt, und abkühlen
läßt, nur daß diejenige Seite, welche beym Erwärmen
poſitiv war, beym Abkühlen negativ, und die vorher negative Seite jetzt poſitiv wird.

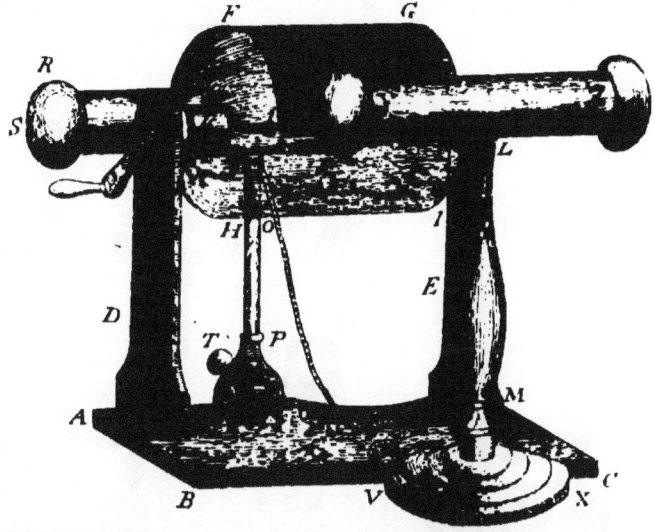

Fig. 1

Fig. 2

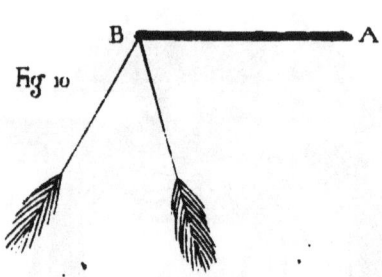

Fig 10

Fig 20

Fig 11

Fig 21

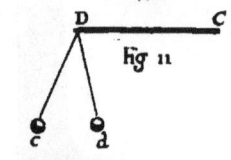

Fig 13

H

I

d

K

Fig 18

a

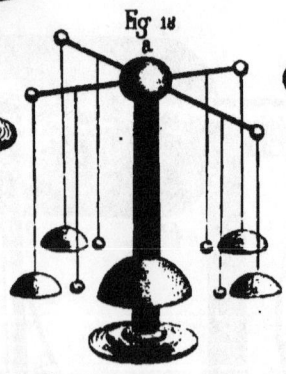

Fig 14

K

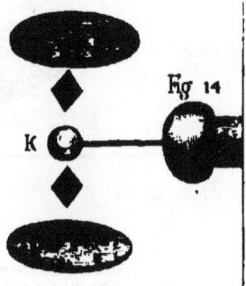

N   Fig 16   O   P

Fig   B 26   C   D

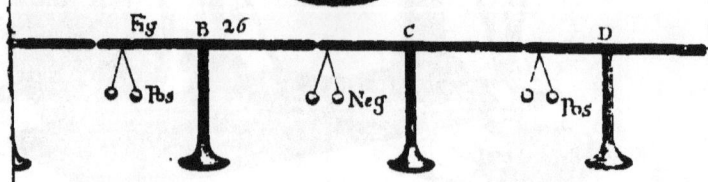

Pos   Neg   Pos

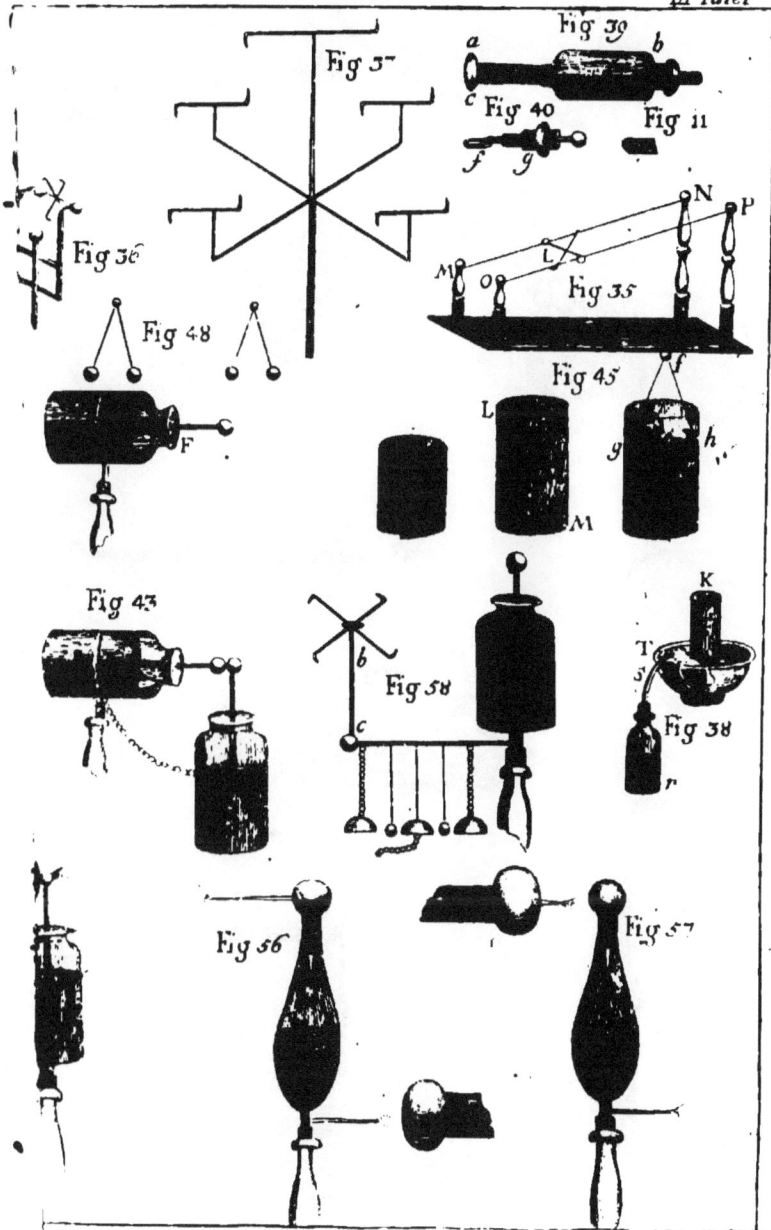

III Tafel

Fig 37

Fig 39
a b
c Fig 40
f g Fig 41

Fig 36

Fig 48

N P
M O L
Fig 35

Fig 45
L
M g h
F

Fig 43

Fig 58
b
c

K
T
s
Fig 38
r

Fig 56

Fig 57

Traums Electricität

Fig. 66

Fig. 68

Fig. 72

Fig. 76

Fig. 78

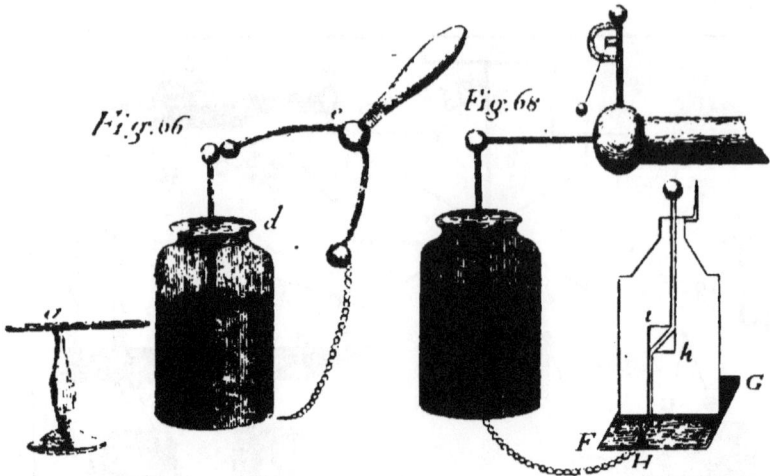

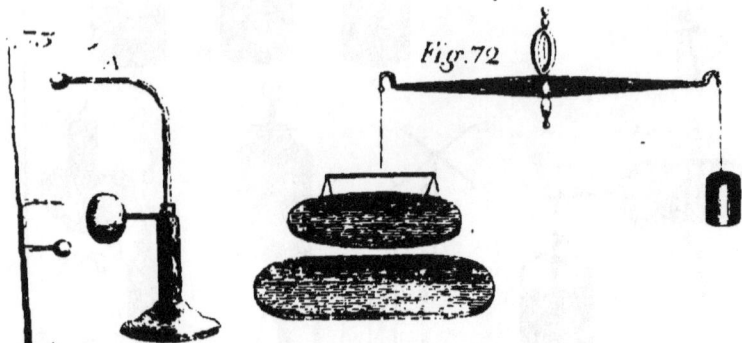

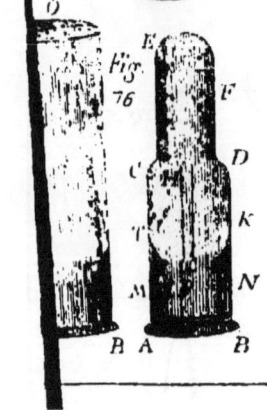

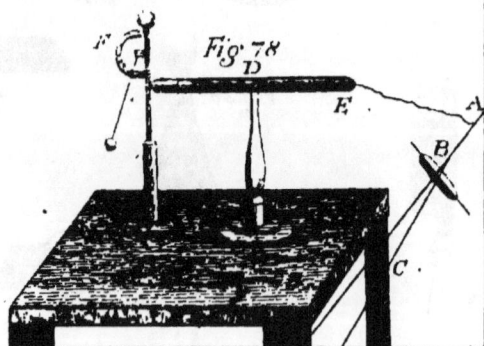

Adams Electricitit

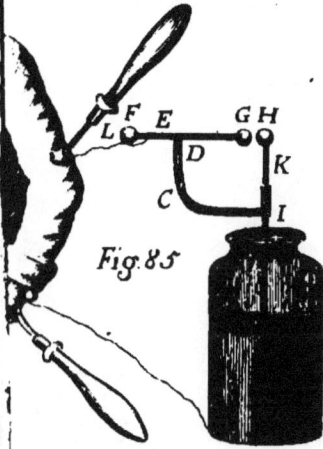

Fig. 85

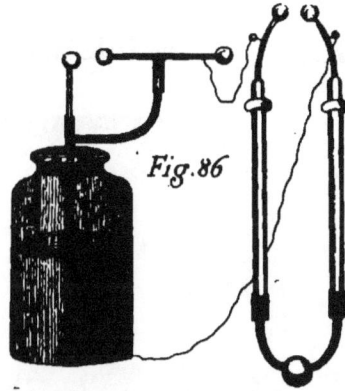

Fig. 86

Fig. 94

A   b a   B

Fig. 91

Fig. 97

Fig. 98   Fig. 88

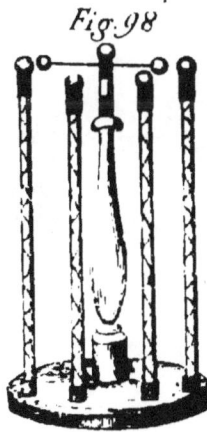

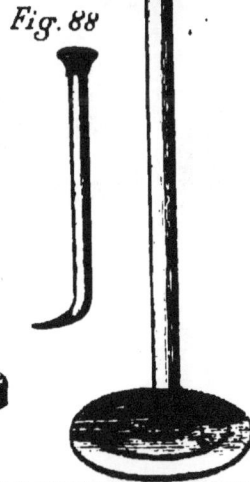

Fig. 103

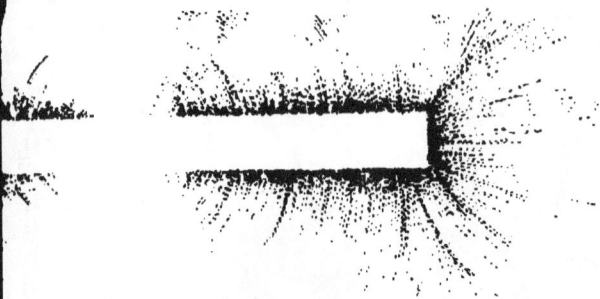

Fig. 104

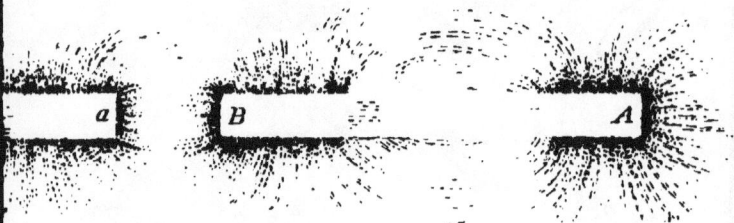

Fig. 105

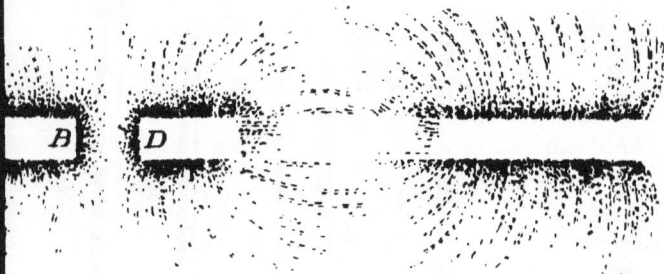

Adams Electricität

www.ingramcontent.com/pod-product-compliance
Lightning Source LLC
Chambersburg PA
CBHW021511210326
41599CB00012B/1213